復刊

代数的整数論

河田敬義 著

共立出版株式会社

序

本書は，与えられた題目である‘代数的整数論’の中より類体論について解説する．類体論に関しては，すでに二つの邦書：高木貞治著「代数的整数論」と，淡中忠郎著「代数的整数論」があらわされている．ここではそれらの方法と異なり，主に E. Artin の Princeton 大学における講義（1951—53）の方法に基いて述べることにした．第I部（第1章～第4章）では，もっぱら有限群のコホモロジーについて解説する．第II部‘類体論’では，まず代数体および局所体について（第5章），また無限次代数拡大のガロアの理論について（第6章）簡単に説明する．つづいて類体論に関する一般的理論ともいうべき抽象的類体論について述べる（第7章）．ここでは第I部の結果をさかんに利用する．最後に，局所体および代数体における固有の類体論について説明する予定である．（第8，9章）．本項目を執筆するにいたったのは，秋月康夫教授の熱心なおすすめによるものである．また第I部は，本講座中の‘ホモロジー代数学’の項目と関係が深い．幸いに名古屋大学教授中山正，東京教育大学助教授服部昭の両氏は第I部の原稿を通覧して適切な御注意をくださった．また東京大学数学教室の藤崎源二郎氏は原稿を精読して多くの誤りや不備な点を指摘してくださった．これらの方々に対して，ここに厚く感謝の意を表わしたい．

昭和32年1月

河田　敬義

目　　次

第I部　コホモロジーの理論

第II部　類　　体　　論

第Ⅰ部　コホモロジーの理論

代数的整数論として論ぜられるべき内容はたくさんあるけれども，ここにその多くについて解説を試みることは不可能である．幸いに，名著

高木貞治：初等整数論講義（共立出版）(1931)

高木貞治：代数的整数論（岩波書店）(1948)

によって，豊富な内容が紹介されており，また彌永昌吉：数論（近刊）によって，新しい立場からの広範囲な解説が予定されている．したがって，本講座においては，目標をもっぱら“類体論”の証明に限定することとする．類体論は，高木貞治 (1920) および E. Artin (1927) によって証明され，代数的整数論の中での中心理論となっている．その結果は，上記高木先生の書物に述べられており，理論としてそれ以上に本質的につけ加えるところは何もない．その証明については，H. Hasse, C. Chevalley らの努力によりやや簡易化され，また近時 E. Artin，中山正，G. Hochschild，J. Tate らの人々によって，コホモロジーの理論を用いる証明法が組立てられた．本書では，この方法に従って解説をすることとした．(巻末の文献参照).

第Ⅰ部では，まず準備として有限群のコホモロジーについて述べる．本講座において“ホモロジー代数学”の項目で，群のコホモロジーについて十分な解説が予定されているので，ここでは後の応用に必要な範囲に説明を限る．

本書の理解には，本書の説明だけで十分であるように気をつけたが，なお不満足に思われる読者諸氏は“ホモロジー代数学”を参照されたい．

第1章　準　　備

1·1　準同型，テンソル積

1·1·1　諸記号　群，加群，体などについての基礎的な知識は仮定する．記号 Z={有理整数 $0, \pm 1, \pm 2, \cdots$ 全体のつくる加群}，Z^+={自然数 $1, 2, 3, \cdots$ 全体のつくる集合}，Q={有理数全体のつくる加群}，R={実数全体のつくる加群}，C={複素数全体のつくる加群} を用いる．

加群 A, B, 準同型 (homomorphism) $f: A \to B$ に対して, 記号

$$\mathbf{Image}\, f = f(A)\ (\subset B),\quad \mathbf{Kernel}\, f = \{a \in A\,;\, f(a)=0\}\ (\subset A)$$

を用いる. Image $f=B$ のとき, f を**全射** (epimorphism), Kernel $f=\{0\}$ のとき, f を**単射** (monomorphism) という. Image $f=B$, Kernel $f=\{0\}$ のとき同型 (isomorphism) $f: A \cong B$ という.

準同型 $f: A \to B$ に対して, $A/\mathrm{Kernel}\, f \cong \mathrm{Image}\, f$ (準同型定理) である. とくに A の部分加群 A_0 に対して, $j: a \to a + A_0$ ($a \in A$) によって与えられる全射 $j: A \to A/A_0$ を**標準的全射**とよぶ. また $i: a \to a$ ($a \in A_0$) によって与えられる単射 $i: A_0 \to A$ を**標準的単射** (injection) とよぶ.

A_0, B_0 をそれぞれ A, B の部分加群とする. 準同型 $f: A \to B$ において, $f(A_0) \subset B_0$ が成り立つとき, $f^{\#}: a + A_0 \to f(a) + B_0$ によって準同型 $f^{\#}: A/A_0 \to B/B_0$ がひきおこされる. (このように # を右肩につけて表わすことにする.)

$\{0\}$ のことを単に 0 で表わす. 恒等写像を $1_A: A \to A$, 零写像を $0: A \to 0$ で表わす.

加群 A_λ ($\lambda \in \Lambda$) より構成される**直和加群**を $A = \sum_\lambda A_\lambda$ (direct) で表わす. このとき $a \in A$ は, ある有限和 $a = a_{\lambda_1} + \cdots + a_{\lambda_n}$ で表わされる. これに対して, 集合として $\{A_\lambda\,;\, \lambda \in \Lambda\}$ の直積集合をつくり, 成分ごとの演算によって得られる加群を $\Pi_\lambda A_\lambda$ で表わして, これを $\{A_\lambda\}$ の**直積**という. (Λ が有限集合ならば, 両者は一致する). $a \in A$ に対して, その λ 成分 $a_\lambda \in A_\lambda$ を対応させる準同型 (全射) を**射影**といって $\pi_\lambda: A \to A_\lambda$ で表わす.

加群 A が $\{a_\lambda\}$ を**基底**とする**自由加群**であるとは, $A = \sum_\lambda Z a_\lambda$ (direct) ($Z a_\lambda \cong Z$) と表わされることをいう.

加群 $A_1, A_2, \cdots, A_n$ と準同型 $f_i: A_i \to A_{i+1}$ ($i=1, 2, \cdots, n-1$) が与えられているとき,

$$A_1 \xrightarrow{f_1} A_2 \xrightarrow{f_2} A_3 \xrightarrow{f_3} \cdots\cdots \xrightarrow{f_{n-1}} A_n \quad \text{(exact)} \qquad (1\cdot1)$$

とは Image f_i = Kernel f_{i+1} ($i=1, 2, \cdots, n-2$) が成り立つことをいう. こ

のとき，(1·1) を**完全系列** (exact sequence) という．

とくに，$0 \longrightarrow A \xrightarrow{f} B$ は f が単射であること，$A \xrightarrow{f} B \longrightarrow 0$ は f が全射であること，$0 \longrightarrow A \xrightarrow{f} B \longrightarrow 0$ は f が同型写像であることとそれぞれ同値である．しばしば用いられる完全系列は

$$0 \longrightarrow A \xrightarrow{f} B \xrightarrow{g} C \longrightarrow 0 \quad \text{(exact)} \tag{1·2}$$

である．これは，定義より，(i) f は単射 (ii) $\mathrm{Image} f = \mathrm{Kernel}\, g$ (iii) g は全射を意味する．したがって $g^{\#}: B/f(A) \cong C$ である．例えば，(i) A は B の部分加群 (ii) $C = B/A$ (iii) $i(j)$ を標準的単（全）射とすれば，$0 \longrightarrow A \xrightarrow{i} B \xrightarrow{j} C \longrightarrow 0$ (exact) である．

(1·2) を完全系列とする．B のある部分加群 B_0 によって $B = f(A) + B_0$ (direct) となるとき（したがって $B_0 \cong C$），(1·2) は**分解**する (split) といって，

$$0 \longrightarrow A \xrightarrow{f} B \xrightarrow{g} C \longrightarrow 0 \quad \text{(split)} \tag{1·3}$$

と表わす．完全系列 (1·2) が分解するためには，(I) 準同型 $h: C \to B$ で $g \cdot h = 1_C$ となるものが存在すること，または，(II) 準同型 $h: B \to A$ で $h \cdot f = 1_A$ となるものが存在することが，必要かつ十分である．(i) のとき $B = \mathrm{Image}\, h + \mathrm{Kernel}\, g$ (direct)，(ii) のときは $B = \mathrm{Image} f + \mathrm{Kernel}\, h$ (direct) と分解される．

$$\begin{array}{ccc} A & \xrightarrow{f} & B \\ \downarrow{\scriptstyle h} & & \downarrow{\scriptstyle i} \\ C & \xrightarrow{g} & D \end{array}$$

加群 A, B, C, D，準同型 f, g, h, i に対して，左図のような図を**図式** (diagram) とよぶ．これが可換であるとは $i \cdot f = g \cdot h : A \to D$ が成り立つことをいう．図式はこの形とはきまっていないが，以後は同様な意味で用いられる．

1·1·2　準同型　A, B を加群とする．準同型 $f: A \to B$ 全体よりなる集合を $\mathbf{Hom}(\boldsymbol{A}, \boldsymbol{B})$ で表わす．$f, g \in \mathrm{Hom}(A, B)$ に対して $h = f + g \in \mathrm{Hom}(A, B)$ を $h(a) = f(a) + g(a)$ $(a \in A)$ によって定義する．とくに $(-f)(a) = -f(a)$，$0(a) = 0$．この演算に関して $\mathrm{Hom}(A, B)$ は加群をつくる．$\mathrm{Hom}(A, B)$ を

準同型加群とよぶ．$A=A_1+\cdots+A_m$ (direct)，$B=B_1+\cdots+B_n$ (direct) ならば，$\mathrm{Hom}(A,B)\cong\sum_{i=1}^{m}\sum_{j=1}^{n}\mathrm{Hom}(A_i,B_j)$ (direct) である．（一般に Φ : $\mathrm{Hom}(\sum_\lambda A_\lambda, \Pi_\mu B_\mu)\cong\Pi_{\lambda,\mu}\mathrm{Hom}(A_\lambda,B_\mu)$, $\Phi(f)=\Pi_{\lambda,\mu}\pi_\mu\cdot f\cdot i_\lambda$ ($i_\lambda: A_\lambda\to A$, $\pi_\mu: B\to B_\mu$) である）．とくに自由加群 $A=\sum_\lambda Za_\lambda$ (direct) に対しては，$f\in\mathrm{Hom}(A,B)$ は，$f(a_\lambda)=b_\lambda\in B$ ($\lambda\in\Lambda$) を任意にとることによって定まる．

問 1·1 $\mathrm{Hom}(Z,A)\cong A$, $\mathrm{Hom}(Z/nZ,A)\cong\{a\in A\,;\,na=0\}$, $\mathrm{Hom}(Z/nZ,Z/mZ)\cong Z/(m,n)Z$ を証明せよ．

加群 X,A,B と $\varphi\in\mathrm{Hom}(A,B)$ に対して，準同型 $\varphi^*:\mathrm{Hom}(X,A)\to\mathrm{Hom}(X,B)$ を，$f\in\mathrm{Hom}(X,A)$ に $\varphi^*(f)=\varphi\cdot f$ ($\in\mathrm{Hom}(X,B)$) を対応させることによって定義する．二つの準同型 $\varphi: A\to B, \psi: B\to C$ に対して，$(\psi\cdot\varphi)^*=\psi^*\cdot\varphi^*:\mathrm{Hom}(X,A)\to\mathrm{Hom}(X,C)$ が成り立つ．

加群 X,Y,A と $\varphi\in\mathrm{Hom}(Y,X)$ に対して，準同型 ${}^*\varphi:\mathrm{Hom}(X,A)\to\mathrm{Hom}(Y,A)$ を，$f\in\mathrm{Hom}(X,A)$ に ${}^*\varphi(f)=f\cdot\varphi$ ($\in\mathrm{Hom}(Y,A)$) を対応させることによって定義する．二つの準同型 $\varphi: Y\to X, \psi: Z\to Y$ に対して ${}^*(\varphi\cdot\psi)={}^*\psi\cdot{}^*\varphi:\mathrm{Hom}(X,A)\to\mathrm{Hom}(Z,A)$ が成り立つ．次に完全系列

$$0\longrightarrow A\xrightarrow{f}B\xrightarrow{g}C\longrightarrow 0\quad(\text{exact})\tag{1·4}$$

$$0\longrightarrow \mathrm{Hom}(X,A)\xrightarrow{f^*}\mathrm{Hom}(X,B)\xrightarrow{g^*}\mathrm{Hom}(X,C)\longrightarrow 0\quad(\text{exact})\tag{1·4}'$$

および

$$0\longrightarrow Z\xrightarrow{\psi}Y\xrightarrow{\varphi}X\longrightarrow 0\quad(\text{exact})\tag{1·5}$$

$$0\longrightarrow \mathrm{Hom}(X,A)\xrightarrow{{}^*\varphi}\mathrm{Hom}(Y,A)\xrightarrow{{}^*\psi}\mathrm{Hom}(Z,A)\longrightarrow 0\quad(\text{exact})\tag{1·5}'$$

の間の関係をしらべよう．

補題 1·1 (I) (i) 一般に $0\longrightarrow A\xrightarrow{f}B\xrightarrow{g}C$ (exact) であれば，$0\longrightarrow\mathrm{Hom}(X,A)\xrightarrow{f^*}\mathrm{Hom}(X,B)\xrightarrow{g^*}\mathrm{Hom}(X,C)$ (exact) である．

(ii) (1・4) がさらに (split) であれば，(1・4)′ が成り立ち，しかも (split) である．

(iii) X が自由加群ならば，(1・4) より (1・4)′ が導かれる．

(II) (i) 一般に $Z \xrightarrow{\psi} Y \xrightarrow{\varphi} X \longrightarrow 0$ (exact) であれば，$0 \longrightarrow \mathrm{Hom}(X, A) \xrightarrow{*\varphi} \mathrm{Hom}(Y, A) \xrightarrow{*\psi} \mathrm{Hom}(Z, A)$ (exact) である．

(ii) (1・5) がさらに (split) であれば，(1・5)′ が成り立ち，しかも (split) である．

(iii) $A=\mathrm{R}/\mathrm{Z}$ ならば (1・5) より (1・5)′ が導かれる．

注意 任意の $B \xrightarrow{g} C \longrightarrow 0$ (exact) に対して，$\mathrm{Hom}(X, B) \xrightarrow{g^*} \mathrm{Hom}(X, C) \longrightarrow 0$ (exact) が成り立つとき，X を**射影的加群** (projective module) という．また任意の $0 \longrightarrow Z \xrightarrow{\psi} Y$ (exact) に対して $\mathrm{Hom}(Y, A) \xrightarrow{*\psi} \mathrm{Hom}(Z, A) \longrightarrow 0$ (exact) が成り立つとき，A を**単射的加群** (injective module) という．自由加群は射影的，R/Z は単射的である．

問 1・2 $\mathrm{Z}/n\mathrm{Z}$ は単射的でも射影的でもないことを示せ．

1・1・3 テンソル積 加群 $A_1, A_2, \cdots, A_k$ に対して，それらの**テンソル積**とよばれる加群 $\boldsymbol{A}=\boldsymbol{A}_1\otimes\boldsymbol{A}_2\otimes\cdots\otimes\boldsymbol{A}_k$ が定義される．A は次の性質によって特徴づけられる．

(I) A の元は $\sum_i a_1{}^{(i)}\otimes\cdots\otimes a_k{}^{(i)}$ の形に表わされる．

(II) 分配律 $a_1\otimes\cdots\otimes(a_i+a_i{}')\otimes\cdots\otimes a_k=a_1\otimes\cdots\otimes a_i\otimes\cdots\otimes a_k+a_1\otimes\cdots\otimes a_i{}'\otimes\cdots\otimes a_k$ $(i=1, \cdots, k)$ が成り立つ．

(III) 任意の重線型写像 (multilinear mapping) $f: A_1\times\cdots\times A_k \to B$ $(f(a_1, \cdots, a_i+a_i{}', \cdots, a_k)=f(a_1, \cdots, a_i, \cdots, a_k)+f(a_1, \cdots, a_i{}', \cdots, a_k)$ $(i=1, \cdots, k))$ に対して，$\varphi: A_1\times\cdots\times A_k \to A$ $(\varphi(a_1, \cdots, a_k)=a_1\otimes\cdots\otimes a_k)$ および適当な準同型 $f': A \to B$ をとると，$f=f'\cdot\varphi$ と表わされる．

公式 : $A\otimes B \cong B\otimes A$, $(A\otimes B)\otimes C \cong A\otimes(B\otimes C)$ が成り立つ．

加群 A, A', B, B' および準同型 $f: A \to A'$, $g: B \to B'$ が与えられるとき，$h(a\otimes b)=f(a)\otimes g(b)$ によって準同型 $h: A\otimes B \to A'\otimes B'$ が定義される．h を f, g の**テンソル積**といって，$\boldsymbol{h}=\boldsymbol{f}\otimes\boldsymbol{g}$ で表わす．これに対して

(I) 分配律 : $f: A \to A', g_i: B \to B'$ $(i=1,2)$ に対して $f\otimes(g_1+g_2)=f\otimes g_1+f\otimes g_2$ (および第1項と第2項を入れかえたもの).

(II) 結合律 : $A \xrightarrow{f} A' \xrightarrow{f'} A''$, $B \xrightarrow{g} B' \xrightarrow{g'} B''$ ならば $(f'\otimes g')\cdot(f\otimes g)=(f'\cdot f)\otimes(g'\cdot g)$ が成り立つ.

簡単な諸性質 (I) $\Phi: 1\otimes a \to a$ によって $Z\otimes A \cong A$.

(II) $\Phi: (m+nZ)\otimes a \to ma+nA$ によって $(Z/nZ)\otimes A \cong A/nA$.

(III) $A=\sum_\lambda A_\lambda$ (direct), $B=\sum_\mu B_\mu$ (direct) と射影 $\pi_\lambda: A \to A_\lambda$, $\pi_\mu': B \to B_\mu$ に関して, 写像 $\Phi(a\otimes b)=\sum_{\lambda,\mu}(\pi_\lambda a)\otimes(\pi_\mu' b)$ によって, $A\otimes B \cong \sum_{\lambda,\mu} A_\lambda \otimes B_\mu$ (direct) である. とくに A が $\{a_\lambda\}$ を基底とする自由加群であれば, $A\otimes B \cong \sum_\lambda Za_\lambda \otimes B$ (direct), $Za_\lambda\otimes B \cong Z\otimes B \cong B$ である.

次に (1·4) の完全系列と

$$0 \longrightarrow A\otimes X \xrightarrow{i\otimes 1} B\otimes X \xrightarrow{j\otimes 1} C\otimes X \longrightarrow 0 \quad \text{(exact)} \qquad (1\cdot 4)^*$$

との関係をしらべよう.

補題 1·2 (I) 一般に $A \xrightarrow{f} B \xrightarrow{g} C \longrightarrow 0$ (exact) ならば, $A\otimes X \xrightarrow{f\otimes 1} B\otimes X \xrightarrow{g\otimes 1} C\otimes X \longrightarrow 0$ (exact) である. (II) (1·4) がさらに (split) であれば, (1·4)* が成り立ち, しかも (split) である. (III) X が自由加群であれば, (1·4) より (1·4)* が導かれる.

問 1·3 $(Z/nZ)\otimes(Z/mZ) \cong Z/(m,n)Z$ を用いて $0 \longrightarrow nZ \xrightarrow{i} Z \xrightarrow{j} Z/nZ \longrightarrow 0$ (exact) と $X=Z/nZ$ に関して, (1·4)* は成り立たないことを示せ.

問 1·4 $a\in A, b\in B, f\in \mathrm{Hom}(A\otimes B, C)$ とする. $(\Phi(f)(a))(b)=f(a\otimes b)$ によって

$$\Phi: \mathrm{Hom}(A\otimes B, C) \cong \mathrm{Hom}(A, \mathrm{Hom}(B, C))$$

なる同型対応が成り立つことを示せ. とくに加群 A に対して $A^\flat=\mathrm{Hom}(A, R/Z)$ とおけば $(A\otimes B)^\flat \cong \mathrm{Hom}(A, B^\flat)$.

1·2 *G* 加 群

1·2·1 *G* 加群 G を乗法群とし, その単位元を1で表わす. 加群 A が ***G* 加群** (または G を左作用域とする加群) であるとは, $\sigma\in G, a\in A$ に対して,

$\sigma a \in A$ が定義されて，(i) $\sigma(a_1+a_2)=\sigma a_1+\sigma a_2$, (ii) $\sigma(\tau a)=(\sigma\tau)a$, (iii) $1a=a$ $(a\in A;\ \sigma,\tau\in G)$ が成り立つことをいう．G 加群 A, B にて準同型 f: $A\to B$ が **G 準同型**であるとは，$\sigma f(a)=f(\sigma a)$ $(a\in A, \sigma\in G)$ が成り立つことをいう．とくにすべての $a\in A, \sigma\in G$ に対して $\sigma a=a$ のとき，G は A に**単純**に (simply または trivially) に作用するといい，A を単純な G 加群という．今後，任意の G に対して，Z を単純な G 加群と見なすものと約束する．群 G に対して，G 加群：

$$\mathrm{Z}[G]=\sum_{\sigma\in G}\mathrm{Z}\sigma\ (\text{direct})\quad (\mathrm{Z}\sigma\cong\mathrm{Z})$$

を $\tau\sum_\sigma m_\sigma\sigma=\sum_\sigma m_\sigma(\tau\sigma)$ $(m_\sigma\in\mathrm{Z})$ で定める．Z$[G]$ は**群環**とよばれる．G 加群 A が **G 自由**であるとは，A のある部分集合 $\{a_\lambda;\ \lambda\in\Lambda\}$ によって $A=\sum_\lambda\mathrm{Z}[G]a_\lambda(\text{direct})=\sum_\lambda\sum_\sigma\mathrm{Z}(\sigma a_\lambda)$ (direct) $(\mathrm{Z}(\sigma a_\lambda)\cong\mathrm{Z})$ と表わされることをいう．$\{a_\lambda;\ \lambda\in\Lambda\}$ を A の G **基底**という．

問 1·5　A が G 自由であるためには，ある単純な自由加群 A_0 によって，$A\cong\mathrm{Z}[G]\otimes A_0$ と表わされることが，必要かつ十分であることを示せ．

G 加群 A に対して

$$A^G=\{a\in A;\ \text{すべての } \sigma\in G \text{ に対して } \sigma a=a\}$$

とおく．A^G は A の部分 G 加群で，G は A^G に単純に作用する．また

$$A_G=A/I(A),\quad I(A)=\{\textstyle\sum(\sigma-1)a_\sigma;\ a_\sigma\in A, \sigma\in G\}^{1)}$$

とおく．$\tau(\sigma-1)a=(\tau\sigma-1)a-(\tau-1)a\in I(A)$ より，$I(A)$ は部分 G 加群である．また $\sigma a+I(A)=a+I(A)$ より G は A_G に単純に作用する．A が単純な G 加群であるためには，$A=A^G$ または $A=A_G$ であることが必要かつ十分である．

G 準同型 $f: A\to B$ は $f^G: A^G\to B^G, f_G: A_G\to B_G$ をひきおこす．また $f: A\to B$, $g: B\to C$ なる G 準同型に対して $(g\cdot f)^G=g^G\cdot f^G, (g\cdot f)_G=g_G\cdot f_G$ である．

1) ある加群 A において $\sum a_\lambda$ の記号を用いるときは，つねに有限和を意味する．すなわち，形式上は無限和であっても，有限個の元以外はすべて 0 であるものと約束する．

補題 1·3 (I) G 加群 A が，部分 G 加群 B, C の直和：$A=B+C$ (direct) であれば，$A^G \cong B^G+C^G$ (direct)，$A_G \cong B_G+C_G$ (direct) である．

(II) G 加群と G 準同型とに関して，$0 \longrightarrow A \xrightarrow{f} B \xrightarrow{g} C$ (exact) ならば $0 \longrightarrow A^G \xrightarrow{f^G} B^G \xrightarrow{g^G} C^G$ (exact) であり，また $A \xrightarrow{f} B \xrightarrow{g} C \longrightarrow 0$ (exact) ならば，$A_G \xrightarrow{f_G} B_G \xrightarrow{g_G} C_G \longrightarrow 0$ (exact) である．

(III) G 加群と G 準同型に関して，$0 \longrightarrow A \xrightarrow{f} B \xrightarrow{g} C \longrightarrow 0$ (direct) が ***G* 分解**する (G-split) とは，適当な部分 G 加群 B_0 によって $B=f(A)+B_0$ (direct) となることをいう．さて，$0 \longrightarrow A \xrightarrow{f} B \xrightarrow{g} C \longrightarrow 0$ (G-split) ならば，

$$0 \longrightarrow A^G \xrightarrow{f^G} B^G \xrightarrow{g^G} C^G \longrightarrow 0 \text{ (split)},$$

$$0 \longrightarrow A_G \xrightarrow{f_G} B_G \xrightarrow{g_G} C_G \longrightarrow 0 \text{ (split)}$$

である．

1·2·2 $\mathbf{Hom}^G(\boldsymbol{A}, \boldsymbol{B}), \boldsymbol{A} \otimes_G \boldsymbol{B}$ G 加群 A, B に対して，加群 $\mathrm{Hom}(A, B)$ をつくる．$f \in \mathrm{Hom}(A, B)$，$\sigma \in G$ に対して

$$\hat{\sigma} f=\sigma \cdot f \cdot \sigma^{-1} \tag{1·6}$$

とおくと，$\mathrm{Hom}(A, B)$ も G 加群となる．$f \in (\mathrm{Hom}(A, B))^G$ は，準同型 f: $A \to B$ が $\hat{\sigma} f=f (\sigma \in G)$，すなわち G 準同型 ($\sigma \cdot f=f \cdot \sigma$) を意味する．今後

$$(\mathrm{Hom}(A, B))^G=\mathbf{Hom}^G(\boldsymbol{A}, \boldsymbol{B})$$

と表わして，$A \to B$ の ***G* 準同型加群**という．また G 加群 A, B に対して，加群 $A \otimes B$ をつくる．そこで $\sigma \in G$ に対して

$$\hat{\sigma}(a \otimes b)=(\sigma a) \otimes(\sigma b) \tag{1·7}$$

とおくと，$A \otimes B$ は G 加群となる．今後

$$(A \otimes B)_G=A \otimes B / I(A \otimes B)=\boldsymbol{A} \otimes_G \boldsymbol{B}$$

と表わす．同じく $a \otimes_G b=a \otimes b+I(A \otimes B)$ と表わす．(1·7) より

$$(\sigma a) \otimes_G(\sigma b)=a \otimes_G b \tag{1·7$'$}$$

が成り立つ．

問 1·6 G 加群 A, B に対して $(A_G)^\flat \cong (A^\flat)^G$, $(A\otimes_G B)^\flat \cong \mathrm{Hom}^G(A, B^\flat)$ を示せ.
(問 1·4 参照).

G 加群 A, A', B, B', G 準同型 $f: A_1 \to A_2$, $g: B_1 \to B_2$ に対して, 準同型 $(f\otimes g)_G : A\otimes_G B \to A'\otimes_G B'$, $(g^*)^G : \mathrm{Hom}^G(A, B_1) \to \mathrm{Hom}^G(A, B_2)$, $({}^*f)^G : \mathrm{Hom}^G(A_2, B) \to \mathrm{Hom}^G(A_1, B)$ をひきおこす. 今後これらを簡単に $(f\otimes g)_G = f\otimes_G g$ (または $f\otimes g$), $(g^*)^G = g^*$, $({}^*f)^G = {}^*f$ と略記する.

ここで, G 加群 A, B, C, X と G 準同型 f, g に関して

$$0 \longrightarrow A \xrightarrow{f} B \xrightarrow{g} C \longrightarrow 0 \quad (\text{exact}) \tag{1·4}$$

$$0 \longrightarrow \mathrm{Hom}^G(X, A) \xrightarrow{f^*} \mathrm{Hom}^G(X, B) \xrightarrow{g^*} \mathrm{Hom}^G(X, C) \longrightarrow 0 \ (\text{exact}) \tag{1·8}$$

$$0 \longrightarrow A\otimes_G X \xrightarrow{f\otimes 1} B\otimes_G X \xrightarrow{g\otimes 1} C\otimes_G X \longrightarrow 0 \quad (\text{exact}) \tag{1·8}^*$$

の関係を求めよう. こんどは, 補題 1·1, 1·2, 1·3 より直ちに

補題 1·4 (I) 一般に $0 \longrightarrow A \xrightarrow{f} B \xrightarrow{g} C$ (exact) ならば,

$$0 \longrightarrow \mathrm{Hom}^G(X, A) \xrightarrow{f^*} \mathrm{Hom}^G(X, B) \xrightarrow{g^*} \mathrm{Hom}^G(X, C) \quad (\text{exact})$$

である.

(II) 一般に $A \xrightarrow{f} B \xrightarrow{g} C \longrightarrow 0$ (exact) ならば,

$$A\otimes_G X \xrightarrow{f\otimes 1} B\otimes_G X \xrightarrow{g\otimes 1} C\otimes_G X \longrightarrow 0 \ (\text{exact})$$

である.

(III) (1·4) がさらに (G-split) であれば (1·8) および (1·8)* が成り立ち, これらは共に (split) である.

(IV) X が G 自由ならば, (1·4) より (1·8) および (1·8)* が導かれる.

1·3 鎖 複 体

加群 X_r $(r\in \mathrm{Z})$ と準同型 $d_r : X_r \to X_{r-1}$ $(r\in \mathrm{Z})$ とが与えられていて, $d_{r-1}\cdot d_r = 0$ $(r\in \mathrm{Z})$ であるとき :

$$\longrightarrow X_{r+1} \xrightarrow{d_{r+1}} X_r \xrightarrow{d_r} X_{r-1} \longrightarrow \cdots \tag{1·9}$$

を $\boldsymbol{X}=\{X_r, d_r\}$ で表わし，これを**鎖複体** (chain complex) という．このとき

$$\boldsymbol{H}_r(\boldsymbol{X})=\mathrm{Kernel}\, d_{r-1}/\mathrm{Image}\, d_r \tag{1·10}$$

を，$\boldsymbol{X}$ の $\boldsymbol{r}$ **ホモロジー群** (homology group) という．(1·9) が完全系列であるとき，すなわち，$H_r(\boldsymbol{X})=0$ $(r\in \mathrm{Z})$ のとき，$\boldsymbol{X}$ は**非輪状** (acyclic) であるという．またすべての X_r $(r\in \mathrm{Z})$ が自由加群であるとき，$\boldsymbol{X}$ は**自由な**鎖複体であるという．

二つの鎖複体 $\boldsymbol{X}=\{X_r, d_r\}$ と $\boldsymbol{X}'=\{X_r', d_r'\}$ において，準同型 $\varphi_r: X_r \to X_r'$ $(r\in \mathrm{Z})$ が定義されて，$d_r'\cdot\varphi_r=\varphi_{r-1}\cdot d_r$ $(r\in \mathrm{Z})$ が成り立つとき，$\{\varphi_r\}$ を $\boldsymbol{X}$ から $\boldsymbol{X}'$ への**鎖写像** (chain mapping) であるという．このとき $\varphi_r: \mathrm{Kernel}\, d_r \to \mathrm{Kernel}\, d_r'$, $\varphi_{r-1}: \mathrm{Image}\, d_r \to \mathrm{Image}\, d_r'$ であるから

$$\varphi_r{}^{\#}: x_r+d_{r+1}X_{r+1} \to \varphi_r(x_r)+d'_{r+1}X'_{r+1} \tag{1·11}$$

によって，準同型 $\varphi_r{}^{\#}: H_r(\boldsymbol{X}) \to H_r(\boldsymbol{X}')$ をひきおこす．

二つの鎖写像 $\{\varphi_r\}, \{\psi_r\}: \boldsymbol{X} \to \boldsymbol{X}'$ に対して，準同型 $\varDelta_r: X_r \to X'_{r+1}$ $(r\in \mathrm{Z})$ が存在して

$$\varphi_r-\psi_r=d'_{r+1}\cdot\varDelta_r+\varDelta_{r-1}\cdot d_r \quad (r\in \mathrm{Z}) \tag{1·12}$$

が成り立つならば，(1·11) において $\varphi_r{}^{\#}=\psi_r{}^{\#}: H_r(\boldsymbol{X}) \to H_r(\boldsymbol{X}')$ となる．このような $\{\varDelta_r\}$ を**鎖ホモトピー** (chain homotopy) という．とくに $\boldsymbol{X}=\boldsymbol{X}'$, $\varphi_r=1_{X_r}, \psi_r=0$ のとき，準同型 $D_r: X_r \to X_{r+1}$ $(r\in \mathrm{Z})$ が存在して

$$1_{X_r}=d_{r-1}\cdot D_r+D_{r+1}\cdot d_r \quad (r\in \mathrm{Z}) \tag{1·12$'$}$$

を満足するとき，$\{D_r\}$ を**鎖変形** (chain deformation) という．

補題 1·5 $\boldsymbol{X}$ を自由な鎖複体とする．$\boldsymbol{X}$ が非輪状であるためには，$\boldsymbol{X}$ の鎖変形 $\{D_r\}$ が存在することが必要かつ十分である．

(証明) 十分なこと．(1·12)′ による．すなわち $d_rx=0$ ならば，$x=d_{r+1}(D_rx)$ である．

必要なこと．X_r は自由かつ非輪状であるから $X_r=d_{r+1}X_{r+1}+Y_r$ (direct) と分解され，また $d_r: Y_r \to d_rX_r$ は同型である．故に Y_r の上では $D_r=0$, $d_{r+1}X_{r+1}$ の上では $D_r=d_{r+1}{}^{-1}$ とおけば，(1·12)′ が成り立つ．(終)

三つの鎖複体 $\boldsymbol{X}, \boldsymbol{X}', \boldsymbol{X}''$ と，鎖写像 $\{\varphi_r\}: \boldsymbol{X} \to \boldsymbol{X}'$, $\{\psi_r\}: \boldsymbol{X}' \to \boldsymbol{X}''$ が与

えられれば，$\{\Psi_r \cdot \varphi_r\}: \boldsymbol{X} \to \boldsymbol{X}''$ も鎖写像で，$(\Psi_r \cdot \varphi_r)^\# = \Psi_r{}^\# \cdot \varphi_r{}^\#$ が成り立つ．

補題 1・6 さらにすべての r に対して

$$0 \longrightarrow X_r \xrightarrow{\varphi_r} X_r' \xrightarrow{\Psi_r} X_r'' \longrightarrow 0 \quad (\text{exact})$$

であれば，$x_r'' \in \text{Kernel}\, d_r''$ に対して

$$d_r{}^\#: x_r'' + d_{r+1}'' X_{r+1}'' \to \varphi_{r-1}{}^{-1} \cdot d_r' \cdot \Psi_r{}^{-1}(x_r'') + d_r X_r \qquad (1 \cdot 13)$$

を対応させることによって，準同型 $d_r{}^\#: H_r(\boldsymbol{X}'') \longrightarrow H_{r-1}(\boldsymbol{X})$ が定義される．しかも

$$\longrightarrow H_r(\boldsymbol{X}) \xrightarrow{\varphi_r{}^\#} H_r(\boldsymbol{X}') \xrightarrow{\Psi_r{}^\#} H_r(\boldsymbol{X}'') \xrightarrow{d_r{}^\#} H_{r-1}(\boldsymbol{X}) \xrightarrow{\varphi_{r-1}{}^\#} H_{r-1}(\boldsymbol{X}') \longrightarrow \cdots \qquad (1 \cdot 14)$$

は完全系列である．

注意 (1・13) において $\psi_r{}^{-1}$ は一価でないが，どの価をとっても，その右辺は一定である．また $\varphi_{r-1}{}^{-1}$ は Image $\varphi_{r-1}(\subset X_r')$ でのみ定義されて一価であるが，(1・13) では実際に $d' \cdot \psi_r{}^{-1} x_i'' \in \text{Image}\, \varphi_{r-1}$ である．準同型 $d_r{}^\#$ は $H_r(\boldsymbol{X}'')$ においては定義されるが，x_r'' に対して $d_r{}^\# x_r''$ なるものは ($\psi_r{}^{-1}$ をはっきり定めない限り) 定義されない．

以上 補題 1・1—1・6 の証明は諸者諸氏に委ねることにする．なお "ホモロジー代数学" をも参照されたい．

第 2 章　有限群のコホモロジー群

2·1　*G* 加群

2·1·1　群　環　この章では，とくにことわらない限り，G は有限群とする．

$$I(\mathrm{Z}[G])=\sum_{\tau\in G}(\tau-1)\mathrm{Z}[G]=\sum_{\tau\neq 1}\mathrm{Z}(\tau-1)\quad(\text{direct}) \tag{2·1}$$

$$\mathrm{Z}[G]^G=\mathrm{Z}u,\qquad u=\sum_{\tau\in G}\tau \tag{2·1$'$}$$

を，まず注意しておく．つぎに

$$\boldsymbol{I}=\sum_{\tau\neq 1}Z(\tau-1),\qquad \boldsymbol{J}=\mathrm{Z}[G]/Zu \tag{2·2}$$

とおくと

$$\left.\begin{array}{l} 0\longrightarrow I\xrightarrow{\ i\ }\mathrm{Z}[G]\xrightarrow{\ j\ }\mathrm{Z}[G]_G\longrightarrow 0\quad(\text{exact}) \\ 0\longrightarrow \mathrm{Z}[G]^G\xrightarrow{\ i\ }\mathrm{Z}[G]\xrightarrow{\ j\ }J\longrightarrow 0\quad(\text{exact})\end{array}\right\} \tag{2·3}$$

である．G 準同型 $U:\mathrm{Z}\to\mathrm{Z}[G]$ および $S:\mathrm{Z}[G]\to\mathrm{Z}$ を

$$U(m)=mu\ (m\in\mathrm{Z}),\qquad S(\textstyle\sum_\tau m_\tau\tau)=\sum_\tau m_\tau\quad(m_\tau\in\mathrm{Z}) \tag{2·4}$$

によって定義する．そのとき (2·3) の代りに

$$0\longrightarrow I\xrightarrow{\ i\ }\mathrm{Z}[G]\xrightarrow{\ S\ }\mathrm{Z}\longrightarrow 0\quad(\text{split}) \tag{2·5}$$

$$0\longrightarrow \mathrm{Z}\xrightarrow{\ U\ }\mathrm{Z}[G]\xrightarrow{\ j\ }J\longrightarrow 0\quad(\text{split}) \tag{2·5$'$}$$

が成り立つ．

（証明）　まず Image $S=\mathrm{Z}$ は明らかである．次に，$b=\sum_\tau m_\tau\tau$ に対して $(\sigma-1)b=\sum_\tau m_\tau(\sigma\tau)-\sum_\tau m_\tau\tau$ より $S((\sigma-1)b)=0$，したがって $I\subset$ Kernel S である．逆に $S(b)=\sum_\tau m_\tau=0$ より $b=\sum_{\tau\neq 1}m_\tau(\tau-1)\in I$，したがって $I\supset$ Kernel S である．以上で (2·5) が完全系列であることがわかった．(2·5)$'$ についても同様．また $\mathrm{Z}[G]=I+\mathrm{Z}1$ (direct), $\mathrm{Z}[G]=\mathrm{Z}u+\sum_{\tau\neq 1}\mathrm{Z}\tau$ (direct) であるから，(2·5) および (2·5)$'$ は (split) である．（終）

注意　(i) (2·3) と (2·5), (2·5)$'$ を比べて，$\mathrm{Z}[G]^G\cong\mathrm{Z}[G]_G\cong\mathrm{Z}$ である．

(ii) (2·5)′, (2·5)′ は (G–split) ではない．

A を任意の G 加群とすると，補題 1·2 によって

$$0 \longrightarrow I\otimes A \xrightarrow{i\otimes 1} Z[G]\otimes A \xrightarrow{S'} A \longrightarrow 0 \quad \text{(split)} \tag{2·6}$$

$$0 \longrightarrow A \xrightarrow{U'} Z[G]\otimes A \xrightarrow{j\otimes 1} J\otimes A \longrightarrow 0 \quad \text{(split)} \tag{2·6$'$}$$

が成り立つ．ここに $U'(a)=u\otimes a$ $(a\in A)$, $S'(b\otimes a)=S(b)a$ $(a\in A, b\in \mathrm{Z}[G])$ を表わす．これらはすべて G 準同型である．

問 2·1 G 加群 A に対して，

$$0 \longrightarrow A \longrightarrow \mathrm{Hom}(\mathrm{Z}[G], A) \longrightarrow \mathrm{Hom}(I, A) \longrightarrow 0 \quad \text{(split)}$$

$$0 \longrightarrow \mathrm{Hom}(J, A) \longrightarrow \mathrm{Hom}(\mathrm{Z}[G], A) \longrightarrow A \longrightarrow 0 \quad \text{(split)}$$

また，$I\cong \mathrm{Hom}(J, \mathrm{Z})$，$J\cong \mathrm{Hom}(I, \mathrm{Z})$ は G 同型である．

とくに巡回群 $G=\{1, \tau, \tau^2, \cdots, \tau^{n-1}\}$ $(\tau^n=1)$ の場合に

$$Ta=(\tau-1)a \qquad (a\in \mathrm{Z}[G])$$

によって G 準同型 $T: \mathrm{Z}[G]\to \mathrm{Z}[G]$ を定義する．このとき $\mathrm{Image}\, T=I$, $\mathrm{Kernel}\, T=\mathrm{Z}u$ が成り立つ．なんとなれば，$a=\sum_{i=0}^{n-1} m_i\tau^i$ $(m_i\in \mathrm{Z})$ に対して，$Ta=\sum_{i=1}^{n-1}(m_{i-1}-m_i)(\tau^i-1)\in I$ であり，また $\tau^i-1=(\tau-1)(1+\tau+\cdots+\tau^{i-1})$ $\in \mathrm{Image}\, T$ が成り立つ．合わせて $\mathrm{Image}\, T=I$ を得る．また $Ta=0$ は $m_i=m$ $(\imath=0, 1, \cdots, n-1)$ と同値である．すなわち $\mathrm{Kernel}\, T=\mathrm{Z}u$．よって

$$\begin{aligned} &0 \longrightarrow I \xrightarrow{i} \mathrm{Z}[G] \xrightarrow{S} \mathrm{Z} \longrightarrow 0 \quad \text{(split)} \\ &0 \longrightarrow \mathrm{Z} \xrightarrow{U} \mathrm{Z}[G] \xrightarrow{T} I \longrightarrow 0 \quad \text{(split)} \end{aligned} \tag{2·7}$$

を得る．

2·1·2 ノルム G 加群 A に対して，写像 $N_G: A\to A$ を

$$N_G a=\sum_{\tau\in G}\tau a \quad (a\in A) \tag{2·8}$$

によって定義する．N_G を**ノルム** (Norm) という．

$$N_G(a_1+a_2)=N_G a_1+N_G a_2, \qquad N_G(\sigma a)=\sigma\cdot N_G(a)=N_G a$$

である．したがって N_G は G 準同型で，$\mathrm{Image}\, N_G\subset A^G$ である．また

$N_G((\sigma-1)a)=0$, したがって $I\subset \mathrm{Kernel}\, N_G$ である. 故に $N_G^{\#}: A_G \to A^G$ なる準同型を生ずる. 今後

$$\mathrm{Kernel}\, N_G = {}_N\boldsymbol{A}$$

の記号を用いる. つぎに H を G の部分群とし, G の H に関する右剰余類を

$$G=\cup_i C_i \quad (C_i=\tau_i H)$$

とする. ここに $\tau_i=\bar{C}_i$ と書いて, 類 C_i の (任意に定めた) 代表を表わす. そのとき, 写像 $N_{G/H}: A^H \to A$ を

$$N_{G/H}(a)=\textstyle\sum_i \tau_i a \quad (a\in A^H) \tag{2·8)'}$$

によって定義する. 各類 C_i より異なる代表 $\tau_i h_i$ ($h_i\in H$) をとっても $\tau_i(a) =\tau_i h_i(a)$ ($a\in A^H$) であるから, (2·8)′ の右辺の値はかわらない. $N_{G/H}$ も

$$N_{G/H}(a_1+a_2)=N_{G/H}(a_1)+N_{G/H}(a_2),\ \ \sigma N_{G/H}(a)=N_{G/H}(a) \quad (\sigma\in G)$$

($a, a_1, a_2\in A^H$) である. 故に $N_{G/H}: A^H \to A^G$ は G 準同型である.

$H_1\subset H_2\subset G$ なる二つの部分群 H_1, H_2 に対して

$$N_{G/H_2}\cdot N_{H_2/H_1}=N_{G/H_1}$$

が成り立つ. なんとなれば, $G=\cup_i\tau_i H_2$, $H_2=\cup_j\rho_j H_1$ であれば, G の H_1 に関する剰余類分解 $G=\cup_{ij}\tau_i\rho_j H_1$ を生ずる. 故に $a\in A^{H_1}$ に対して $N_{G/H_1}a =\sum_{ij}\tau_i\rho_j a=\sum_i\tau_i(\sum_j\rho_j a)=H_{G/H_2}\cdot N_{H_2/H_1}$ を得る.

2·1·3 G 弱射影的 G 加群 G 加群 A, B より, G 加群 $\mathrm{Hom}(A, B)$ をつくる. $f\in \mathrm{Hom}(A, B)$ に対して

$$N_G f=\textstyle\sum_\tau \hat{\tau} f=\sum_\tau \tau\cdot f\cdot\tau^{-1}\in \mathrm{Hom}^G(A, B) \tag{2·9}$$

は, $\mathrm{Hom}(A, B)\to \mathrm{Hom}^G(A, B)$ なる G 準同型を与える. さらに, G 加群 A, B, C, D と $\lambda\in \mathrm{Hom}^G(A, B), t\in \mathrm{Hom}(B, C), \mu\in \mathrm{Hom}^G(C, D)$ に対して

$$N_G(\mu\cdot t\cdot\lambda)=\mu\cdot(N_G t)\cdot\lambda : A\to D \tag{2·10}$$

が成り立つ. なんとなれば, $\mu\cdot\tau=\tau\cdot\mu$, $\lambda\cdot\tau=\tau\cdot\lambda$ ($\tau\in G$) より, $N_G(\mu\cdot t\cdot\lambda) =\sum_\tau\tau\cdot(\mu\cdot t\cdot\lambda)\cdot\tau^{-1}=\mu(\sum_\tau\tau\cdot t\cdot\tau^{-1})\cdot\lambda=\mu\cdot(N_G t)\cdot\lambda$ であるから.

G 加群 A が **G 弱射影的**(weakly projective)であるとは, 恒等写像 $1_A: A\to A$ が, ある準同型 $h\in \mathrm{Hom}(A, A)$ によって

$$1_A=N_G h \tag{2·11}$$

と表わされることをいう．

補題 2·1 A, B は共に G 加群，かつ A が G 弱射影的であれば，$A\otimes B$, $\mathrm{Hom}(A, B)$ も G 弱射影的である．

（証明） $1_A=N_G h$, $h\in\mathrm{Hom}(A, A)$ ならば $1_{A\otimes B}=N_G(h\otimes 1_B)$, $1_{\mathrm{Hom}(A,B)}=N_G(*h)$ である．なんとなれば $N_G(h\otimes 1_B)=\sum\hat{\tau}\cdot(h\otimes 1_B)\cdot\hat{\tau}^{-1}=(N_G h)\otimes 1_B$, および $t\in\mathrm{Hom}(A, B)$ に対して

$$(N_G{*h})(t)=\sum_\tau\hat{\tau}\cdot{*h}\cdot\hat{\tau}^{-1}(t)=\sum_\tau\tau\cdot(\tau^{-1}\cdot t\cdot\tau)\cdot h\cdot\tau^{-1}$$
$$=t\cdot\sum_\tau\tau\cdot h\cdot\tau^{-1}=t\cdot 1_A=t$$

であるから．（終）

問 2·2 G 弱射影的な G 加群 A に対して，$N_G: A\to A$ を考えれば

$$\mathrm{Image}\, N_G=A^G, \qquad \mathrm{Kernel}\, N_G=I(A)$$

である．

G 弱射影的な G 加群の特別な例を考える．

加群 A が（自然数）n によって**一意的除法可能** (uniquely divisible) であるとは $n: A\to A$ なる準同型 ($n(a)=na$, $a\in A$) が A の自己同型であることをいう．写像 n の逆写像を n^{-1} で表わす．すなわち $a\in A$ に対して $a=nb$ となる b が存在してただ一つである．それを $b=n^{-1}a$ と表わす．とくに A が G 加群であれば，準同型 $n^{-1}: A\to A$ は G 準同型である．故に，$n=[G:1]$ であれば，

$$N_G(n^{-1})=\sum_\tau\tau\cdot n^{-1}\cdot\tau^{-1}=n\cdot n^{-1}=1_A$$

となる．よって

補題 2·2 G 加群 A が $n=[G:1]$ によって一意的除法可能であれば，A は G 弱射影的である．とくに $\mathbf{Q}, \mathbf{R}$ はすべての自然数 n に関して一意的除法可能，したがって，すべての G に対して G 弱射影的である．

G 加群 A が ***G* 正則** (G-regular, または G-split) であるとは，A のある部分加群 A_0 によって（A_0 は G 部分加群ではない）

$$A=\sum_{\tau\in G}\tau A_0 \quad \text{(direct)} \tag{2·12}$$

と表わされることをいう．A からその直和成分 $1A_0=A_0$ への射影を $\pi: A \to A_0$ とすると

$$1_A=N_G\pi \qquad (2\cdot12)'$$

である．なんとなれば，$a=\sum_\tau \tau b_\tau$ $(b_\tau \in A_0)$ に対して $(\hat{\sigma}\pi)(a)=\sigma\cdot\pi(\sigma^{-1}a)=\sigma\cdot\pi(\sum_\tau \sigma^{-1}\tau b_\tau)=\sigma b_\sigma$ である． したがって，$(N_G\pi)(a)=\sum_\sigma(\hat{\sigma}\pi)(a)=\sum_\sigma \sigma b_\sigma=a$ が成り立つ．

とくに A が $\{a_\lambda : \lambda\in\Lambda\}$ を G 基底とする G 自由な G 加群であれば，自由加群 $A_0=\sum_\lambda Za_\lambda$ (direct) に対して (2·12) が成り立つ．以上まとめて

補題 2·3 (I) G 加群 A が G 自由ならば，A は G 正則である．

(II) G 加群 A が G 正則ならば，A は G 弱射影的である．

問 2·3 A, B は G 加群，A は G 正則（または n によって一意的除法可能）であれば，$A\otimes B$ および $\mathrm{Hom}(A, B)$ も G 正則（または n によって一意的除法可能）である．

任意の G 加群 A に対して (2·6) および $(2\cdot6)'$ の完全系列をつくれば，補題 2·3 によって $Z[G]\otimes A$ は G 弱射影的である．とくに A が自由加群で $\{a_\lambda ; \lambda\in\Lambda\}$ がその基底であれば，$\sigma\in G$ を定めるとき $\{\sigma a_\lambda ; \lambda\in\Lambda\}$ も A の基底となる．故に $\{\sigma\otimes\sigma a_\lambda ; \sigma\in G, \lambda\in\Lambda\}$ は $Z[G]\otimes A$ の基底で，$Z[G]\otimes A$ は $\{1\otimes a_\lambda ; \lambda\in\Lambda\}$ を G 基底とする G 自由加群となる． さらに $I=\sum_{\tau\neq1}Z(\tau-1)$ (direct) および $J=\sum_{\tau\neq1}Z(\tau+Zu)$ (direct) は共に自由加群であるから，$I\otimes A$ および $J\otimes A$ も自由加群である．以上をまとめて

補題 2·4 (I) 任意の G 加群 A に対して，適当に G 弱射的影 G 加群 B, B', G 加群 C, C' および G 準同型 f, f', g, g' をとって

$$\begin{array}{ll} 0 \longrightarrow A \xrightarrow{f} B \xrightarrow{g} C \longrightarrow 0 & \text{(exact)} \\ 0 \longrightarrow C' \xrightarrow{f'} B' \xrightarrow{g'} A \longrightarrow 0 & \text{(exact)} \end{array} \qquad (2\cdot13)$$

ならしめることができる．

(II) もしも G 加群 A が自由加群であれば，(2·13) において，さらに B, B' を G 自由 G 加群，C, C' を自由加群であるようにできる．

2·2　有限群 G のコホモロジー群

2·2·1　コホモロジー群　有限群 G を一つ定めておく．鎖複体 $\boldsymbol{X}=\{X_r, d_r\}$ において，すべての X_r が G 加群，すべての d_r が G 準同型のとき，$\boldsymbol{X}$ を **G 鎖複体**という．さらにすべての X_r が G 自由であるとき，$\boldsymbol{X}$ を **G 自由**という．また G 準同型 $\varepsilon: X_0 \to \mathrm{Z}, \mu: \mathrm{Z} \to X_{-1}$ が存在して

$$d_0=\mu\cdot\varepsilon, \quad \mathrm{Image}\,\varepsilon=\mathrm{Z}, \quad \mathrm{Kernel}\,\mu=0 \tag{2·14}$$

を満足するとき，$\boldsymbol{X}=\{X_r, d_r, \varepsilon, \mu\}$ を**添加された** (augmented) G 鎖複体という．(2·14) より $\varepsilon\cdot d_1=0$, $d_{-1}\cdot\mu=0$, $\mathrm{Kernel}\,\varepsilon=\mathrm{Image}\,d_1$, $\mathrm{Kernel}\,d_{-1}=\mathrm{Image}\,\mu$ が導かれる．

$\boldsymbol{X}=\{X_r, d_r, \varepsilon, \mu\}$ を添加された，G 自由な，非輪状鎖複体とする．また A を任意の G 加群とする．

$$A_r=\mathrm{Hom}^G(X_r, A), \quad \delta_r={}^*d_{r+1}: A_r \to A_{r+1} \quad (r\in \mathrm{Z}) \tag{2·15}$$

とおく．すなわち $t\in \mathrm{Hom}^G(X_r, A)$ に対して

$$\delta_r(t)=t\cdot d_{r+1} \tag{2·15$'$}$$

にとる．$(\delta_{r+1}\cdot\delta_r)(t)=t\cdot(d_{r+1}\cdot d_{r+2})=0$ である．故に

$$\cdots\longrightarrow A_r \xrightarrow{\delta_r} A_{r+1} \xrightarrow{\delta_{r+1}} A_{r+2} \longrightarrow\cdots \tag{2·16}$$

は，一つの鎖複体となる．これを $(\boldsymbol{X}, A)=\{A_r=\mathrm{Hom}^G(X_r, A), \delta_r\}$ と書いて，A を係数とる $\boldsymbol{X}$ の**双対 G 鎖複体**という．(1·9) に比べて準同型は次元を一つ増加する方向にむいている．$a_r\in \mathrm{Kernel}\,\delta_r$ を**双対輪体** (cocycle), $a_r\in \mathrm{Image}\,\delta_{r-1}$ を**双対境界輪体** (coboundary)，また δ_r を**双対境界作用素** (coboundary operator) と名づける．また二つの双対輪体 a_r, a_r' に対して $a_r-a_r'\in \mathrm{Image}\,\delta_{r-1}$ のとき，a_r と a_r' とは**コホモローグ**といい，a_r とコホモローグな a_r' の全体を（a_r の定める）**コホモロジー類**という．

$$\boldsymbol{H}^r(\boldsymbol{X}, \boldsymbol{A})=\mathbf{Kernel}\,\delta_r/\mathbf{Image}\,\delta_{r-1} \quad (\mathrm{r}\in \mathrm{Z}) \tag{2·17}$$

を，$\boldsymbol{X}$ の 'A を係数とする' **r-コホモロジー群** (cohomology group) とよぶ．

以下このような G 鎖複体 $\boldsymbol{X}$ を一つ固定して，そのコホモロジー群の性質を順にしらべてみよう．まず二つの G 加群 A, B と G 準同型 $f: A \to B$ が

与えられると，$A_r=\mathrm{Hom}^G(X_r, A), B_r=\mathrm{Hom}^G(X_r, B)$に対して $f_r^*: A_r\to B_r$ が定義される．($f_r^*(t)=f\cdot t\in B_r,\ t\in A_r$．§1·1·2 参照)．かつ $f_{r+1}^*\cdot\delta_r(t)=\delta_r\cdot f_r^*(t)=f\cdot t\cdot d_r$ が成り立つ．(今後 f_r^* を単に f_r と書く)．故に $\{f_r\}: \{A_r,\delta_r\}\to\{B_r,\delta_r\}$ は鎖写像となり，(1·11) によって，準同型

$$f_r^{\#}: H^r(\boldsymbol{X}, A)\to H^r(\boldsymbol{X}, B)\quad (r\in \mathrm{Z})\qquad (2\cdot 18)$$

をひきおこす．

G 加群 A, B, C と G 準同型 f, g に対して，$0\longrightarrow A\xrightarrow{f}B\xrightarrow{g}C\longrightarrow 0$ (exact) であるとする．$\boldsymbol{X}$ は G 自由であるから，補題 1·4 (IV) によって

$$0\longrightarrow A_r\xrightarrow{f_r}B_r\xrightarrow{g_r}C_r\longrightarrow 0\quad \text{(exact)}$$

になる．故に $c_r\in\mathrm{Kernel}\,\delta_r$ ($c_r\in C_r$) に対して

$$\begin{aligned}\delta_r^{\#}: c_r+\delta_{r-1}C_{r-1}&\to f_{r+1}{}^{-1}\cdot\delta_r\cdot g_r{}^{-1}(c_r)+\delta_rA_r\\ &=f^{-1}\cdot(g^{-1}\cdot c_r)\cdot d_{r+1}+\delta_rA_r\quad (r\in\mathrm{Z})\end{aligned}\qquad (2\cdot 19)$$

によって，準同型 $\delta_r^{\#}: H^r(\boldsymbol{X}, C)\to H^{r+1}(\boldsymbol{X}, A)$ を生ずる．

定理 2·5　$\boldsymbol{X}=\{X_r, d_r, \varepsilon, \mu\}$ を，一つの添加された，G 自由な，非輪状 G 鎖複体とし，有限群 G と $\boldsymbol{X}$ を定めておく．任意の G 加群 A に対して，加群 $H^r(A)$ $(=H^r(\boldsymbol{X}, A))(r\in\mathrm{Z})$ が定まり，次の性質をもつ．

CI.　(i)　G 加群 A, B に対して，G 準同型 $f: A\to B$ は準同型 $f_r^{\#}: H^r(A)\to H^r(B)(r\in\mathrm{Z})$ をひきおこす．(ii)　恒等写像 1_A に対して $1_A{}^{\#}$ は $H^r(A)$ の恒等写像である．(iii)　G 準同型 $f: A\to B,\ g: B\to C$ に対して $(g\cdot f)^{\#}=g^{\#}\cdot f^{\#}$ である．

CII.　(i)　G 加群と G 準同型に対して　$0\longrightarrow A\xrightarrow{f}B\xrightarrow{g}C\longrightarrow 0$ (exact) であれば，準同型 $\delta_r^{\#}: H^r(C)\to H^{r+1}(A)$ $(r\in\mathrm{Z})$ をひきおこす．
(ii)

$$\longrightarrow H^r(A)\xrightarrow{f^{\#}}H^r(B)\xrightarrow{g^{\#}}H^r(C)\xrightarrow{\delta^{\#}}H^{r+1}(A)\xrightarrow{f^{\#}}H^{r+1}(\mathrm{B})\longrightarrow\cdots$$

$$\text{(exact)}\qquad (2\cdot 20)$$

は完全系列である. (iii) G 加群と G 準同型に関して, 図式

$$\begin{array}{ccccccccc} 0 & \longrightarrow & A & \xrightarrow{f} & B & \xrightarrow{g} & C & \longrightarrow & 0 \\ & & \downarrow h & & \downarrow i & & \downarrow j & & \\ 0 & \longrightarrow & A' & \xrightarrow{f'} & B' & \xrightarrow{g'} & C' & \longrightarrow & 0 \end{array}$$

が可換ならば

$$\begin{array}{ccc} H^r(C) & \xrightarrow{\delta^{\#}} & H^{r+1}(A) \\ \downarrow j^{\#} & & \downarrow h^{\#} \\ H^r(C') & \xrightarrow{\delta^{\#}} & H^{r+1}(A') \end{array}$$

も可換である.

CIII. $$\Phi^0 : H^0(A) \cong A^G/N_G A \qquad (2\cdot21)$$

CIV. G 加群 A が G 弱射影的ならば, すべての $r \in \mathrm{Z}$ に対して $H^r(A)=0$ である.[1]

(証明) CI は容易である. CII, (ii) は, 補題 1·6 による. (iii) は, $t_r \in \mathrm{Kernel}\,\delta_r$ に対して $h^{\#}.\delta^{\#}(t_r+\delta_{r-1}C_{r-1})=h\cdot f^{-1}\cdot(g^{-1}\cdot t_r)\cdot d_{r+1}+\delta_r A_r = f'^{-1}\cdot i\cdot(g^{-1}\cdot t_r)\cdot d_{r+1}+\delta_r A_r = f'^{-1}\cdot(g'^{-1}\cdot j\cdot t_r)\cdot d_{r+1}+\delta_r A_r = \delta^{\#}\cdot j^{\#}(t_r+\delta_{r-1}C_{r-1})$ よりわかる.

CIII. まず $t_0 \in A_0$, $\delta_0 t_0=0$ は

$$t_0=g\cdot\mathcal{E}, \qquad g \in \mathrm{Hom}^G(\mathrm{Z}, A) \qquad (2\cdot22)$$

と一意的に表わされることを証明しよう. それは, $t_0=t_0\cdot(d_1\cdot D_0+D_{-1}\cdot d_0)=(t_0\cdot D_{-1}\cdot\mu)\cdot\mathcal{E}$, 故に $g=t_0\cdot D_{-1}\cdot\mu \in \mathrm{Hom}(\mathrm{Z}, A)$ とおく. このような g は, $\mathcal{E}$ が全射であることから, t_0 に対して一意に定まる. また $0=\sigma\cdot t_0-t_0\cdot\sigma=(\sigma\cdot g-g\cdot\sigma)\cdot\mathcal{E}$ より $\sigma\cdot g=g\cdot\sigma$, すなわち $g \in \mathrm{Hom}^G(\mathrm{Z}, A)$ がわかる. 逆に任意の $g \in \mathrm{Hom}^G(\mathrm{Z}, A)$ に対して $t_0=g\cdot\mathcal{E} \in A_0$ は, $\delta_0 t_0=t_0\cdot d_1=g\cdot\mathcal{E}\cdot d_1=0$ である. 故に $t_0 \rightleftarrows g \rightleftarrows g(1) \in A^G$ の対応により

$$\mathrm{Kernel}\,\delta_0 \cong \mathrm{Hom}^G(\mathrm{Z}, A) \cong A^G \qquad (2\cdot22)'$$

を得る. 次に $g\cdot\mathcal{E}=t_0=h\cdot d_0 \in \mathrm{Image}\,\delta_{-1}$, $h \in \mathrm{Hom}^G(X_{-1}, A)$ ならば, $d_0=\mu\cdot\mathcal{E}$ および $\mathcal{E}$ が全射なことより $g=h\cdot\mu$ となる. 逆に $g=h\cdot\mu$ ならば, $t_0=g\cdot\mathcal{E} \in \mathrm{Image}\,\delta_{-1}$ である. G 自由加群 X_{-1} に対して, $1_{X_{-1}}=N_G\pi$ ($\pi \in \mathrm{Hom}(X_{-1}, X_{-1})$) とすれば, $g=h\cdot\mu=h\cdot(N_G\pi)\cdot\mu=N_G(f)$, $f=h\cdot\pi\cdot\mu \in \mathrm{Hom}(\mathrm{Z}, A)$ と

1) 後に定理 2·11 において, $H^r(\boldsymbol{X}, A)$ は, G と A のみによって定まり, $\boldsymbol{X}=\{X_r, d_r, \varepsilon, \mu\}$ のとりかたによらないことを証明する. それを予想して G を定めておいて, $H^r(\boldsymbol{X}, A)$ を単に $H^r(A)$ と記すのである.

表わされる．逆に $g=N_G f$，$f\in\mathrm{Hom}(Z, A)$ ならば，$t_0=(N_G f)\cdot\varepsilon=N_G(f\cdot\varepsilon)$ $=N_G(f\cdot\varepsilon\cdot(D_{-1}\cdot d_0+d_1\cdot D_0))=N_G(f\cdot\varepsilon\cdot D_{-1})\cdot d_0\in\mathrm{Image}\,\delta_{-1}$ となる．さて $\mathrm{Hom}^G(Z, A)\cong A^G$ なる同型写像 $g\to g(1)$ において，$g=N_G f$, $f\in\mathrm{Hom}(Z, A)$ には $g(1)=N_G(f(1))\in N_G A$ が対応する．したがって $(2\cdot 22)'$ にて

$$\mathrm{Image}\,\delta_{-1}\cong N_G(\mathrm{Hom}(Z, A))\cong N_G A$$

となる．よって $\alpha=t_0+\delta_{-1}A_{-1}$，$t_0=g\cdot\varepsilon$，$\delta_0 t_0=0$ に対して

$$\Phi^0(\alpha)=g(1)+N_G A \qquad (2\cdot 22)''$$

とおくことによって，$\Phi^0: H^0(A)\cong A^G/N_G A$ の同型を得る．

CIV は次の補題より導かれる：

補題 2·6　G 加群 A, B に対して，$f\in\mathrm{Hom}^G(A, B)$ が，ある $h\in\mathrm{Hom}(A, B)$ によって $f=N_G h$ と表わされるならば，f からひきおこされる準同型 $f_r{}^{\#}: H^r(A)\to H^r(B)$ は零写像である：$f_r{}^{\#}=0$.

(証明)　$a_r\in A_r, \delta_r a_r=a_r\cdot d_{r+1}=0$ に対して，

$$f_r{}^{\#}(a_r+\delta_{r-1}A_{r-1})=(N_G h)(a_r)+\delta_{r-1}B_{r-1}=N_G(h\cdot a_r\cdot(D_{r-1}\cdot d_r+d_{r+1}\cdot D_r))$$
$$+\delta_{r-1}B_{r-1}=N_G(h\cdot a_r\cdot D_{r-1})\cdot d_r+\delta_{r-1}B_{r-1}=\delta_{r-1}B_{r-1}$$

である．故に $f_r{}^{\#}=0$ である．(終)

さて G 加群 A が 弱射影的であれば，$1_A=N_G h$ と表わされるから，$1_A{}^{\#}=0$. しかるに CI (ii) によって，$1_A{}^{\#}$ は $H^r(A)$ の恒等写像である．故に $H^r(A)=0$ $(r\in Z)$ となる．(定理 2·5 の証明終り)．

補題 2·6 の一つの系を挙げる．

系 2·7　有限群 G の位数が n ならば，$H^r(A)$ の各元の位数は，n の約数である．

(証明)　$n: a\to na$ なる準同型 $n\in\mathrm{Hom}(A, A)$ を考える．$n=\sum_{\tau\in G}\tau\cdot 1_A\cdot\tau^{-1}$ $=N_G 1_A$ であるから，補題 2·6 より $n^{\#}=0$ となる．すなわち，任意の $\alpha\in H^r(A)$ に対して，$n^{\#}(\alpha)=n\alpha=0$ となる．(終)

公式 (2·20) はきわめて応用が広い．例えば $0\longrightarrow A\xrightarrow{f}B\xrightarrow{g}C\longrightarrow 0$ (exact) なる G 加群の完全系列で，すべての $r\in Z$ に対して $H^r(B)=0$ であれば，(2·20) より $0\longrightarrow H^r(C)\xrightarrow{\delta^{\#}}H^{r+1}(A)\longrightarrow 0$ (exact)，すなわ

ち $\delta^{\#}: H^r(C) \cong H^{r+1}(A)$ を得る.

例えば (2·6) および (2·6)′ の完全系列を考える. $\mathrm{Z}[G]\otimes A$ は G 弱射影的であるから, すべての $r\in\mathrm{Z}$ に対して $H^r(\mathrm{Z}[G]\otimes A)=0$ となる. 故に $\delta^{\#}: H^{r-1}(J\otimes A)\cong H^r(A)$, $\delta^{\#}: H^r(A)\cong H^{r+1}(I\otimes A)$ となる. くりかえし用いれば, $p>0$ に対して

$$\left\{\begin{aligned}(\delta^{\#})^p: H^p(A) &\cong H^0(J\otimes\cdots\otimes J\otimes A)\\ &\cong (J\otimes\cdots\otimes J\otimes A)^G/N_G(J\otimes\cdots\otimes J\otimes A)\\ (\delta^{\#})^{-p}: H^{-p}(A) &\cong H^0(I\otimes\cdots\otimes I\otimes A)\\ &\cong (I\otimes\cdots\otimes I\otimes A)^G/N_G(I\otimes\cdots\otimes I\otimes A)\end{aligned}\right. \tag{2·23}$$

(ただし, テンソル積の成分はすべて p 個とする) を得る.

問 2·4　Q および R は, 任意の $n\in\mathrm{Z}^+$ に関して, 一意的除法可能, したがって $H^r(\mathrm{Q})=H^r(\mathrm{R})=0$ $(r\in\mathrm{Z})$. これから $H^r(\mathrm{R/Z})\cong H^r(\mathrm{Q/Z})\cong H^{r+1}(\mathrm{Z})$ $(r\in\mathrm{Z})$ を導け.

(2·23) の応用として, 次の二つの定理を挙げる.

定理 2·8　G 加群 A に対して, これまでと同じく ${}_NA=\{a\in A: N_GA=0\}$, $I(A)=\{\sum_{\sigma\neq 1}(\sigma-1)a_\sigma\,;\,a_\sigma\in A\}$ とおくと

$$H^{-1}(A)\cong {}_NA/I(A) \tag{2·24}$$

(証明) (2·23) により $H^{-1}(A)\cong H^0(I\otimes A)\cong(I\otimes A)^G/N_G(I\otimes A)$ である. (i) はじめに, $0\to I\otimes A\to\mathrm{Z}[G]\otimes A$ (exact) であるから $I\otimes A$ の元は $\alpha=\sum_{\sigma\neq 1}(\sigma-1)\otimes a_\sigma=\sum_{\sigma\in G}\sigma\otimes a_\sigma$ (ただし $a_1=-\sum_{\sigma\neq 1}a_\sigma$) と表わされる. すなわち $I\otimes A=\{\sum_{\sigma\in G}\sigma\otimes a_\sigma: a\in A, \sum_{\sigma\in G}a_\sigma=0\}$ である. (ii) $\alpha\in(I\otimes A)^G$, すなわち $\tau\alpha=\alpha\,(\tau\in G)$ であれば, $a_\sigma=\sigma a_1$ と同値である. 故に $\alpha=\sum_{\sigma\in G}\sigma\otimes\sigma a_1$ $(N_Ga_1=0)$ の全体が $(I\otimes A)^G$ と一致する. この α に $a_1\in{}_NA$ を対応させれば, $(I\otimes A)^G\cong{}_NA$ となる. (iii) $\alpha=N_G\beta$, $\beta=\sum_{\sigma\in G}\sigma\otimes b_\sigma$, $b_\sigma\in A$, $\sum_{\sigma\in G}b_\sigma=0$ であれば, $a_1=\sum_{\sigma\neq 1}(\sigma^{-1}-1)b_\sigma$ と表わされる. 逆に $a_1\in I(A)$ ならば, 対応する α は $N_G(I\otimes A)$ に属する. よって

$$(I\otimes A)^G/N_G(I\otimes A)\cong{}_NA/I(A) \qquad \text{(終)}$$

定理 2·9　G を位数 n の任意の有限群とする. G に関して, Z を係数とす

るコホモロジー群について,

(i)　$H^0(\mathrm{Z})\cong \mathrm{Z}/n\mathrm{Z}$　(2·25)

(ii)　$H^1(\mathrm{Z})=H^{-1}(\mathrm{Z})=0$　(2·26)

(iii)　$H^{-2}(\mathrm{Z})\cong G/[G,G]$　(2·27)

ただし $[G,G]$ は G の交換子群とする.

（証明）(i) 定理 2·5 CIII により $H^0(\mathrm{Z})\cong \mathrm{Z}^G/N_G\mathrm{Z}=\mathrm{Z}/n\mathrm{Z}$ である. (ii) (2·23) より $H^1(\mathrm{Z})\cong J^G/N_GJ,\ H^{-1}(\mathrm{Z})\cong I^G/N_GI$ であるから, $J^G=I^G=0$ をいえばよい. $I^G\subset \mathrm{Z}[G]^G=\mathrm{Z}u,\ I^G\cap \mathrm{Z}u=0$ より, まず $I^G=0$ である. $\alpha=\sum_\sigma m_\sigma\sigma+\mathrm{Z}u\in J^G$ $(m_\sigma\in \mathrm{Z})$ とすると $\tau(\sum_\sigma m_\sigma\sigma)-(\sum_\sigma m_\sigma\sigma)=l_\tau u$ $(l_\tau\in \mathrm{Z})$ と表わされる. かつ $l_\tau+l_\rho=l_{\tau\rho}$ が成り立つ. G は有限群であるから, すべての $\tau\in G$ に対して $l_\tau=0$ でなければならない. 故に $\sum m_\sigma\sigma\in \mathrm{Z}u, \alpha=0$ である. (iii) $H^{-2}(\mathrm{Z})\cong H^{-1}(I)\cong I/I(I)$ を用いて計算する. $I=\sum_{\sigma\neq 1}\mathrm{Z}(\sigma-1)$ (direct) である. まず写像 $\lambda: G\to I$ を $\lambda(\sigma)=\sigma^{-1}-1\in I$ によって定義する. $\lambda(\sigma\tau)=(\sigma\tau)^{-1}-1=\tau^{-1}(\sigma^{-1}-1)+(\tau^{-1}-1)\equiv\lambda(\sigma)+\lambda(\tau) \bmod I(I)$ である. 故に $\bar{\lambda}(\sigma)=\lambda(\sigma)+I(I)$ とおけば, $\bar{\lambda}: G\to I/I(I)$ なる全射準同型を生ずる. 次に $\omega: I\to G/[G,G]$なる準同型を $\omega(\sigma^{-1}-1)=\sigma[G,G]$ によって定義する. 合わせて $\omega\cdot\lambda: G\to G/[G,G]$ は標準的全射である. また $\omega((\tau^{-1}-1)(\sigma^{-1}-1))=\omega((\sigma\tau)^{-1}-1)-\omega(\sigma^{-1}-1)-\omega(\tau^{-1}-1)=(\sigma\tau)\cdot\sigma^{-1}\cdot\tau^{-1}[G,G]=[G,G]$により $\omega(I(I))=[G,G]$ である. したがって $\bar{\omega}: I/I(I)\to G/[G,G]$ なる準同型をひきおこす. かつ $\bar{\omega}\cdot\bar{\lambda}=1_{G/[G,G]}$ をも得た. 故に $\mathrm{Kernel}\,\bar{\lambda}=[G,G]$ となり同型 $\bar{\lambda}: G/[G,G]\cong I/I(I)$ が証明された. ついでに $\bar{\lambda}^{-1}=\bar{\omega}$ を注意しておく. (終)

注意 1　後に (§ 4·4) 一般に

$$H^{-r}(\mathrm{Z})\cong H^r(\mathrm{Z})\qquad (r\in \mathrm{Z})\tag{2·28}$$

が成り立つことを証明する.

注意 2　(2·23) によって, I, J を用いて, すべてのコホモロジー群を A^G/N_GA の形に帰着できた. したがって定理 2·5, CI, CII の準同型 $f^\#, \delta^\#$ を, (2·23) の右辺に対して具体的に表わすことによって, 有限群 G のコホモロジー論を鎖複体を用いることなく論じることもできる．この方法については Chevalley [3]を参照．

2·2·2 存在定理と一意性定理

定理 2·5 に二つの大切な追加をする．

定理 2·10 任意に与えられた有限群 G に対して，添加された G 自由な，非輪状 G 鎖複体 $\boldsymbol{X}=\{X_r, d_r, \varepsilon, \mu\}$ が存在する．[存在定理]

（証明） 補題 2·4 による．まず $\bar{X}_0=\mathrm{Z}$ とおく．帰納法により自由な G 加群 $\bar{X}_1, \cdots, \bar{X}_r, \bar{X}_{-1}, \cdots, \bar{X}_{-s}$ まで定めたとする．これから適当な G 自由 G 加群 X_r, X_{-s} および自由 G 加群 $\bar{X}_{r+1}, \bar{X}_{-s-1}$ をとって

$$0 \longrightarrow \bar{X}_{r+1} \xrightarrow{i_{r+1}} X_r \xrightarrow{j_r} \bar{X}_r \longrightarrow 0 \quad (\text{exact}),$$

$$0 \longrightarrow \bar{X}_{-s} \xrightarrow{i_{-s}} X_{-s-1} \xrightarrow{j_{-s-1}} \bar{X}_{-s-1} \longrightarrow 0 \quad (\text{exact})$$

（i, j は G 準同型）ならしめることができる．これらから X_r $(r \in \mathrm{Z})$ および $d_r=i_r \cdot j_r$ $(r \in \mathrm{Z})$, $\varepsilon=j_0$, $\mu=i_0$ とおけば， $d_0=\mu\cdot\varepsilon$, $d_{r-1}\cdot d_r=0$, $\mathrm{Image}\, d_r=\mathrm{Image}\, i_r=\bar{X}_r=\mathrm{Kernel}\, d_{r-1}=\mathrm{Kernel}\, j_{r-1}$ を得る．よって $\boldsymbol{X}=\{X_r, d_r, \varepsilon, \mu\}$ は，一つの添加された，G 自由な，非輪状 G 鎖複体である．（終）

このような $\boldsymbol{X}$ のとりかたはいろいろあるので，次の定理が大切になってくる．

定理 2·11 G に対して，（異なる）二つの添加された，G 自由な，非輪状 G 鎖複体 $\boldsymbol{X}, \boldsymbol{X}'$ があったとする．$\boldsymbol{X}, \boldsymbol{X}'$ に対して，定理 2·5 において定義されたコホモロジー群，準同型を $H^r(A), f_\#, \delta^\#$ および $H'^r(A), f', \delta'$ とおく．そのとき，同型写像 $\varphi_r{}^*$: $H'^r(A) \cong H^r(A)$ が存在して，しかも CI および CII に対して

$$\begin{array}{ccc} H^r(A) & \xrightarrow{f^\#} & H^r(B) \\ \uparrow \varphi^* & & \uparrow \varphi^* \\ H'^r(A) & \xrightarrow{f'} & H'^r(B) \end{array} \quad \text{および} \quad \begin{array}{ccc} H^r(C) & \xrightarrow{\delta^\#} & H^{r+1}(A) \\ \uparrow \varphi^* & & \uparrow \varphi^* \\ H'^r(C) & \xrightarrow{\delta'} & H^{r+1}(A) \end{array} \qquad (2\cdot 29)$$

が，可換な図式であるようにとれる．すなわち，$\varphi_r{}^*$ によって $H^r(A)$ と $H'^r(A)$ とを同一視すれば，$f^\#$ と f' および $\delta^\#$ と δ' は一致する．[一意性定理]

証明は次の二つの補題を用いる．$\boldsymbol{X}, \boldsymbol{X}'$ を上のごとくとる．

補題 2·12　$\varphi_r: X_r \to X_r'$ $(r \in \mathrm{Z})$ なる G 準同型鎖写像が存在する．しかも $\varepsilon = \varepsilon' \cdot \varphi_0$，$\mu' = \varphi_{-1} \cdot \mu$ も成り立つようにできる．

（証明）(i) φ_0 の決定．X_0 の G 基底を $\{x_i\}$ とする．$\varepsilon'(X_0') = \mathrm{Z}$ より，$\varepsilon(x_i) = \varepsilon'(x_i')$ な x_i' を任意にとり，$\varphi_0(x_i) = x_i'$ とおく．これを G 準同型 $\varphi_0: X_0 \to X_0'$ にまで延長すれば，$\varepsilon = \varepsilon' \cdot \varphi_0$ となる．(ii) 帰納法により $\varphi_1, \cdots, \varphi_p$ $(p \in \mathrm{Z}^+)$ まで定義されて

$$d_r' \cdot \varphi_r = \varphi_{r-1} \cdot d_r \tag{2·30}$$

が $r=1, \cdots, p$ に対して成り立つとする．そのとき $\varphi_{p+1} = N_G(D_p' \cdot \varphi_p \cdot d_{p+1} \cdot \pi_{p+1})$ とおけば (2·30) は $r=p+1$ に対して成立する．ただし D_r' は $\boldsymbol{X}'$ に対する鎖変形，$1_{X_r} = N_G(\pi_r)$ $(\pi_r \in \mathrm{Hom}(X_r, X_r))$ とする．(iii) $\varphi_{-1}, \cdots, \varphi_{-q} (q \in \mathrm{Z}^+)$ まで定義されて (2·30) が $r=-1, \cdots, -q$ まで成り立つとすれば，それから $\varphi_{-q-1} = N_G(\pi'_{-q-1} \cdot d'_{-q} \cdot \varphi_{-q} \cdot D_{-q-1})$ とおけば，(2·30) が $r=-q-1$ でも成り立つ．ただし D_r は $\boldsymbol{X}$ に対する鎖変形，$1'_{X_r} = N_G(\pi_r')$ とする．(iv) $\varepsilon = \varepsilon' \cdot \varphi_0, \varphi_{-1} \cdot d_0 = d_0' \cdot \varphi_0$ より $\mu' = \varphi_{-1} \cdot \mu$ が導かれる．（終）

補題 2·13　補題 2·12 の条件を満足する二つの G 準同型鎖写像 $\{\varphi_r\}, \{\psi_r\}$ があれば，G 準同型な鎖ホモトピー $\{\varDelta_r; X_r \to X'_{r+1}\}$ が存在する：

$$\varphi_r - \psi_r = \varDelta_{r-1} \cdot d_r + d'_{r+1} \cdot \varDelta_r \qquad (r \in \mathrm{Z}) \tag{2·31}$$

（証明）$\varDelta_{-1} = 0, \varDelta_0 = N_G(D_0' \cdot (\varphi_0 - \psi_0) \cdot \pi_0)$ とおくと，(2·31) は $r=0$ に対して成り立つ．$\varDelta_0, \cdots, \varDelta_p$ まで定まって，(2·31) が $r=0, 1, \cdots, p$ まで成り立ったとすれば，$\varDelta_{p+1} = N_G(D_{p+1}' \cdot (\varphi_{p+1} - \psi_{p+1} - \varDelta_p \cdot d_{p+1}) \cdot \pi_{p+1})$ とおくと，(2·31) は $r=p+1$ に対して成り立つ．また $\varDelta_{-1}, \cdots, \varDelta_{-q}$ まで定まって，$r=-1, \cdots, -q+1$ まで (2·31) が成り立つとすれば $\varDelta_{-q-1} = N_G(\pi_{-q}' \cdot (\varphi_{-q} - \psi_{-q} - d'_{-q+1} \cdot \varDelta_{-q}) \cdot D_{-q-1})$ とおくと，(2·31) は $r=-q$ に対して成り立つ．（終）

注意　補題 2·12, 2·13 で仮定の一部分を弱めて，X_r' が自由加群ではあるが G 自由ではないとする．そのとき，π' が定義されない．したがって，φ_r は $r \geqq 0$ に対して，$\varDelta_r$ は $r \geqq -1$ に対しては定義されるが，その他の r に対しては定義されない．同様に X_r が自由加群であるが，G 自由ではないとき，φ_{-1} が定義されて $\mu' = \varphi_{-1} \cdot \mu$ であれば，一般に φ_r および $\varDelta_r$ は $r \leqq -1$ に対して定義可能である．

(定理 2·11 の証明)　(i)　$A_r=\mathrm{Hom}^G(X_r, A)$, $A_r'=\mathrm{Hom}^G(X_r', A)$ とおく．$t'\in A_r', \delta_r't'=0$ に対して，補題 2·12 の φ_r を用いて

$$*\varphi_r(t'+\delta'A_{r-1}')=t'\cdot\varphi_r+\delta A_{r-1}$$

と定義すれば，$*\varphi_r: H'^r(A)\to H^r(A)$ なる準同型を生ずる．このような二組の G 鎖写像 $\{\varphi_r\},\{\psi_r\}$ に対して，補題 2·13 の G 鎖ホモトピー $\{\varDelta_r\}$ を用いれば，$t'\cdot\varphi_r-t'\cdot\psi_r=t'\cdot(\varDelta_{r-1}\cdot d_r+d_{r+1}'\cdot\varDelta_r)=t'\cdot\varDelta_{r-1}\cdot d_r\in\delta A_{r-1}$ となる．すなわち $*\varphi_r=*\psi_r$ が成り立つ．

(ii)　G 鎖写像 $\{\varphi\}: \boldsymbol{X}\to\boldsymbol{X}'$, $\{\psi\}: \boldsymbol{X}'\to\boldsymbol{X}''$ なる二つの G 鎖写像に対して，$*(\psi\cdot\varphi)=*\psi\cdot*\varphi$ が成り立つ．

(iii)　G 鎖写像 $\{\varphi\}: \boldsymbol{X}\to\boldsymbol{X}', \{\varphi'\}: \boldsymbol{X}'\to\boldsymbol{X}$ を合わせ考えると，$\varphi'\cdot\varphi: \boldsymbol{X}\to\boldsymbol{X}$, $\varphi\cdot\varphi': \boldsymbol{X}'\to\boldsymbol{X}'$ を生ずる．恒等写像と比べて，補題 2·13 および (ii) を用いれば $*\varphi\cdot*\varphi'=*1$, $*\varphi'\cdot*\varphi=*1$ を得る．よって $*\varphi: H'^r(A)\cong H^r(A)$ となる．

(iv)　CI : $f: A\to B$ とする．$f_r{}^\#: H^r(A)\to H^r(B)$ は $t\in A_r, \delta t=0$ に対して $f_r{}^\#(t+\delta A_{r-1})=f\cdot t+\delta B_{r-1}$ で与えられる．同じく $f_r': H^r(A')\to H^r(B')$は $t'\in A_r', \delta_r't'=0$ に対して $f'(t'+\delta A_{r-1}')=f\cdot t'+\delta B_{r-1}'$ で与えられる．これらに対して $f_r{}^\#\cdot*\varphi_r(t'+\delta A'_{r-1})=f\cdot t'\cdot\varphi_r+\delta B_{r-1}=*\varphi_r\cdot f'(t'+\delta A'_{r-1})$ が成り立つ．

(v)　CII :　$0\longrightarrow A\xrightarrow{f} B\xrightarrow{g} C\longrightarrow 0$ (exact) とする．$t'\in C_r', \delta_r't'=0$ に対して $*\varphi_{r+1}\cdot\delta_r'(t'+\delta'C_{r-1}')=f^{-1}\cdot(g^{-1}\cdot t')\cdot d'_{r+1}\cdot\varphi_{r+1}+\delta'A_r'=f^{-1}\cdot(g^{-1}\cdot t')\cdot\varphi_r\cdot d_{r+1}+\delta'A_r'=\delta_r{}^\#\cdot*\varphi_r(t'+\delta'A_r')$が成り立つ．(iv), (v) は (2·29) の可換性を示している．(終)

一意性定理によって，A を係数とするコホモロジー群 $H^r(\boldsymbol{X}, A)$ は，添加された，G 自由な，非輪状 G 鎖複体 $\boldsymbol{X}$ のとりかたによらず，同一の構造をもつことがわかった．よって今後は，$H^r(\boldsymbol{X}, A)$ を

$$\boldsymbol{H}^r(\boldsymbol{G}, \boldsymbol{A})\qquad(r\in\mathrm{Z})$$

と表わし，‘有限群 G の A を係数とする’ **コホモロジー群**とよぶことにする．

2·2·3　巡回群のコホモロジー群

G が巡回群：$G=\{1, \tau, \tau^2, \cdots, \tau^{n-1}\}$

$(\tau^n=1)$ の場合に，特別な添加された，G 自由な，非輪状 G 鎖複体を構成して，A を係数とするコホモロジー群を求めよう．

そこで，一般の完全系列の代りに，特殊な完全系列 (2·7) を用いる．すなわち $X_r=\mathrm{Z}[G]$ $(r\in \mathrm{Z})$ とし

$$d_1=T,\ d_0=N_G(=U\cdot S),\ d_{2r+1}=d_1,\ d_{2r}=d_0 \tag{2·32}$$

にとることができる．(ただし $T=(\tau-1)$, $U=(1+\tau+\cdots+\tau^{n-1})$, $S(\tau^i)=1$ であった)．さらに

$$\varepsilon=S, \qquad \mu=U \tag{2·32)'}$$

となっている．いま A を G 加群とする．$t_r\in A_r=\mathrm{Hom}^G(X_r, A)$ に対して，$a_r=t_r(1)\in A$ を対応させれば，$A_r\cong A$ $(r\in \mathrm{Z})$ である．かつ $(\delta_{2r}t_{2r})(1)=t_{2r}\cdot T(1)=Ta_{2r}$, $(\delta_{2r-1}t_{2r-1})(1)=t_{2r-1}\cdot U(1)=N_G a_{2r-1}$ が対応する．したがって $A_r\cong A$ なる対応によって

$$\mathrm{Kernel}\,\delta_{2r}\cong A^G, \qquad \mathrm{Image}\,\delta_{2r-1}\cong N_G A,$$
$$\mathrm{Kernel}\,\delta_{2r+1}\cong {}_N A, \quad \mathrm{Image}\,\delta_{2r}\cong TA$$

である．(ただし $\mathrm{Kernel}\,N_G={}_N A$ であった)．故に次の定理が成り立つ．

定理 2·14 G が巡回群であれば

$$\begin{cases} H^{2r}(G,A)\cong H^0(G,A)\cong A^G/N_G A, & (r\in \mathrm{Z}) \\ H^{2r-1}(G,A)\cong H^{-1}(G,A)\cong {}_N A/TA & (r\in \mathrm{Z}) \end{cases} \tag{2·33}$$

ここに $TA=I(A)$ であることを注意しておく．とくに，$n=[G:1]$ とすると

$$H^{2r}(G,\mathrm{Z})\cong \mathrm{Z}/n\mathrm{Z}, \qquad H^{2r-1}(G,\mathrm{Z})=0 \qquad (r\in \mathrm{Z})$$

である．

ここで後に利用する Herbrand の補題を証明しておこう．G を巡回群 A, B, C を G 加群，f, g を G 準同型，$0\longrightarrow A\xrightarrow{f} B\xrightarrow{g} C\longrightarrow 0$ (exact) とする．これから完全系列

$$\cdots\longrightarrow H^0(A)\xrightarrow{f^\#} H^0(B)\xrightarrow{g^\#} H^0(C)\xrightarrow{\delta^\#} H^1(A)$$
$$\xrightarrow{f^\#} H^1(B)\xrightarrow{g^\#} H^1(C)\xrightarrow{\delta^\#} H^2(A)\longrightarrow\cdots \quad (\text{exact})$$

を得るが，$H^2(A)=H^0(A)$ と同一視することによって，6個の項よりなる閉じた完全系列

$$\begin{array}{ccccc} H^0(A) & \longrightarrow & H^0(B) & \longrightarrow & H^0(C) \\ \uparrow & & & & \downarrow \\ H^1(C) & \longrightarrow & H^1(B) & \longrightarrow & H^1(A) \end{array}$$

を得る．

$$\begin{array}{ccccc} A_0 & \xrightarrow{\varphi_0} & A_1 & \xrightarrow{\varphi_1} & A_2 \\ \uparrow{\scriptstyle \varphi_5} & & & & \downarrow{\scriptstyle \varphi_2} \\ A_5 & \xleftarrow{\varphi_4} & A_4 & \xleftarrow{\varphi_3} & A_3 \end{array}$$

($H^1(C)\xrightarrow{\delta^*}H^0(A)\xrightarrow{f^*}H^0(B)$ (exact) であることを，(2·32) に戻って確かめよ.)

一般に有限加群 $A_0,\cdots,A_5$ と準同型 $\varphi_0,\cdots,\varphi_5$ よりなる完全系列があって，$m_i=[A_i]$ (A_i の位数)，$l_i=[\varphi_i A_i]$ $(i=0,1,\cdots,5)$ とおく．完全系列ということから $m_i=l_i\cdot l_{i-1}$ (ただし $l_{-1}=l_5$) $(i=0,1,\cdots,5)$ である．故に

$$\frac{m_1\cdot m_3\cdot m_5}{m_0\cdot m_2\cdot m_4}=\frac{l_0\cdot l_1\cdot l_2\cdot l_3\cdot l_4\cdot l_5}{l_5\cdot l_0\cdot l_1\cdot l_2\cdot l_3\cdot l_4}=1 \tag{2·34}$$

が成り立つ．

この公式 (2·34) を用いれば，$H^0(A),\cdots,H^1(C)$ がすべて有限加群であれば

$$[H^0(A)]\cdot[H^0(C)]\cdot[H^1(B)]\Big/[H^0(B)]\cdot[H^1(A)]\cdot[H^1(C)]=1 \qquad (2·34)'$$

となる．いま $H^0(A), H^1(A)$ が有限加群ならば

$$h_{0/1}(A)=[H^0(A)]\Big/[H^1(A)] \tag{2·35}$$

とおいて **Herbrand の商**とよぶことにすると，次の公式が成り立つ．

補題 2·15 (i) G を巡回群とする．$0\longrightarrow A\xrightarrow{f}B\xrightarrow{g}C\longrightarrow 0$ (exact) において $h_{0/1}(A), h_{0/1}(B), h_{0/1}(C)$ が定義されるならば

$$h_{0/1}(B)=h_{0/1}(A)\cdot h_{0/1}(C) \tag{2·36}$$

である．(ii) とくに A 自身が有限加群ならば，$h_{0/1}(A)=1$ である．

(証明) (i) (2·34)′ を書き直せば，(2·36) である．(ii) A を有限加群とする．準同型 $T=(\tau-1)$，および N_G に対して，Kernel $T=A^G$, Kernel $N_G={}_NA$ である．これから $[A:A^G]=[TA]$，$[A:{}_NA]=[N_GA]$ および

$$[A]=[A:A^G]\cdot[A^G:N_GA]\cdot[N_GA]=[A:{}_NA]\cdot[{}_NA:TA]\cdot[TA]$$

を用いて，$[A^G:N_GA]=[{}_NA:TA]$ を得る．(2·33) によれば，これは $[H^0(A)]=[H^1(A)]$ を示している．(終)

注意　$h_{0/1}(A)$ は，トポロジーにおける Euler-Poincaré の標数に相当する．

2·3　標準 G 鎖複体

2·3·1　斉次形　2·2·3 で巡回群 G に対して，都合のよい G 鎖複体を構成したが，ここでは一般の有限群 G に対して，標準 G 鎖複体を構成する．有限群 G の元を $\sigma,\tau,\cdots$ で表わす．$p=0,1,2,\cdots$ に対して，

$$(\sigma_0,\sigma_1,\cdots,\sigma_p)\qquad(\sigma_i\in G)$$

を基底とする自由加群，すなわち $p+1$ 個の直積 $\mathrm{Z}[G]\times\cdots\times\mathrm{Z}[G]$ を K_p とおく．K_p は有限階である．

$$\sigma(\sigma_0,\sigma_1,\cdots,\sigma_p)=(\sigma\sigma_0,\sigma\sigma_1,\cdots,\sigma\sigma_p)\tag{2·37}$$

と定義することによって，K_p は G 自由な G 加群となり，$\{(1,\sigma_1,\sigma_2,\cdots,\sigma_p):\sigma_i\in G\}$ はその G 基底である．次に写像 $d_p:K_p\to K_{p-1}$ ($p\geqq1$) を

$$d_p(\sigma_0,\sigma_1,\cdots,\sigma_p)=\sum_{i=0}^{p}(-1)^i(\sigma_0,\cdots,\sigma_{i-1},\sigma_{i+1},\cdots,\sigma_p)\tag{2·38}$$

によって定義する．d_p は G 準同型である．かつ $d_{p-1}\cdot d_p=0$ ($p\geqq2$) が験証される．さらに

$$\varepsilon(\sigma_0)=1\tag{2·38$'$}$$

によって，G 準同型 $K_0\to\mathrm{Z}$ を定義する．ε は全射で，$\varepsilon\cdot d_1=0$ が成り立つ．かくして得られた G 加群と G 準同型に関する系列

$$\longrightarrow K_{p+1}\xrightarrow{d_{p+1}}K_p\xrightarrow{d_p}K_{p-1}\longrightarrow\cdots\longrightarrow K_1\xrightarrow{d_1}K_0\xrightarrow{\varepsilon}\mathrm{Z}\longrightarrow0\tag{2·39}$$

は完全系列となる．それには準同型 $D_p:K_p\to K_{p+1}$ ($p=0,1,2,\cdots$) および $D:\mathrm{Z}\to K_0$ で

$$1_p=d_{p+1}\cdot D_p+D_{p-1}\cdot d_p\quad(p\geqq1),\qquad 1_0=d_1\cdot D_0+D\cdot\varepsilon\tag{2·40}$$

(ただし $1_p=1_{K_p}$ とする) が成り立つものの存在をいえばよい．(補題 1·5)．

実際に

$$D(1)=1, \quad D_p(\sigma_0, \cdots, \sigma_p)=(1, \sigma_0, \sigma_1, \cdots, \sigma_p) \quad (p \geqq 0) \tag{2·40}'$$

とおけば，(2·40) が成り立つことがわかる．

次に (2·39) の双対加群のつくる系列を考える．すなわち

$$K_p{}^{\wedge}=\mathrm{Hom}(K_p, \mathrm{Z}) \quad (p \geqq 0), \qquad \mathrm{Z}^{\wedge}=\mathrm{Hom}(\mathrm{Z}, \mathrm{Z}) \tag{2·41}$$

とおく．K_p が有限階の自由な G 加群であるから，$K_p{}^{\wedge}$ も有限階の自由な G 加群である．とくに $t \in \mathrm{Z}^{\wedge}$ に対して，$\lambda(t)=t(1) \in \mathrm{Z}$ を対応させれば，G 同型：

$$\lambda : \mathrm{Z}^{\wedge} \cong \mathrm{Z} \tag{2·42}$$

となる．また

$$(\sigma_0, \cdots, \sigma_p)^{\wedge}((\tau_0, \cdots, \tau_p))=\begin{cases} 1 & \sigma_i=\tau_i \quad (i=0, \cdots, p) \\ 0 & \text{その他} \end{cases} \tag{2·43}$$

とおけば $\{(\sigma_0, \cdots, \sigma_p)^{\wedge}\,;\, \sigma_i \in G\}$ は $K_p{}^{\wedge}$ の基底である．$t \in K_p{}^{\wedge}$ に対して，$\hat{\sigma}(t)=\sigma \cdot t \cdot \sigma^{-1}$ であるから，$\hat{\sigma}(\sigma_0, \cdots, \sigma_p)^{\wedge}((\tau_0, \cdots, \tau_p))=(\sigma_0, \cdots, \sigma_p)^{\wedge}((\sigma^{-1}\tau_0, \cdots, \sigma^{-1}\tau_p))=(\sigma\sigma_0, \cdots, \sigma\sigma_p)^{\wedge}((\tau_0, \cdots, \tau_p))$ である．故に

$$\hat{\sigma}(\sigma_0, \cdots, \sigma_p) =(\sigma\sigma_0, \cdots, \sigma\sigma_p)^{\wedge} \tag{2·44}$$

が成り立つ．(今後は $\hat{\sigma}$ の代りに，単に σ で表わす)．したがって $K_p{}^{\wedge}$ も G 自由で，$\{(1, \sigma_1, \cdots, , \sigma_p)^{\wedge};\ \sigma_i \in G\}$ はその G 基底である．

また $d_{p+1} \cdot K_{p+1} \to K_p$ の双対 $d_{p+1}{}^{\wedge}={}^*d_p : K_p{}^{\wedge} \to K_{p+1}{}^{\wedge}$, すなわち $t \in K_p{}^{\wedge}=\mathrm{Hom}(K_p, \mathrm{Z})$ に対して，${}^*d_p(t)=t \cdot d_{p+1}$ を考えよう．同じく，ε, D_p, D の双対 $\varepsilon^{\wedge}={}^*\varepsilon : \mathrm{Z}^{\wedge} \to K_0{}^{\wedge}, D_p{}^{\wedge}={}^*D_p :\ K_{p+1}{}^{\wedge} \to K_p{}^{\wedge}, D^{\wedge}={}^*D : K_0{}^{\wedge} \to \mathrm{Z}^{\wedge}$ を考える．$d_p{}^{\wedge}, \varepsilon^{\wedge}$ は G 準同型である．$d_{p-1} \cdot d_p=0$ $(p \geqq 0)$，$\varepsilon \cdot d_1=0$ および (2·40) より，直ちに

$$d_p{}^{\wedge} \cdot d_{p-1}{}^{\wedge}=0 \quad (p \geqq 2), \qquad d_1{}^{\wedge} \cdot \varepsilon^{\wedge}=0,$$

$$1_p{}^{\wedge}=D_p{}^{\wedge} \cdot d_{p+1}{}^{\wedge}+d_p{}^{\wedge} \cdot D_{p-1}{}^{\wedge}\ (p \geqq 1), \quad 1_0{}^{\wedge}=D_0{}^{\wedge} \cdot d_1{}^{\wedge}+\varepsilon^{\wedge} \cdot D^{\wedge} \tag{2·45}$$

(ただし $1_p{}^{\wedge}=1_{K_p{}^{\wedge}}$ とおく) が成り立つ．(§ 1·1·2 参照)．かくして G 自由な G 加群 $K_p{}^{\wedge}$ と，G 準同型 $d_p{}^{\wedge}, \varepsilon^{\wedge}$ とに関して，完全系列

$$0 \longrightarrow Z^\wedge \xrightarrow{\varepsilon^\wedge} K_0{}^\wedge \xrightarrow{d_1{}^\wedge} K_1{}^\wedge \longrightarrow$$

$$\cdots \longrightarrow K_{p-1}{}^\wedge \xrightarrow{d_p{}^\wedge} K_p{}^\wedge \xrightarrow{d_{p+1}{}^\wedge} K_{p+1}{}^\wedge \longrightarrow \cdots \quad \text{(exact)} \qquad (2\cdot46)$$

を得る．

以上二つの完全系列 (2·39) と (2·46) を結びつけて

$$\begin{array}{ccccccccccccc} \cdots \longrightarrow K_p & \xrightarrow{d_p} & K_{p-1} & \longrightarrow \cdots \longrightarrow & K_1 & \xrightarrow{d_1} & K_0 & \longrightarrow & K_0{}^\wedge & \xrightarrow{d_1{}^\wedge} & K_1{}^\wedge \longrightarrow \\ & & & & & & \downarrow \varepsilon & & \uparrow \varepsilon^\wedge & & \\ & & & & & & \mathrm{Z} & \xleftarrow{\lambda} & \mathrm{Z}^\wedge & & \end{array}$$

$$\cdots \longrightarrow K_{p-1}{}^\wedge \xrightarrow{d_p{}^\wedge} K_p{}^\wedge \longrightarrow \cdots \qquad (2\cdot47)$$

を得る．そこであらたに

$$\begin{cases} K_{-q} = K_{q-1}{}^\wedge \ (q=1,2,\cdots) \\ d_{-q} = d_q{}^\wedge \ (q=1,2,\cdots), \ d_0 = \varepsilon^\wedge\cdot\lambda^{-1}\cdot\varepsilon, \ \mu = \varepsilon^\wedge\cdot\lambda^{-1} \\ D_{-q} = D_{q-2}{}^\wedge \ (q=2,3,\cdots), \ D_{-1} = D\cdot\lambda\cdot D^\wedge \end{cases} \qquad (2\cdot48)$$

とおくと

$$d_{r-1}\cdot d_r = 0 \ (r\in \mathrm{Z}), \ d_0 = \mu\cdot\varepsilon, \ 1_r = d_{r+1}\cdot D_r + D_{r-1}\cdot d_r \ (r \in \mathrm{Z}) \qquad (2\cdot49)$$

が成り立つ．

問 2·5　$r=0$ の場合に (2·49) を確かめてみよ．

かくして，添加された，G 自由な，非輪状 G 鎖複体 $\boldsymbol{K}=\{K_r, d_r, \varepsilon, \mu\}$ が構成された．この $\boldsymbol{K}$ を有限群 G の**標準 $\boldsymbol{G}$ 鎖複体** (standard G-chain complex) という．

注意　K_p ($p\geqq 0$) に関する部分は，G が有限群でなくても成り立つ．$K_p{}^\wedge$ が G 自由加群であるためには，K_p が有限階（したがって G が有限群）であることを要する．

実際に $K_{-q}=K_{q-1}{}^\wedge$ ($q=1,2,\cdots$) の基底を用いて，d_{-q}, d_0, μ を表わせば

$$\begin{cases} d_{-q}(\sigma_0, \sigma_1, \cdots, \sigma_{q-1})^\wedge = \displaystyle\sum_{i=0}^{q} \sum_{\sigma\in G} (-1)^i (\sigma_0, \cdots, \sigma_{i-1}, \sigma, \sigma_i, \cdots, \sigma_{q-1})^\wedge \\ d_0(\sigma_0) = \mu(1) = \displaystyle\sum_{\sigma\in G} (\sigma)^\wedge \end{cases} \qquad (2\cdot50)$$

である．

なんとなれば，$d_q=\sum_{i=0}^{q}\partial_i$, $\partial_i(\sigma_0, \cdots, \sigma_q)=(-1)^i(\sigma_0, \cdots, \check{\sigma}_i, \cdots, \sigma_q)$（ただし，$\check{\sigma}_i$ は，この項が欠けていることを示す）とおくと

$$(^*\partial_i(\sigma_0, \cdots, \sigma_{q-1})^\wedge)((\tau_0, \cdots, \tau_q))=(\sigma_0, \cdots, \sigma_{q-1})^\wedge(\partial_i(\tau_0, \cdots, \tau_q))$$
$$=(-1)^i(\sigma_0, \cdots, \sigma_{q-1})^\wedge((\tau_0, \cdots, \check{\tau}_i, \cdots, \tau_q))$$
$$\begin{cases} =(-1)^i & (\sigma_0=\tau_0, \cdots, \sigma_{i-1}=\tau_{i-1}, \sigma_i=\tau_{i+1}, \cdots, \sigma_{q-1}=\tau_q \text{ の場合}); \\ =0 & (\text{その他の場合}) \end{cases}$$

より，$^*\partial_i(\sigma_0, \cdots, \sigma_{q-1})^\wedge=(-1)^i\sum_{\sigma\in G}(\sigma_0, \cdots, \sigma_{i-1}, \sigma, \sigma_i, \cdots, \sigma_{q-1})^\wedge$ となる．同様に $(^*\varepsilon(1)^\wedge)((\tau_0))=(1)^\wedge(\varepsilon(\tau_0))=1$ より $^*\varepsilon(1)^\wedge=\sum_{\sigma\in G}(\sigma)^\wedge$ となる．

2·3·2　非斉次形　双対輪体などを計算するには，K_r の G 基底が用いられる．そこで K_p の G 基底に対して，別の表現が用いられる．すなわち

$$[\sigma_1, \sigma_2, \cdots, \sigma_p]=(1, \sigma_1, \sigma_1\sigma_2, \cdots, \sigma_1\sigma_2\cdots\sigma_p)\in K_p \quad (p\geqq 1) \qquad (2\cdot 51)$$

とおく．これは逆に解けば

$$(\sigma_0, \sigma_1, \cdots, \sigma_p)=\sigma_0[\sigma_0^{-1}\sigma_1, \sigma_1^{-1}\sigma_2, \cdots, \sigma_{p-1}^{-1}\sigma_p] \qquad (2\cdot 51)^*$$

と表わされる．とくに K_0 においては

$$[\cdot]=(1)\in K_0 \qquad (2\cdot 51)'$$

とおく．逆に解けば，$(\sigma_0)=\sigma_0[\cdot]$ である．以上を標準 G 鎖複体の**非斉次形**という．G 準同型 d_p は

$$d_p[\sigma_1, \cdots, \sigma_p]=\sigma_1[\sigma_2, \cdots, \sigma_p]-[\sigma_1\sigma_2, \sigma_3, \cdots, \sigma_p]$$
$$+[\sigma_1, \sigma_2\sigma_3, \sigma_4, \cdots, \sigma_p]+\cdots+(-1)^{p-1}[\sigma_1, \cdots, \sigma_{p-2}, \sigma_{p-1}\sigma_p]$$
$$+(-1)^p[\sigma_1, \sigma_2, \cdots, \sigma_{p-1}] \qquad (2\cdot 52)$$
$$\varepsilon[\cdot]=1$$

と表わされる．負の次元については

$$[\sigma_1, \cdots, \sigma_{q-1}]^\wedge=(1, \sigma_1, \sigma_1\sigma_2, \cdots, \sigma_1\sigma_2\cdots\sigma_{q-1})^\wedge\in K_{-q} \quad (q=2, 3, \cdots) \qquad (2\cdot 53)$$
$$[\cdot]^\wedge=(1)^\wedge\in K_{-1}$$

とおく．G 準同型 d_{-q} および d_0 は

$$
\left\{
\begin{aligned}
& d_{-q}[\sigma_1, \cdots, \sigma_{q-1}]^\wedge = \sum_{\sigma\in G} \{\sigma[\sigma^{-1}, \sigma_1, \sigma_2, \cdots, \sigma_{q-1}]^\wedge \\
& \quad -[\sigma_1\sigma, \sigma^{-1}, \sigma_2, \cdots, \sigma_{q-1}]^\wedge + \cdots\cdots \\
& \quad +(-1)^{q-1}[\sigma_1, \cdots, \sigma_{q-2}, \sigma_{q-1}\sigma, \sigma^{-1}]^\wedge + (-1)^q[\sigma_1, \cdots, \sigma_{q-1}, \sigma]^\wedge\} \\
& \qquad\qquad\qquad\qquad\qquad\qquad\qquad\qquad (q \geqq 2) \\
& d_{-1}[\cdot]^\wedge = \sum_{\sigma\in G} \{\sigma[\sigma^{-1}]^\wedge - [\sigma]^\wedge\} = \sum_{\sigma\in G} (\sigma^{-1}-1)[\sigma]^\wedge \\
& d_0[\cdot] = \sum_{\sigma\in G} \sigma[\cdot]^\wedge
\end{aligned}
\right. \tag{2·54}
$$

と表わされる.

問 2·6 (2·52), (2·54) を (2·51), (2·53) および (2·38), (2·50) より証明せよ.

2·3·3 双対輪体, コホモロジー群 A を G 加群とする. 標準 G 鎖複体の非斉次形を用いて, A を係数とする双対鎖 $f \in A_r = \mathrm{Hom}^G(K_r, A)$ を表わそう. K_r は G 自由であるから, f は K_r の G 基底に対する値 ($\in A$) を任意にとることによって一意的に定まる. すなわち

$$
\left\{
\begin{array}{lll}
p \text{ 双対鎖} & f^p[\sigma_1, \cdots, \sigma_p] \in A \quad (\sigma_i \in G) & (p \geqq 1) \\
0 \text{ 双対鎖} & f^0[\cdot] = a_0 \in A & \\
-1 \text{ 双対鎖} & f^{-1}[\cdot]^\wedge = a_{-1} \in A & \\
-q \text{ 双対鎖} & f^{-q}[\sigma_1, \cdots, \sigma_{q-1}]^\wedge \in A \quad (\sigma_i \in G) & (q \geqq 2)
\end{array}
\right. \tag{2·55}
$$

を任意にとることによって定まる. これらの双対境界は

$$
\begin{aligned}
& (\delta f^p)[\sigma_1, \cdots, \sigma_{p+1}] = f^p(d_{p+1}[\sigma_1, \cdots, \sigma_{p+1}]) = \sigma_1 f^p[\sigma_2, \cdots, \sigma_{p+1}] \\
& \quad - f^p[\sigma_1\sigma_2, \sigma_3, \cdots, \sigma_{p+1}] + f^p[\sigma_1, \sigma_2\sigma_3, \cdots, \sigma_{p+1}] + \cdots \\
& \quad + (-1)^p f^p[\sigma_1, \cdots, \sigma_p\sigma_{p+1}] + (-1)^{p+1} f^p[\sigma_1, \cdots, \sigma_p] \\
& (\delta f^0)[\sigma] = f^0(d_1[\sigma]) = f^0(\sigma[\cdot] - [\cdot]) = (\sigma - 1)a_0 \qquad\qquad (2·56) \\
& (\delta f^{-1})[\cdot] = f^{-1}(d_0[\cdot]) = \sum_{\sigma\in G} \sigma f^{-1}[\cdot]^\wedge = N_G a_{-1} \\
& (\delta f^{-q})[\sigma_1, \cdots, \sigma_{q-2}]^\wedge = f^{-q}(d_{-q+1}[\sigma_1, \cdots, \sigma_{q-2}]^\wedge) \\
& \quad = \sum_{\sigma\in G} \{\sigma f^{-q}[\sigma^{-1}, \sigma_1, \cdots, \sigma_{q-2}]^\wedge - f^{-q}[\sigma_1\sigma, \sigma^{-1}, \sigma_2, \cdots, \sigma_{q-2}]^\wedge + \cdots \\
& \quad + (-1)^{q-1} f^{-q}[\sigma_1, \cdots, \sigma_{q-2}, \sigma]^\wedge\}
\end{aligned}
$$

である. 低次元の場合について述べれば

(I) $f^0 \in A_0 \to f^0[\cdot]=a_0 \in A$ の対応によって，$\delta f^0=0 \rightleftarrows a_0 \in A^G$，すなわち Kernel $\delta_0 \cong A^G$．また $f^0=\delta g^{-1} \rightleftarrows a_0=N_G a_{-1}$，すなわち Image $\delta_{-1} \cong N_G A$．故に定理 2·5 CIII

$$\Phi^0: \ H^0(G, A) \cong A^G/N_G A \tag{2·57}$$

が再び証明された．$f^0=g\cdot\mathcal{E}$, $g \in \mathrm{Hom}^G(\mathrm{Z}, A)$ ならば $\mathcal{E}[\cdot]=1$ より，$f^0[\cdot]=g(1)$ であるから (2·57) の Φ^0 と (2·22)″ の Φ^0 とは一致する．

(II) $f^{-1} \in A_{-1} \to f^{-1}[\cdot]^\wedge=a_{-1} \in A$ の対応によって $\delta f^{-1}=0 \rightleftarrows N_G a_{-1}=0$，すなわち Kernel $\delta_{-1}={}_N A$ である．また $f^{-1}=\delta g^{-2} \rightleftarrows a_{-1}=f^{-1}[\cdot]^\wedge=\sum_{\sigma \in G}(\sigma-1)g^{-2}[\sigma^{-1}]$．したがって $g^{-2}[\sigma^{-1}]=a_\sigma \in A$ とおけば，Image $\delta_{-2} \cong \sum_{\sigma \neq 1}(\sigma-1)A=I(A)$．故に

$$H^{-1}(G, A) \cong {}_N A/I(A). \tag{2·58}$$

これは定理 2·8 において，すでに証明したところである．

(III) $f=f^1 \in A$ が $\delta f^1=0$ を満足する条件は

$$\sigma f[\tau]-f[\sigma\tau]+f[\sigma]=0 \qquad (\sigma, \tau \in G), \tag{2·59}$$

また $f=\delta g^0$ であるための条件は，ある $a_0 \in A$ によって

$$f[\sigma]=(\sigma-1)a_0 \tag{2·59$'$}$$

と表わされることである．とくに G 加群 A が単純ならば，(2·59) は $f \in \mathrm{Hom}(G, A)$ という条件（ただし G は乗法的，A は加法的に書かれている）である．(2·59)′ は $f=0$ と同値である．故にこの場合に

$$H^1(G, A) \cong \mathrm{Hom}(G, A) \tag{2·60}$$

である．

(IV) $f=f^2 \in A_2$ が $\delta f^2=0$ であるための条件は

$$\rho f[\sigma, \tau]-f[\rho\sigma, \tau]+f[\rho, \sigma\tau]-f[\rho, \sigma]=0, \tag{2·61}$$

また $f=\delta g^1$ であるための条件は

$$f[\sigma, \tau]=\sigma g[\tau]-g[\sigma\tau]+g[\sigma] \tag{2·61}$$

(V) $f=f^{-2} \in A_{-2}$，とくに A が単純な G 加群の場合．$f[\sigma]^\wedge=a_\sigma \in A$ を任意にとるとき $\delta f^{-2}=0$ である．$f=\delta g^{-3}$ であるための条件は

$$a_\sigma=\sum_{\tau \in G}\{g[\tau^{-1}, \sigma]^\wedge-g[\sigma\tau, \tau^{-1}]^\wedge+g[\sigma, \tau]^\wedge\} \tag{2·62}$$

である.

(VI) $H^{-2}(G, Z)$ を標準 G 鎖複体を用いて表わそう. $0 \longrightarrow I \xrightarrow{i} Z[G] \xrightarrow{S} Z \longrightarrow 0$ (exact) により $H^{-2}(G, Z) \cong H^{-1}(G, I) \cong I/I(I)$ である. 実際に $f^{-2} \in Z_{-2}$, $\delta f^{-2}=0$ に対して

$$a_{-1}=i^{-1}\cdot(S^{-1}\cdot f^{-2})\cdot d_{-1}[\cdot]^{\wedge}=\sum_{\sigma\neq 1} f^{-2}[\sigma](\sigma^{-1}-1) \in I$$

を対応させることによって, この同型を得る. 故に $f^{-2}[\sigma]=m_\sigma \in Z$ とおくと, 定理 2·9 の証明 (iii) における $\overline{\omega}: I/I(I) \to G/[G, G]$ と合わせて

$$\psi: f^{-2}(\mathrm{mod.\ Image}\,\delta^{-3}) \to \prod_{\sigma} \sigma^{m_\sigma} \ (\mathrm{mod}[G, G])$$

によって, $H^{-2}(G, Z) \cong G/[G, G]$ を得る. (定理 2·9, (iii)).

(VII) $0 \longrightarrow A \xrightarrow{i} B \xrightarrow{j} C \longrightarrow 0$ (exact) であれば, 準同型 $\delta^*: H^{-1}(G, C) \to H^0(G, A)$ を生ずる. 故に (2·57), (2·58) より, 準同型

$$\psi: {}_N C/I(C) \to A^G/N_G A \tag{2·69}$$

を生ずる. 実際に, $f^{-1} \in C_{-1}$, $\delta f^{-1}=0$, $f^{-1}[\cdot]^{\wedge}=c_{-1}$ に対して, $\delta^{\#}(f^{-1}+\delta C_{-2})=g^0+\delta A_{-1}$, $g^0 \in A_0$ とすると, $a_0=g^0[\cdot]=(i^{-1}\cdot\delta\cdot j^{-1})f^{-1}[\cdot]=(i^{-1}\cdot N_G\cdot j^{-1})(c_{-1})$ $(\mathrm{mod}\,N_G A)$ である. すなわち,

$$\psi=i^{-1}\cdot N_G\cdot j^{-1} \tag{2·69$'$}$$

が (2·69) の準同型を与える.

(VIII) “G 加群 A が有限個の生成元の集まりをもつならば, $H^r(G, A)$ は有限加群である.” なんとなれば X_r として有限階の G 自由加群がつくれたから, $\mathrm{Hom}(X_r, A)$ は有限生成系をもつ. したがってこれから部分群をとり, または剰余群をつくる操作によって得られる加群も有限生成系をもつ. 故に $H^r(G, A)$ は有限生成系をもつ. したがって系 2·7 により, $H^r(G, A)$ は有限加群である.

第 3 章　部分群, 剰余群のコホモロジー群との関係

3·1　部分群と剰余群のコホモロジー群

3·1·1　部分群のコホモロジー群　G を有限群, H を G の部分群とする. また A を任意の G 加群とする. そのとき. 互に双対的な二つの準同型

$$\begin{cases} \mathbf{Res}_{G/H} : \boldsymbol{H}^r(\boldsymbol{G},\boldsymbol{A}) \to \boldsymbol{H}^r(\boldsymbol{H},\boldsymbol{A}) \quad (r\in \mathrm{Z}) & (3\cdot1)\\ \mathbf{Inj}_{H/G} : \boldsymbol{H}^r(\boldsymbol{H},\boldsymbol{A}) \to \boldsymbol{H}^r(\boldsymbol{G},\boldsymbol{A}) \quad (r\in \mathrm{Z}) & (3\cdot2)\end{cases}$$

を定義しよう. そのために, X を添加された, G 自由な, 非輪状 G 鎖複体, X' を添加された, H 自由な, 非輪状 H 鎖複体とする. $A_r=\mathrm{Hom}^G(X_r, A)$, $A_r'=\mathrm{Hom}^H(X_r', A)$ とおく. X は H 自由な H 鎖複体とも見なされるから, 補題 2·10 によって H 鎖写像

$$\varphi_r : X_r' \to X_r, \qquad \psi_r : X_r \to X_r' \qquad (r\in \mathrm{Z})$$

(すなわち $\varphi_{r-1}\cdot d_r'=d_r\cdot\varphi_r$, $\varepsilon'=\varepsilon\cdot\varphi_0$, $\psi_{r-1}\cdot d_r=d_r'\cdot\psi_r$, $\varepsilon=\varepsilon'\cdot\psi_0$) が存在する.

(a)　$t\in A_r, \delta_r t=t\cdot d_{r+1}=0$ に対して, $\delta'(t\cdot\varphi_r)=t\cdot\varphi_r\cdot d_{r+1}'=t\cdot d_{r+1}\cdot\varphi_{r+1}=0$ である. そこで

$$\mathrm{Res}_{G/H}(t+\delta A_{r-1})=t\cdot\varphi_r+\delta' A'_{r-1} \qquad (3\cdot3)$$

は, 準同型 $H^r(\boldsymbol{X}, A)\to H^r(\boldsymbol{X}', A)$ を与える.

(b)　$t'\in A_r'$, $\delta_r' t'=t'\cdot d_{r+1}'=0$ に対して, $t=N_{G/H}(t'\cdot\psi_r)=\sum_j\tau_j\cdot(t'\cdot\psi_r)\cdot\tau_j^{-1}$ とおく. ただし $G=\bigcup_j\tau_jH$ を G の H に関する剰余類分解とする. t' は $X_r'\to A$ の H 準同型であるから t の値は剰余類の代表 τ_j の選びかたによらない. したがって $\sigma\cdot t=\sum(\sigma\tau_j)\cdot(t'\cdot\psi)\cdot(\sigma\tau_j)^{-1}\sigma=t\cdot\sigma$ となり, $t\in A_r$ となる. また $\delta_r t=t\cdot d_{r+1}=N_{G/H}(t'\cdot\psi_r)\cdot d_{r+1}=N_{G/H}(t'\cdot\psi_r\cdot d_{r+1})=N_{G/H}(t'\cdot d_{r+1}'\cdot\psi_{r+1})=0$ である. よって

$$\mathrm{Inj}_{H/G}(t'+\delta' A'_{r-1})=N_{G/H}(t'\cdot\psi_r)+\delta A_{r-1} \qquad (3\cdot4)$$

は準同型 $H^r(\boldsymbol{X}', A)\to H^r(\boldsymbol{X}, A)$ を与える.

注意　Res は Restriction (制限), Inj は Injection (単射) の略である. Inj はし

ばしば transfer（独 Verlagerung）とよばれる．Cartan-Eilenberg [1] では $\mathrm{Res}_{G/H}$ を $i(H,G)$, $\mathrm{Inj}_{H/G}$ を $t(G,H)$ と表わす．Chevalley [3] では，それぞれ記号 r_A, R_A を用いている．

(3·3), (3·4) の定義においては，X, X', φ, ψ を用いている．しかし，次に見るように，（定理 2·9 の一意性定理の意味において）“写像 Res および Inj は，X, X' および φ, ψ のとりかたによらず一意的に定まる．” まず，同一の X, X' に関して，φ_r の代りに別の H 鎖写像 φ_r' をとったとする．補題 2·11 によって，H 鎖変形 $\varDelta: X_r' \to X_{r+1}$ が存在して $\varphi_r - \varphi_r' = d_{r+1}\cdot\varDelta_r + \varDelta_{r-1}\cdot d_r'$ が成り立つから，$t \in A_r$, $\delta_r t = 0$ に対して $t\cdot\varphi_r - t\cdot\varphi_r' = t\cdot(d_{r+1}\cdot\varDelta_r + \varDelta_{r-1}\cdot d_r') = (t\cdot\varDelta_{r-1})\cdot d_r' \in \delta' A_{r-1}$ となる．よって (3·3) の右辺は，φ の代りに φ' をとっても一定である．また，X, X' の代りに，別の Y, Y' をとれば，G 鎖写像 $\varPhi: X \to Y$ および H 鎖写像 $\varPsi: Y' \to X'$ が存在して，同型 $*\varPhi: H^r(\boldsymbol{X}, A) \cong H^r(\boldsymbol{Y}, A)$, $*\varPsi: H^r(\boldsymbol{Y}', A) \cong H^r(\boldsymbol{X}', A)$ を与える（定理 2·11）．そこで $\varphi' = \varPhi\cdot\varphi\cdot\varPsi: Y' \to Y$ をつくれば φ' は Y, Y' に関する準同型 Res* を生ずる．したがって $\mathrm{Res}^* = *\varPsi\cdot\mathrm{Res}\cdot*\varPhi$ となる．故に $*\varPhi$ および $*\varPsi$ によって，それぞれ $H^r(\boldsymbol{X}, A)$ と $H^r(\boldsymbol{Y}, A)$, $H^r(\boldsymbol{Y}', A)$ と $H^r(\boldsymbol{X}', A)$ を同一視すれば，Res＝Res* を得る．Inj に関しても，全く同様である．

以下 Res, Inj の簡単な性質を列挙する．

(I) G 加群 A, B と G 準同型 $f: A \to B$ に対して

$$\begin{array}{ccc} H^r(G,A) & \xrightarrow{f^\#} & H^r(G,B) \\ \downarrow \mathrm{Res} & & \downarrow \mathrm{Res} \\ H^r(H,A) & \xrightarrow{f^\#} & H^r(H,B) \end{array} \qquad \begin{array}{ccc} H^r(H,A) & \xrightarrow{f^\#} & H^r(H,B) \\ \downarrow \mathrm{Inj} & & \downarrow \mathrm{Inj} \\ H^r(G,A) & \xrightarrow{f^\#} & H^r(G,B) \end{array} \qquad (3\cdot5)$$

は，可換な図式である．

(II) G 加群と G 準同型に関して $0 \longrightarrow A \xrightarrow{f} B \xrightarrow{g} C \longrightarrow 0$ (exact) であれば

$$\begin{array}{ccc} H^r(G,C) & \xrightarrow{\delta^\#} & H^{r+1}(G,A) \\ \downarrow \mathrm{Res} & & \downarrow \mathrm{Res} \\ H^r(H,C) & \xrightarrow{\delta^\#} & H^{r+1}(H,A) \end{array} \qquad \begin{array}{ccc} H^r(H,C) & \xrightarrow{\delta^\#} & H^{r+1}(H,A) \\ \downarrow \mathrm{Inj} & & \downarrow \mathrm{Inj} \\ H^r(G,C) & \xrightarrow{\delta^\#} & H^{r+1}(G,A) \end{array} \qquad (3\cdot6)$$

は，可換な図式である．

（証明）（I）$t\in A_r=\mathrm{Hom}^G(X_r,A), \delta_r t=0$ に対して $(\mathrm{Res}\cdot f^\#)(t+\delta A_{r-1})=f\cdot t\cdot\varphi_r+\delta' B'_{r-1}=(f^\#\cdot\mathrm{Res})(t+\delta A_{r-1})$，すなわち $\mathrm{Res}\cdot f^\#=f^\#\cdot\mathrm{Res}$ である．

（II）$t\in C_r=\mathrm{Hom}^G(X_r,C)$，$\delta_r t=0$ に対して

$$\begin{aligned}(\mathrm{Res}\cdot\delta^\#)(t+\delta C_{r-1})&=\mathrm{Res}(f^{-1}\cdot\delta\cdot g^{-1}(t)+\delta A_{r-1})\\ &=f^{-1}\cdot(g^{-1}\cdot t)\cdot d_{r+1}\cdot\varphi_{r+1}+\delta' A_r'=f^{-1}\cdot(g^{-1}\cdot t\cdot\varphi_r)\cdot d'_{r+1}+\delta' A_r'\\ &=(\delta^\#\cdot\mathrm{Res})(t+\delta C_{r-1}),\end{aligned}$$

すなわち，$\mathrm{Res}\cdot\delta^\#=\delta^\#\cdot\mathrm{Res}$ である．**Inj** に関しても同様である．（終）

（III）部分群 H_1,H_2 について，$G\supset H_1\supset H_2$ であれば

$$\mathrm{Res}_{H_1/H_2}\cdot\mathrm{Res}_{G/H_1}=\mathrm{Res}_{G/H_2},\quad \mathrm{Inj}_{H_1/G}\cdot\mathrm{Inj}_{H_2/H_1}=\mathrm{Inj}_{H_2/G} \qquad (3\cdot7)$$

が成り立つ．

（証明）Res については定義より自明である．**Inj** に関しては，$N_{G/H_2}=N_{G/H_1}\cdot N_{H_1/H_2}$ を用いればよい．（終）

（IV）H_1,H_2 を群 G の部分群，とくに H_2 を G の不変部分群とし，$G=H_1\cdot H_2$ と仮定する．$H_1\cap H_2=H_3$ とおくと

$$\mathrm{Inj}_{H_3/H_1}\cdot\mathrm{Res}_{H_2/H_3}=\mathrm{Res}_{G/H_1}\cdot\mathrm{Inj}_{H_2/G} \qquad (3\cdot8)$$

が成り立つ．

（証明）共通の G 鎖複体 X で考えよう．$H_1=\bigcup_j\tau_jH_3$ とすれば，$G=\bigcup_j\tau_jH_2$ である．故に $t\in\mathrm{Hom}^{H_2}(X_r,A)$，$\delta_r t=0$ に対して，(3·8) の両辺共に $t+\delta A_{r-1}\to\sum_j\tau_j\cdot t\cdot\tau_j^{-1}+\delta A_{r-1}$ を与える．（終）

（V）
$$\mathrm{Inj}_{H/G}\cdot\mathrm{Res}_{G/H}=[G:H]\cdot 1 \qquad (3\cdot9)$$

（証明）簡単のため $X=X', \varphi=\psi=1_X$ とおく．$t\in A_r=\mathrm{Hom}^G(X_r,A), \delta_r t=0$ に対して，$t\cdot\tau_j=\tau_j\cdot t$ であるから，$(\mathrm{Inj}\cdot\mathrm{Res})(t+\delta A_{r-1})=\mathrm{Inj}(t+\delta A_{r-1}')=\sum_j\tau_j\cdot t\cdot\tau_j^{-1}+\delta A_{r-1}=[G:H]t+\delta A_{r-1}$，すなわち (3·9) が成り立つ．（終）

注意　$H=1$ とする．$H^r(1, A)=0$ であるから，(3·9) の左辺は 0 である．よって $[G:1]H^r(G, A)=0$ となる．これはすでに系 2·7 として証明したところである．

(V) の応用として，次の定理が導かれる．

定理 3·1　有限群 G の位数を n，$n=p^l\cdot q$，$(p, q)=1$ とする．G の一つの p-Sylow 群（すなわち位数 p^l の部分群）を H とする．$H^r(G, A)$ の p-部分，（すなわち，位数が p のベキであるような元全体のつくる部分加群）を $H^r(G, A)_p$ とおく．そのとき $\mathrm{Inj}_{H/G}: H^r(H, A) \to H^r(G, A)_p$ は全射，$\mathrm{Res}_{G/H}: H^r(G, A)_p \to H^r(H, A)$ は単射である．さらに

$$H^r(H, A)=\mathrm{Image\,Res}_{G/H}+\mathrm{Kernel\,Inj}_{H/G} \quad (\text{direct}) \tag{3·10}$$

が成り立つ．

（証明）$qm\equiv 1 \pmod{p^l}$ に整数 m を一つとる．$\alpha \in \mathrm{Kernel\,Res}$，$(\alpha \in H^r(G, A)_p)$ であれば，$q\alpha=\mathrm{Inj}\cdot\mathrm{Res}\,\alpha=0$，故に $\alpha=0$ となる．すなわち Res は単射である．また任意の $\alpha \in H^r(G, A)_p$ に対して $\alpha=qm\alpha=\mathrm{Inj}\cdot\mathrm{Res}(m\alpha) \in \mathrm{Image\,Inj}$，すなわち Inj は全射である．$H^r(H, A) \xrightarrow{\mathrm{Inj}} H^r(G, A)_p \longrightarrow 0$ (exact)，$h=m\cdot\mathrm{Res}: H^r(G, A)_p \to H^r(H, A)$ とおけば，$\mathrm{Inj}\cdot h=1$ である．よって $\mathrm{Image}\,h=\mathrm{Image\,Res}$ と合わせて，(3·10) を得る．（終）

系 3·2　$r\in\mathrm{Z}$ を一つ定めておく．もし G のすべての p-Sylow 群 H_p に対して $H^r(H_p, A)=0$ ならば $H^r(G, A)=0$ である．

（証明）$n=[G:1]$ のすべての素因子 p に対して和をとれば $H^r(G, A)=\sum_p H^r(G, A)_p$．故に定理 3·1 より $H^r(H_p, A)=0$ ならば $H^r(G, A)_p=0$，したがって $H^r(G, A)=0$ となる．（終）

(VI) **半局所理論**　H を G の部分群，剰余類分解を $G=\bigcup_j \tau_j H$ とする．また A は G 加群，B は H 加群，$B\subset A$ で

$$A=\sum_j \tau_j B \quad (\text{direct}) \tag{3·11}$$

とする．$i: B \to A$ を標準的単射，$\pi: A\to B$ を標準的射影とする．

$$\overline{\mathbf{Res}}_{G/H}=\pi^{\#}\cdot\mathrm{Res}_{G/H}: H^r(G, A) \to H^r(H, B),$$

$$\overline{\mathbf{Inj}}_{H/G}=\mathrm{Inj}_{H/G}\cdot i^{\#}: H^r(H, B) \to H^r(G, A) \tag{3·12}$$

と定義する．これに対して

$$\overline{\mathrm{Res}}_{G/H}\cdot\overline{\mathrm{Inj}}_{H/G}=1, \qquad \overline{\mathrm{Inj}}_{H/G}\cdot\overline{\mathrm{Res}}_{G/H}=1 \qquad (3\cdot13)$$

が成り立つ．なんとなれば $t\in A_r=\mathrm{Hom}^G(X_r, A)$, $\delta_r t=0$ に対して $\overline{\mathrm{Inj}}\cdot\overline{\mathrm{Res}}(t+\delta A_{r-1})=\sum_j\tau_j\cdot(i\cdot\pi\cdot t)\tau_j^{-1}+\delta A_{r-1}=\sum_j\tau_j\cdot i\cdot\pi(\tau_j^{-1}t)+\delta A_{r-1}$ $=t+\delta A_{r-1}$ であり，また $t'\in B_r'=\mathrm{Hom}^H(X_r, B)$, $\delta t'=0$ に対して $\overline{\mathrm{Res}}\cdot\overline{\mathrm{Inj}}(t'+\delta B'_{r-1})=\pi\sum_j\tau_j\cdot(i\cdot t')\cdot\tau_j^{-1}+\delta B'_{r-1}=\pi\cdot i\cdot t'+\delta B'_{r-1}=t'+$ $\delta' B'_{r-1}$ であるから．ただし $X=X'$, $\varphi=\psi=1_X$ にとった．以上により

$$\overline{\mathrm{Res}}_{G/H}: H^r(G, A)\cong H^r(H, B), \qquad \overline{\mathrm{Res}}_{G/H}{}^{-1}=\overline{\mathrm{Inj}}_{H/G} \qquad (3\cdot14)$$

が成り立つ．

注意　$H=1$ のときは (3·11) は A が G 正則，(3·14) は $H^r(G, A)=0$ を表わす．

3·1·2　共役部分群のコホモロジー群　H を G の部分群，$\tau\in G$ に対して $H^\tau=\tau H\tau^{-1}$ とおく．G 加群 A に対して，準同型 I_τ：

$$\boldsymbol{I_\tau}: \boldsymbol{H^r(H, A)\to H^r(H^\tau, A)} \qquad (r\in \mathrm{Z}) \qquad (3\cdot15)$$

を次のように定義する．すなわち X を添加された，G 自由な，非輪状 G 鎖複体，$A_r=\mathrm{Hom}^H(X_r, A)$, $A_r'=\mathrm{Hom}^{H^\tau}(X_r, A)$ とする．$t\in A_r$, $\delta_r t=0$ に対して

$$I_\tau(t+\delta A_{r-1})=\tau\cdot t\cdot\tau^{-1}+\delta A'_{r-1}$$

とおく．

問 3·1　H と H^τ に対応する鎖複体が異なる場合に，I_τ を定義せよ．

I_τ の定義が X のとりかたによらず一意的に定まることは，3·1·1 と全く同様に証明される．

I_τ に関して，次の性質が成り立つ．

(I)　3·1·1, (I), (II) と同様な性質がある：

$$I_\tau\cdot f^\#=f^\#\cdot I_\tau, \qquad I_\tau\cdot\delta^\#=\delta^\#\cdot I_\tau \qquad (3\cdot15)$$

(II)　$\sigma, \tau\in G$ に対して

$$I_\sigma\cdot I_\tau=I_{\sigma\tau}, \qquad (I_\sigma)^{-1}=I_{\sigma^{-1}} \qquad (3\cdot16)$$

すなわち I_τ は同型：$H^r(H, A)\cong H^r(H^\tau, A)$ を与える．

(III)　$\tau\in H$ ならば，$I_\tau=1$（恒等写像）　(3·17)

なんとなれば，$t\in\mathrm{Hom}^H(X_r, A)$ に対して $\tau\cdot t\cdot\tau^{-1}=t$ であるから．

（IV）　G の部分群，H_1, H_2（$H_2 \subset H_1$），$\tau \in G$，G 加群 A に対して

$$I_\tau \cdot \mathrm{Res}_{H_1/H_2} = \mathrm{Res}_{H_1{}^\tau/H_2{}^\tau} \cdot I_\tau, \quad I_\tau \cdot \mathrm{Inj}_{H_2/H_1} = \mathrm{Inj}_{H_2{}^\tau/H_1{}^\tau} \cdot I_\tau \qquad (3\cdot 18)$$

証明は容易である．

（V）　H_1, H_2 を G の部分群とし，G の H_1, H_2 に関する両側分解を

$$G = \bigcup_j H_1 \tau_j H_2$$

とする．任意の G 加群 A に対して

$$\mathrm{Res}_{G/H_1} \cdot \mathrm{Ing}_{H_2/G} = \sum_j \mathrm{Inj}_{H_1 \cap H_2{}^{\tau_j}/H_1} \cdot \mathrm{Res}_{H_2{}^{\tau_j}/H_1 \cap H_2{}^{\tau_j}} \cdot I_{\tau_j} \qquad (3\cdot 19)$$

が成り立つ．

（証明）　$H_1 = \bigcup_j \sigma_{ij}\ (H_1 \cap H_2{}^{\tau_i})$ とおくと $H_1 \cdot H_2{}^{\tau_i} = \bigcup_j \sigma_{ij} \cdot H_2{}^{\tau_i}$ となる．ただし $H_1 \cdot H_2{}^{\tau_i}$ は部分群をつくらなくてもよい．両辺に右側から τ_i を乗じて $H_1 \tau_i H_2 = \bigcup_j \sigma_{ij} \tau_i H_2$ を得る．したがって

$$N_{G/H_2} = \sum_i \sum_j \sigma_{ij} \tau_i = \sum_i N_{H_1/H_1 \cap H_2{}^{\tau_i}} \cdot I_{\tau_i} \qquad (3\cdot 20)$$

となる．そこで $t \in \mathrm{Hom}^{H_2}(X_r, A)$，$\delta_r t = 0$ に対して $\mathrm{Res}_{G/H_1} \cdot \mathrm{Inj}_{H_2/G}(t + \delta A''_{r-1}) = \sum_i \sum_j (\sigma_{ij} \cdot \tau_i) t (\sigma_{ij} \cdot \tau_i)^{-1} + \delta A'_{r-1} = \sum_i \{ \sum_j \sigma_{ij} (\tau_i t \tau_i{}^{-1}) \sigma_{ij}{}^{-1} \} + \delta A'_{r-1} =$ 右辺となって，(3·19) が成り立つ．（終）

3·1·3　剰余群のコホモロジー群　H を G の不変部分群とし，その剰余群を $G' = G/H$ とおく．任意の G 加群 A に対して，（A を H 加群と見て）A^H，(A_H) をつくれば，これらはまた G 加群となっている．しかも H はこれらに単純に作用しているから，結局 $A^H, (A_H)$ は G/H 加群と見なすことができる．そのとき互に双対的な二つの準同型

$$\begin{cases} \mathbf{Inf}_{G'/G} : \boldsymbol{H}^p(\boldsymbol{G}', \boldsymbol{A}^H) \to \boldsymbol{H}^p(\boldsymbol{G}, \boldsymbol{A}) & (p \geqq 1) \qquad (3\cdot 21) \\ \mathbf{Def}_{G/G'} : \boldsymbol{H}^{-q}(\boldsymbol{G}, \boldsymbol{A}) \to \boldsymbol{H}^{-q}(\boldsymbol{G}', \boldsymbol{A}^H) & (q \geqq 2) \qquad (3\cdot 22) \end{cases}$$

を定義しよう．$\boldsymbol{X}$ を，添加された，G 自由な，非輪状 G 鎖複体，$\boldsymbol{X}'$ を，添加された，G' 自由な，非輪状 G' 鎖複体とする．$\boldsymbol{j} : \boldsymbol{G} \to \boldsymbol{G}'$ を標準的全射とすると，$\boldsymbol{x}' \in \boldsymbol{X}_r'$ に対して，

$$\sigma x' = j(\sigma) x' \quad (\sigma \in G)$$

とおくことによって，X_r' も G 加群となる．しかし X_r' は一般には G 自由

ではない．よって補題 2·12,13 の注意によって $r \geqq 0$ に対して G 鎖写像 φ_r : $X_r \to X_r'$ が定義されて $\varphi_{p-1} \cdot d_p = d_p' \cdot \varphi_p$ $(p \geqq 1), \varepsilon = \varepsilon' \cdot \varphi_0$ である．同様に G 準同型 ψ_{-1}; $X'_{-1} \to X_{-1}$ が定義されて，$\mu = \psi_{-1} \cdot \mu'$ であれば，一般に $-q \leqq -1$ に対して，G 鎖写像 $\psi_{-q} : X'_{-q} \to X_{-q}$ が定義されて $\psi_{-q-1} \cdot d'_{-q} = d_{-q} \cdot \psi_{-q} (q \geqq 1)$ である．いま $A_r = \mathrm{Hom}^G(X_r, A), A_r' = \mathrm{Hom}^{G'}(X_r', A^H)$ とおく．

(a)　$t' \in A_p', \delta_p' t' = t' \cdot d'_{p+1} = 0$ $(p \geqq 1)$ に対して，$\delta_p(t' \cdot \varphi_p) = (t' \cdot \varphi_p) \cdot d_{p+1} = (t' \cdot d'_{p+1}) \cdot \varphi_{p+1} = 0$ である．いま $i : A^H \to A$ を標準的単射とすると

$$\mathrm{Inf}_{G'/G}(t' + \delta' A'_{p-1}) = i \cdot t' \cdot \varphi_p + \delta A_{p-1} \quad (p \geqq 1) \qquad (3·23)$$

は，準同型（3·21）を定義する．

(b)　$t \in A_{-q}$, $\delta_{-q} t = t \cdot d_{-q+1} = 0 (q \geqq 2)$ に対して，$\delta'_{-q}(t \cdot \psi_{-q}) = 0$ である．$\rho \in H$ に対して $\rho \cdot (t \cdot \psi_{-q}) = t \cdot (\psi_{-q} \cdot \rho) = t \cdot \psi_{-q}$ より $t \cdot \psi_{-q} \in \mathrm{Hom}^{G'}(X_r, A^H)$ である．そこで

$$\mathrm{Def}_{G/G'}(t + \delta A_{-q-1}) = t \cdot \psi_{-q} + \delta A'_{-q-1} \quad (q \geqq 2) \qquad (3·24)$$

は準同型（3·22）を定義する．

注意 1　適当な X および X' に対して，実際に ψ_{-1} が定義されることは，§3·2·2 で証明する．

注意 2　以上の諸準同型の定義は，X, X', φ, ψ のとりかたによらず一意に定まることは Res, Inj などと同様である．

注意 3　Inf, Def は Inflation（膨張），Deflation（収縮）を表わす．Inf はしばしば lift とよばれる．

注意 4　$\mathrm{Def}_{G/G'}$ は　$q=0, q=1$　に対しても定義される．§ 3·2·2 参照

以下 Inf, Def の簡単な諸性質を列挙する．

(I)　A, B を G 加群，$f : A \to B$ を準同型とすると，$f^H : A^H \to B^H$ は G' 準同型である．そのとき，§ 3·1·1 (I) に相当して

$$f^\# \cdot \mathrm{Inf}_{G'/G} = \mathrm{Inf}_{G'/G} \cdot (f^H)^\#, \quad (p \geqq 1),$$
$$(f^H)^\# \cdot \mathrm{Def}_{G/G'} = \mathrm{Def}_{G/G'} \cdot f^\# \quad (q \geqq 2) \qquad (3·26)$$

が成り立つ．

(II) G 加群 A, B, C, G 準同型 f, g に関して

$$0 \longrightarrow A \xrightarrow{f} B \xrightarrow{g} C \longrightarrow 0 \quad \text{(exact)},$$

$$0 \longrightarrow A^H \xrightarrow{f^H} B^H \xrightarrow{g^H} C^H \longrightarrow 0 \quad \text{(exact)}$$

が成り立つならば，

$$\delta^{\#}\cdot \mathrm{Inf}_{G'/G}=\mathrm{Inf}_{G'/G}\cdot\delta^{\#}\ (p\geqq 1),\quad \delta^{\#}\cdot \mathrm{Def}_{G/G'}=\mathrm{Def}_{G/G'}\cdot\delta^{\#}\ (q\geqq 2)$$

が成り立つ． (3・27)

証明は § 3・1・1 と全く同様である．

(III) G の二つの不変部分群 H_1, H_2 ($G\supset H_1\supset H_2$) に対して

$$\mathrm{Inf}_{(G/H_1)/G}=\mathrm{Inf}_{(G/H_2)/G}\cdot \mathrm{Inf}_{(G/H_1)/(G/H_2)} \tag{3・28}$$

(IV) $G\supset H_1\supset H_2\supset H_3$, H_2, H_3 は H_1 の不変部分群とすると

$$I_\sigma\cdot \mathrm{Inf}_{(H_1/H_2)/(H_1/H_3)}=\mathrm{Inf}_{(H_1\sigma/H_2\sigma)/(H_1\sigma/H_3\sigma)}\cdot I_\sigma \tag{3・29}$$

ただし $\sigma\in G$ とする．また $G\supset H_1\supset H_2$, H_2 が G の不変部分群であるとき

$$\left.\begin{aligned}&\mathrm{Inf}_{(H_1/H_2)/H_1}\cdot \mathrm{Res}_{(G/H_2)/(H_1/H_2)}\\ &\quad=\mathrm{Res}_{G/H_1}\cdot \mathrm{Inf}_{(G/H_2)/G}\\ &\mathrm{Inf}_{(G/H_2)/G}\cdot \mathrm{Inj}_{(H_1/H_2)/(G/H_2)}\\ &\quad=\mathrm{Inj}_{H_1/G}\cdot \mathrm{Inf}_{(H_1/H_2)/H_1}\end{aligned}\right\} \tag{3・30)''$$

Inf の代りに Def をとっても上と同様な公式が成り立つ．証明は容易である．

3・2 標準鎖複体による表現

(53 頁につづく)

3・2・1 部分群の標準鎖複体

(I) H を G の部分群，$\boldsymbol{K}$ および $\boldsymbol{K}'$ を G および G' に対する標準 G (および H) 鎖複体とする．

$$G=\cup_j H\tau_j \tag{3・32}$$

と左剰余類に分解して，剰余類 $H\tau_j$ の任意の元 τ に対して $\bar{\tau}=\tau_j$ とおく．$H\tau=H\bar{\tau}$, $H\bar{\tau}\sigma=H\overline{\tau\sigma}$, $\tau\bar{\tau}^{-1}\in H$, $\bar{\tau}\sigma\overline{\tau\sigma}^{-1}\in H$ である．斉次形を用いて

φ_p : $K_p'\to K_p$ を

$$\varphi_p:\ (\rho_0, \rho_1, \cdots, \rho_p)\to(\rho_0, \rho_1, \cdots, \rho_p)\quad (p\geqq 0) \tag{3・33}$$

(ただし $\rho_i\in H$) とし，$\psi_p: K_p\to K_p'$ を

$$\psi_p:\ (\sigma_0,\sigma_1,\cdots,\sigma_p)\to(\sigma_0\bar{\sigma}_0^{-1},\sigma_1\bar{\sigma}_1^{-1},\cdots,\sigma_p\bar{\sigma}_p^{-1})\quad(p\geqq 0)\tag{3・34}$$

(ただし $\sigma_i\in G$) とおく. φ_p,ψ_p は準同型で, $\mathcal{E}'=\mathcal{E}\cdot\varphi_0$, $\mathcal{E}=\mathcal{E}'\cdot\psi_0$, $d_p\cdot\varphi_p=\varphi_{p-1}\cdot d_p'$, $d_p'\cdot\psi_p=\psi_{p-1}\cdot d_p$ ($p\geqq 1$) が成り立つ. これらの双対を求めると, $\psi_p{}^\wedge: K_p'{}^\wedge\to K_p{}^\wedge$ は

$$\psi_p{}^\wedge(\rho_0,\rho_1,\cdots,\rho_p)^\wedge=\sum_{i_0\cdots i_p}(\rho_0\tau_{i_0},\cdots,\rho_p\tau_{i_p})^\wedge\tag{3・35}$$

ただし, $\tau_{i_0},\cdots,\tau_{i_p}$ は (3・32) の代表をすべて独立に動く. また, 準同型 $\varphi_p{}^\wedge: K_p{}^\wedge\to K_p'{}^\wedge$ は

$$\varphi_p{}^\wedge(\sigma_0,\cdots,\sigma_p)^\wedge=\begin{cases}(\sigma_0,\cdots,\sigma_p)^\wedge & \text{すべての } \sigma_i\in H\ (i=0,\cdots,p)\\ 0 & \text{その他の場合}\end{cases}\tag{3・36}$$

となる.

なんとなれば $\psi_p{}^\wedge(\rho_0,\cdots,\rho_p)^\wedge(\sigma_0,\cdots,\sigma_p)=(\rho_0,\cdots,\rho_p)^\wedge(\psi_p(\sigma_0,\cdots,\sigma_p))=(\rho_0,\cdots,\rho_p)^\wedge(\sigma_0\bar{\sigma}_0^{-1},\cdots,\sigma_p\bar{\sigma}_p^{-1})$ より (3・35) となり, $\varphi_p{}^\wedge(\sigma_0,\cdots,\sigma_p)^\wedge(\tau_0,\cdots,\tau_p)=(\sigma_0,\cdots,\sigma_p)^\wedge(\varphi_p(\tau_0,\cdots,\tau_p))=(\sigma_0,\cdots,\sigma_p)^\wedge(\tau_0,\cdots,\tau_p)$ ($\tau_i\in H$) より (3・36) を得る.

これは (2・48) と合わせて, $d'_{-p}\cdot\varphi_{p-1}{}^\wedge=\varphi_p{}^\wedge\cdot d_{-p}$, $d_{-p}\cdot\psi_{p-1}{}^\wedge=\psi_p{}^\wedge\cdot d'_{-p}$, $d_0\cdot\varphi_0=\varphi_0{}^\wedge\cdot d_0'$ を満足する.

(II)　非斉次形に直せば

$$\begin{cases}\varphi_p\ \ :\rho_0[\rho_1,\cdots,\rho_p]\to\rho_0[\rho_1,\cdots,\rho_p]\\ \psi_p\ \ :\sigma_0[\sigma_1,\cdots,\sigma_p]\to\sigma_0\bar{\sigma}_0^{-1}[\bar{\sigma}_0\sigma_1\overline{\sigma_0\sigma_1}^{-1},\overline{\sigma_0\sigma_1}\sigma_2\overline{\sigma_0\sigma_1\sigma_2}^{-1},\cdots,\\ \qquad\qquad\overline{\sigma_0\sigma_1\cdots\sigma_{p-1}}\sigma_p\overline{\sigma_0\sigma_1\cdots\sigma_p}^{-1}]\\ \psi_p{}^\wedge:\rho_0[\rho_1,\cdots,\rho_p]^\wedge\to\displaystyle\sum_{i_0\cdots i_p}\rho_0\tau_{i_0}[\tau_{i_0}{}^{-1}\rho_1\tau_{i_1},\tau_{i_1}{}^{-1}\rho_2\tau_{i_2},\cdots,\\ \qquad\qquad\tau_{i_{p-1}}{}^{-1}\rho_p\tau_{i_p}]^\wedge\\ \varphi_p{}^\wedge:\sigma_0[\sigma_1,\cdots,\sigma_p]^\wedge\to\begin{cases}\sigma_0[\sigma_1,\cdots,\sigma_p]^\wedge & (\sigma_i\in H,i=0,1,\cdots,p)\\ 0 & \text{その他の場合}\end{cases}\end{cases}\tag{3・37}$$

である.

(III)　したがって $\mathrm{Res}_{G/H},\mathrm{Inj}_{H/G}$ を標準形によって表わせば, G 加群 A に関する双対輪体 t に対して

$$\begin{cases}(\mathrm{Res}_{G/H}t)[\rho_1,\cdots,\rho_p]=t[\rho_1,\cdots,\rho_p]\quad(\rho_i\in H)\quad(p\geqq 0)\\(\mathrm{Res}_{G/H}t)[\rho_1,\cdots,\rho_p]^\wedge=\sum_{i_0\cdots i_p}\tau_{i_0}t[\tau_{i_0}{}^{-1}\rho_1\tau_{i_1},\cdots,\tau_{i_{p-1}}{}^{-1}\rho_p\tau_{i_p}]^\wedge\\ \qquad\qquad (p\geqq 0)\end{cases}\quad(3\cdot 38)$$

$$\begin{cases}(\mathrm{Inj}_{H/G}t)[\sigma_1,\cdots,\sigma_p]=\sum_j\tau_j{}^{-1}t[\tau_j\sigma_1\overline{\tau_j\sigma_1}{}^{-1},\overline{\tau_j\sigma_1}\sigma_2\overline{\tau_j\sigma_1\sigma_2}{}^{-1},\\ \quad\cdots,\overline{\tau_j\sigma_1\cdots\sigma_{p-1}}\sigma_p\overline{\tau_j\sigma_1\cdots\sigma_p}{}^{-1}]\\(\mathrm{Inj}_{H/G}t)[\sigma_1,\cdots,\sigma_p]^\wedge=\begin{cases}t[\sigma_1,\cdots,\sigma_p]\ (\sigma_1,\cdots,\sigma_p\in H\text{ の場合})\\0\qquad(\text{その他の場合})\end{cases}\end{cases}\quad(3\cdot 39)$$

となる．とくに $H^0(G,A)\cong A^G/N_GA,\ H^{-1}(G,A)\cong {}_NA/I(A)$ に対しては

$$\begin{cases}\mathrm{Res}_{G/H}(a)=a:A^G/N_GA\to A^H/N_HA\quad(a\in A^G)\\\mathrm{Res}_{G/H}(a)=N_{H\setminus G}a:{}_{N_G}A/I_G(A)\to{}_{N_H}A/I_H(A)\quad(N_Ga=0)\end{cases}\quad(3\cdot 38)'$$

ただし $G=\bigcup\tau_j{}^{-1}H=\bigcup H\tau_j$ に対して $N_{H\setminus G}=\sum_j\tau_j$ とする．

$$\begin{cases}\mathrm{Inj}_{H/G}(a)=N_{G/H}a:A^H/N_HA\to A^G/N_GA\quad(a\in A^H)\\\mathrm{Inj}_{H/G}(a)=a:{}_{N_H}A/I_H(A)\to{}_{N_G}A/I_G(A)\quad(N_Ha=0)\end{cases}\quad(3\cdot 39)'$$

と表わされる．

問 3·2　§2·3·3 (VII)，および (3·38)′．(3·39)′ を用いて，3·1·1 (II) を $r=-1$ に対して験証せよ．

また $H^{-2}(G,\mathrm{Z})\cong G/[G,G],\ H^{-2}(H,\mathrm{Z})\cong H/[H,H]$ に対して

$$\mathrm{Res}_{G/H}:\ G/[G,G]\to H/[H,H]\qquad(3\cdot 40)$$

を与える．実際に，$t[\sigma]^\wedge=m_\sigma\in\mathrm{Z},\ t\to\prod_{\sigma\in G}\sigma^{m_\sigma}\mathrm{mod}[G,G]$ が $H^{-2}(G,\mathrm{Z})\cong G/[G,G]$ を与えたのであったが，$l_\rho=(\mathrm{Res}\,t)[\rho]^\wedge=\sum_{ij}t[\tau_j{}^{-1}\rho\tau_i]^\wedge=\sum_{ij}m_{\tau_j{}^{-1}\rho\tau_i}$ とおくと $\mathrm{Res}\,t\to\prod_{\rho\in H}\rho^{l_\rho}\bmod[H,H]$ となる．$\sigma=\tau_j{}^{-1}\rho\tau_i\in G$ とおくと，$\tau_j\sigma=\rho\tau_i$ すなわち $\tau_i=\overline{\tau_j\sigma}$ である．$\rho\in H,\tau_i,\tau_j$ を勝手に動かすのと，$\sigma\in G,\tau_j$ を勝手に動かすのとは同値であるから，$\prod_{\rho\in H}\rho^{l_\rho}=\prod_{\sigma\in G}(\prod_j\tau_j\sigma\overline{\tau_j\sigma}{}^{-1})^{m_\sigma}$ と表わされる．よって (3·40) は

$$\sigma\,\mathrm{mod}[G,G]\to V_{G\to H}\sigma=\prod_j\tau_j\sigma\overline{\tau_j\sigma}{}^{-1}\mathrm{mod}[H,H]\qquad(3\cdot 40)'$$

なる対応で与えられる．この準同型は **Verlagerung**（移送）とよばれている．

問 3·3　$\mathrm{Inj}_{H/G}:H/[H,H]\to G/[G,G]$ は標準的単射 $H\to G$ よりひきおこされる準同型であることを証明せよ．

(IV) I_σ ($\sigma\in G$) については簡単である. $t\in\mathrm{Hom}^H(K_r', A)$ に対して

$$\begin{cases}(I_\sigma)[\sigma\rho_1\sigma^{-1},\cdots,\sigma\rho_p\sigma^{-1}]=\sigma t[\rho_1,\cdots,\rho_p]\\(I_\sigma)[\sigma\rho_1\sigma^{-1},\cdots,\sigma\rho_p\sigma^{-1}]^\wedge=\sigma t[\rho_1,\cdots,\rho_p]^\wedge\end{cases}\tag{3·41}$$

で与えられる. とくに 0, −1 次元では

$$\begin{cases}I_\sigma:\ a\to\sigma a:\ A^H/N_HA\to A^{H^\sigma}/N_{H^\sigma}A & (a\in A^H)\\I_\sigma:\ a\to\sigma a:\ {}_{N_H}A/I_H(A)\to{}_{N_{H^\sigma}}A/I_{H^\sigma}(A) & (N_Ha=0)\end{cases}$$

3·2·2 剰余群の標準鎖複体

(I) H を G の不変部分群, $G'=G/H$ とする. $\boldsymbol{K}$ および $\boldsymbol{K}'$ を G および G' に対する標準鎖複体とする. $\varphi_p:\ K_p\to K_p'$ ($p\geqq 0$) を

$$\varphi_p:\ (\sigma_0,\cdots,\sigma_p)\to(\sigma_0H,\cdots,\sigma_pH)\tag{3·41}$$

とおけば $\varepsilon=\varepsilon'\cdot\varphi_0, d_p'\cdot\varphi_p=\varphi_{p-1}\cdot d_p$ ($p\geqq 1$) である. また $\psi_{-q-1}=\varphi_q^\wedge$: $K'_{-q-1}\to K_{-q-1}(q\geqq 0)$ は

$$\psi_{-q-1}:\ (\sigma_0H,,\cdots\sigma_qH)^\wedge\to\sum_{\rho_0\cdots\rho_q\in H}(\sigma_0\rho_0,\cdots,\sigma_q\rho_q)^\wedge\tag{3·42}$$

となり, $\mu'=\psi_{-1}\cdot\mu$, $\psi_{-q-1}\cdot d'_{-q}=d_{-q}\cdot\psi_{-q}$ ($q\geqq 1$) が成り立つ. 非斉次形では

$$\left.\begin{aligned}\varphi_p\ &:\ [\sigma_1,\cdots,\sigma_p]\to[\sigma_1H,\cdots,\sigma_pH] && (p\geqq 0)\\ \psi_{-q-1}\ &:\ [\sigma_1H,\cdots,\sigma_qH]^\wedge\to\sum_{\rho_0\cdots\rho_q}\rho_0[\sigma_1\rho_1,\sigma_2\rho_2,\cdots,\\ &\qquad\sigma_q\rho_q]^\wedge && (q\geqq 0)\end{aligned}\right\}\begin{matrix}(3·41)'\\ \\ (3·42)'\end{matrix}$$

(II) 故に $\mathrm{Inf}_{G'/G}, \mathrm{Def}_{G/G'}$ を標準形によって表現すれば

$$(\mathrm{Inf}\,t)[\sigma_1,\cdots,\sigma_p]=t[\sigma_1H,\cdots,\sigma_pH]\qquad(p\geqq 1)\tag{3·43}$$

$$(\mathrm{Def}\,t)[\sigma_1H,\cdots,\sigma_qH]^\wedge=\sum_{\rho_0\cdots\rho_q}\rho_0t[\sigma_1\rho_1,\cdots,\sigma_q\rho_q]^\wedge\qquad(q\geqq 1)\tag{3·44}$$

となる. とくに $r=0,-1$ に対して準同型 $\mathrm{Def}_{G/G'}:H^r(G,A)\to H^r(G',A^H)$ ($r=0,-1$) を

$$\begin{cases}\mathrm{Def}_{G/G'}(a)=a:\ A^G/N_GA\to(A^H)^{G'}/N_{G'}A^H & (a\in A^G)\\\mathrm{Def}_{G/G'}(a)=N_Ha:\ {}_{N_G}A/I_G(A)\to{}_{N_{G'}}(A^H)/I_{G'}(A^H) & (N_Ga=0)\end{cases}\tag{3·44'}$$

と定義する. Def に関する公式 (I),(II) は ($r=0,-1$) に対しても成り立つ.

問 3·4　§ 2·3·3 注意2を用いて，上を証明せよ．

3·3　基本完全系列とその応用

3·3·1　基本完全系列

定理 3·3　H を G の不変部分群，A を G 加群とすれば

$$0 \longrightarrow H^1(G/H, A^H) \xrightarrow{\text{Inf}} H^1(G, A) \xrightarrow{\text{Res}} H^1(H, A) \quad \text{(exact)} \qquad (3\cdot45)$$

は完全系列である．

（証明）(i)　Inf が単射なること．G/H の A^H を係数とする1双対輪体を標準形で $f[\sigma H](\in A^H)$，とする．$(\text{Inf}f)$ が双対境界輪体ならば $(\text{Inf}f)[\sigma] = f[\sigma H] = (\sigma-1)a$ $(a \in A)$ と表わされる．$\rho \in H$ に対して $(\text{Inf}f)[\rho\sigma] = (\text{Inf}f)[\sigma]$ であるから $(\sigma-1)a = (\rho\sigma-1)a$ である．とくに $\sigma=1$ とすれば，$a \in A^H$ となる．すなわち $f[\sigma H] = (\sigma-1)a$ $(a \in A^H)$ である．これは f が双対境界輪体であることを示している．よって Inf は単射である．(ii) $\text{Res}_{G/H} \cdot \text{Inf}_{(G/H)/G} = 0$ なること．G の A を係数とする1双対輪体を標準形で $f[\sigma]$ とする．そのとき $(\delta f)[1,1] = 1 \cdot f[1] - f[1] + f[1] = 0$ によって，$f[1] = 0$ である．g が G/H の A^H を係数とする双対輪体ならば，$(\text{Inf}\,g)[\sigma] = g[\sigma H]$，$(\text{Res}\cdot\text{Inf}\,g)[\rho] = g[H] = 0$ $(\rho \in H)$ である．(iii) Kernel Res $=$ Image Inf であること：G の A を係数とする1双対輪体 f に対して，$\text{Res}f$ が H の双対境界輪体とする．すなわち，ある $a \in A$ によって $f[\rho] = (\rho-1)a$ $(\rho \in H)$ と表わされたとする．そのとき $f_1[\sigma] = f[\sigma] - (\sigma-1)a$ とおくと $f_1 \sim f$ で，$f_1[\rho] = 0$ $(\rho \in H)$ となる．$\delta f_1 = 0$ より $\sigma f_1[\tau] - f_1[\sigma\tau] - f_1[\sigma] = 0$．ここで $\sigma = \rho \in H$ とおけば，$\rho f_1[\tau] = f_1[\rho\tau]$，また $\tau = \rho \in H$ とおけば，$f_1[\sigma\rho] = f_1[\sigma]$ となる．これから（H は不変部分群であるので）$f_1[\sigma] = f_1[\sigma H]$，$f_1[\sigma] \in A^H$ となる．すなわち f_1 は G/H の A^H を係数とする双対輪体の Inf となっている．(終)

補題 3·4　H を G の不変部分群とし，G 加群と G 準同型に関して

$$0 \longrightarrow A \xrightarrow{f} B \xrightarrow{g} C \longrightarrow 0 \quad \text{(exact)}$$ とする．

(I)　$H^1(H, A) = 0$ ならば，$0 \longrightarrow A^H \xrightarrow{f^H} B^H \xrightarrow{g^H} C^H \longrightarrow 0$ (exact)

である．

(II)　B が G 弱射影的ならば，H 弱射影的であり，また B^H は G/H 弱射影的である．

（証明）(I) 補題1·3により，一般に $0 \longrightarrow A^H \longrightarrow B^H \longrightarrow C^H$ (exact) である．しかるに，$B^H \longrightarrow C^H \longrightarrow 0$ (exact) は $H^0(H,B) \longrightarrow H^0(H,C) \longrightarrow 0$ (exact) と同値である．他方定理 2·5 によって $\longrightarrow H^0(H,B) \longrightarrow H^0(H,C) \xrightarrow{\delta^*} H^1(H,A) \longrightarrow \cdots$ (exact) である．故に $H^1(H,A)=0$ ならば，求める完全系列を得る．(II) B が G 弱射影的ならば，$1_B = N_G h$, $h \in \mathrm{Hom}(B,B)$ と表わされる．いま $G=\bigcup_j H\tau_j$ であれば $1_B = N_H(\sum_j \tau_j h)$ である．すなわち B は H 弱射影的である．また $1_{B^H} = N_{G/H}(N_H f)$，$N_H f \in \mathrm{Hom}(B^H, B^H)$ である．故に B^H も G/H 弱射影的である．（終）

定理 3·5　H を G の不変部分群，A を G 加群とする．もしも $H^1(H,A) = H^2(H,A) = \cdots = H^{n-1}(H,A) = 0$ であれば

$$0 \longrightarrow H^n(G/H, A^H) \xrightarrow{\mathrm{Inf}} H^n(G,A) \xrightarrow{\mathrm{Res}} H^n(H,A) \quad (\text{exact}) \tag{3·46}$$

である．

（証明）$(n-1)$ 個の G 加群と G 準同型に関する完全系列 $0 \longrightarrow A \longrightarrow B_1 \longrightarrow A_1 \longrightarrow 0$ (exact)，$0 \longrightarrow A_1 \longrightarrow B_2 \longrightarrow A_2 \longrightarrow 0$ (exact)，$\cdots, 0 \longrightarrow A_{n-2} \longrightarrow B_{n-1} \longrightarrow A_{n-1} \longrightarrow 0$ (exact) で，$B_1, \cdots, B_{n-1}$ が G 弱射影的なものをつくる（補題 2·4）．$B_1, \cdots, B_{n-1}$ は H 弱射影的であるから，$H^1(H, A_i) \overset{\delta^\#}{\cong} H^2(H, A_{i-1}) \overset{\delta^\#}{\cong} \cdots \cong H^{i+1}(H,A) = 0$ $(i=1, \cdots, n-2)$，

したがって，$0 \longrightarrow A^H \longrightarrow B_1{}^H \longrightarrow A_1{}^H \longrightarrow 0$ (exact)，$\cdots\cdots\cdots$，$0 \longrightarrow A_{n-2}{}^H \longrightarrow B_{n-1}{}^H \longrightarrow A_{n-1}{}^H \longrightarrow 0$ (exact)，かつ $B_i{}^H$ は G/H 弱射影的である．故に $(\delta^\#)^{n-1}$: $H^1(G/H, A_{n-1}{}^H) \cong H^n(G/H, A^H)$，$(\delta^\#)^{n-1}$: $H^1(G, A_{n-1}) \cong H^n(G,A)$，$(\delta^\#)$: $H^1(H, A_{n-1}) \cong H^n(H,A)$ が成り立つ．§ 3·1·1 (II)，§ 3·1·3 (II) によって

$$\begin{array}{ccccccc} 0 \longrightarrow & H^1(G/H, A_{n-1}{}^H) & \xrightarrow{\text{Inf}} & H^1(G, A_{n-1}) & \xrightarrow{\text{Res}} & H^1(H, A_{n-1}) \\ & \downarrow (\delta^\#)^{n-1} & & \downarrow (\delta^\#)^{n-1} & & \downarrow (\delta^\#)^{n-1} \\ 0 \longrightarrow & H^n(G/H, A^H) & \xrightarrow{\text{Inf}} & H^n(G, A) & \xrightarrow{\text{Res}} & H^n(H, A) \end{array}$$

は可換な図式である．定理 3·3 より第1行は完全系列であり，$(\delta^\#)^{n-1}$ は同型写像であるから，第2行も完全系列である．（終）

注意 定理 3·5 と同一の仮定のもとに

$$0 \longrightarrow H^n(G/H, A^H) \xrightarrow{\text{Inf}} H^n(G, A) \xrightarrow{\text{Res}} H^n(H, A)^G \xrightarrow{\tau} H^{n+1}(G/H, A^H)$$
$$\xrightarrow{\text{Inf}} H^{n+1}(G, A) \quad (\text{exact}) \qquad (3\cdot47)$$

は完全系列である．ここに τ は Transgression とよばれる準同型である (Hochschild-Serre の定理)．証明は“ホモロジー代数学”を参照.

以上の双対として

定理 3·6 H を G の正規部分群，A を G 加群とする.

$$(\text{I}) \quad 0 \longleftarrow H^0(G/H, A^H) \xleftarrow{\text{Def}} H^0(G, A) \xleftarrow{\text{Inj}} H^0(H, A) \quad (\text{exact}) \qquad (3\cdot48)$$

は完全系列である.

(II) $H^0(H, A)=H^{-1}(H, A)=\cdots=H^{-n+1}(H, A)=0$ であれば

$$0 \longleftarrow H^{-n}(G/H, A^H) \xleftarrow{\text{Def}} H^{-n}(G, A) \xleftarrow{\text{Inj}} H^{-n}(H, A) \quad (\text{exact}) \qquad (3\cdot49)$$

は完全系列である.

（証明） (I) (3·48) は

$$0 \longleftarrow (A^H)^{G/H}/N_{G/H}(A^H) \xleftarrow{j} A^G/N_G A \xleftarrow{N_{G/H}} A^H/N_H A \quad (\text{exact}) \qquad (3\cdot48)'$$

と同値である．ここに $(A^H)^{G/H}=A^G$, $j(a)=a$ $(a \in A^G)$, $N_{G/H}(A^H) \supset N_G A$ より，(3·48)′ が完全系列であることは容易にわかる．(II) は定理 3·5 の証明と全く同様に，(I) に帰着させる：$0 \longrightarrow A_1 \longrightarrow B_1 \longrightarrow A \longrightarrow 0$ (exact),

$0 \longrightarrow A_2 \longrightarrow B_2 \longrightarrow A_1 \longrightarrow 0$ (exact), $\cdots, 0 \longrightarrow A_{n-1} \longrightarrow B_{n-1} \longrightarrow A_{n-2} \longrightarrow 0$ (exact), $B_1, \cdots, B_{n-1}$ は G 弱射影的とする．仮定より $H^1(H, A_1) = \cdots = H^1(H, A_{n-1}) = 0$ である．以下同様．（終）

問 3·5 $n = +1$ の場合に公式 (3·49) を直接に証明せよ．

3·3·2 諸 定 理

定理 3·7 A を G 加群とする．ある r と $r+1$ $(r \in Z)$ に対して，もしも G のすべての部分群 H に対して

$$H^r(H, A) = H^{r+1}(H, A) = 0 \tag{3·50}$$

ならば，すべての $s \in Z$ と，G のすべての部分群 H に対して，$H^s(H, A) = 0$ が成り立つ．

（証明） (I) $r=0$ の場合，すなわち $H^0(H, A) = H^1(H, A) = 0$ を仮定する．(i) $H^2(H, A) = 0$ が G のすべての部分群 H に関して成立することを証明する．G の位数 n に関する帰納法による．$n=1$ のときは自明である．(a) n が素数ベキでないとき．G のすべての p-Sylow 群 H_p の位数は n より小さいから，$H^2(H_p, A) = 0$．よって系 3·2 によって $H^2(G, A) = 0$ である．(b) $n = p^r$ の場合．p 群の構造定理によって G の不変部分群 H $(H \neq G)$ で G/H が巡回群となるものが存在する．仮定によって $H^1(H, A) = 0$ であるから，(3·48) および (3·46) ($n=2$ の場合) が成り立つ．ここで $H^0(G, A) = H^2(H, A) = 0$ を代入すれば

$$\begin{cases} 0 \longleftarrow H^0(G/H, A^H) \longleftarrow 0 \quad (\text{exact}) \\ 0 \longrightarrow H^2(G/H, A^H) \longrightarrow H^2(G, A) \longrightarrow 0 \quad (\text{exact}) \end{cases}$$

が成り立つ．一方 G/H は巡回群であるから，$H^2(G/H, A^H) \cong H^0(G/H, A^H)$ (定理 2·12)．以上より $H^2(G, A) = 0$ が導かれる．(ii) G のすべての部分群 H に対して $H^{-1}(H, A) = 0$ が成り立つこと．(i) の場合と全く同様である．ただし (3·45) および $n=1$ の場合の (3·49) を用いる．(iii) p, q に関する帰納法により，$H^2(H, A) = \cdots = H^p(H, A) = 0$, $H^{-1}(H, A) = \cdots = H^{-q}(H, A) = 0$ まで証明されたとする．$H^{p+1}(H, A) = 0, H^{-q-1}(H, A) = 0$ をこれから導くのは，(i), (ii) の場合と全く同じである．ただし (3·46), (3·49) を

$n=p+1, n=-q-1$ の場合に用いる．　(II) ある r に対して $H^r(H,A)=H^{r+1}(H,A)=0$ を仮定する．$r>0$ ならば，$0\longrightarrow A\longrightarrow B_1\longrightarrow A_1\longrightarrow 0$ (exact)，$0\longrightarrow A_1\longrightarrow B_2\longrightarrow A_2\longrightarrow 0$ (exact)，$\cdots$，$0\longrightarrow A_{r-1}\longrightarrow B_r\longrightarrow A_r\longrightarrow 0$ (exact) なる G 加群の完全系列で $B_1,\cdots,B_r$ は G 弱射影的とする．そのとき，G のすべての部分群 H に対しても B_i は H 弱射影的である．したがって，同型 $\delta^\#$ をくりかえし用いれば $H^0(H,A_r)\cong H^r(H,A)=0$, $H^1(H,A_r)\cong H^{r+1}(H,A)=0$ となる．よって，(I) によりすべての $s\in \mathrm{Z}$ に関して $H^{s+r}(H,A)\cong H^s(H,A_r)=0$ を得る．$r<0$ についても同様．(終)

補題 3·8　A,B を G 加群，$f: A\to B$ を G 準同型とすると，G のすべての部分群 H に対して，準同型 $f_H{}^\#: H^r(H,A)\to H^r(H,B)$ $(r\in \mathrm{Z})$ をひきおこす．そのとき，適当な G 加群 C をとって，すべての部分群 H に対して（準同型 $g_H{}^\#, h_H{}^\#$ を適当に定義することによって）

$$\longrightarrow H^{r-1}(H,C)\xrightarrow{h_H{}^\#}H^r(H,A)\xrightarrow{f_H{}^\#}H^r(H,B)\xrightarrow{g_H{}^\#}H^r(H,C)\longrightarrow\cdots$$
$$\text{(exact)}\qquad\qquad (3\cdot 51)$$

が完全系列であるようにできる．

（証明）G 弱射影的な G 加群 $\bar{A}$ をとり $0\longrightarrow A\xrightarrow{i}\bar{A}$ (exact) とする．次に G 準同型 $\bar{f}: A\to B+\bar{A}$ (direct) を $\bar{f}(a)=f(a)+i(a)$ によって定義する．i が単射であるから，$\bar{f}$ も単射である．また G 準同型 $p: B+\bar{A}\to B$ を $p(b+\bar{a})=b$ $(b\in B, \bar{a}\in\bar{A})$ によって定義する．すなわち，$0\longrightarrow\bar{A}\xrightarrow{i}B+\bar{A}\xrightarrow{p}B\longrightarrow 0$ (exact) である．これより，($H^r(H,\bar{A})=0$ を用いて) $p^\#: H^r(H,B+\bar{A})\cong H^r(H,B)$ が成り立つ．さらに $C=(B+\bar{A})/\bar{f}(A)$, $j: B+\bar{A}\to C$ を標準的全射とすると　$0\longrightarrow A\xrightarrow{\bar{f}}B+\bar{A}\xrightarrow{j}C\longrightarrow 0$ (exact) より

$$\longrightarrow H^{r-1}(H,C)\xrightarrow{\delta^\#}H^r(H,A)\xrightarrow{\bar{f}^\#}H^r(H,B+\bar{A})\xrightarrow{j^\#}H^r(H,C)\longrightarrow\cdots$$
$$\text{(exact)}$$

を得る．f,p の定義より $f=p\cdot\bar{f}$，したがって

$$\longrightarrow H^{r-1}(H,C)\xrightarrow{\delta^\#} H^r(H,A)\xrightarrow{p^\#\cdot\bar{f}^\#} H^r(H,B)\xrightarrow{j^\#\cdot p^{\#-1}} H^r(H,C)\longrightarrow\cdots$$
(exact)

は求める完全系列である．すなわち，$h^\#=\delta^\#$, $g^\#=j^\#\cdot p^{\#-1}$ にとればよい．（終）

補題 3·9　G 加群 A,B と G 準同型 $f:A\to B$ により，G のすべての部分群 H に対して，準同型 $f_r{}^\#: H^r(H,A)\to H^r(H,B)$ $(r\in\mathrm{Z})$ をひきおこす．いま特定の r と，すべての H に対して (i) $f_{r-1}{}^\#$ は全射 (ii) $f_r{}^\#$ は同型 (iii) $f_{r+1}{}^\#$ は単射であるならば，実はすべての $s\in\mathrm{Z}$ とすべての H に対して，$f_s{}^\#$ は $H^s(H,A)$ と $H^s(H,B)$ の同型を与える．

（証明）　補題 3·8 のごとく G 加群 C をとり，完全系列

$$\longrightarrow H^{r-1}(A)\xrightarrow{f_{r-1}{}^\#} H^{r-1}(B)\xrightarrow{g_{r-1}{}^\#} H^{r-1}(C)\xrightarrow{h_{r-1}{}^\#} H^r(A)\xrightarrow{f_r{}^\#} H^r(B)$$
$$\xrightarrow{g_r{}^\#} H^r(C)\xrightarrow{h_r{}^\#} H^{r+1}(A)\xrightarrow{f_{r+1}{}^\#} H^{r+1}(B)\longrightarrow\cdots\quad(\text{exact})\qquad(3\cdot51)'$$

を得る．(i) $f_{r-1}{}^\#$ は全射，したがって Kernel $g_{r-1}{}^\#=H^{r-1}(B)$, Image $g_{r-1}{}^\#=0$. (ii) より $f_r{}^\#$ は単射，したがって Image $h_{r-1}{}^\#=$ Kernel $f_r{}^\#=0$. 故に Kernel $h_{r-1}{}^\#=H^{r-1}(C)$ となる．(3·51)′ の完全性により，Image $g_{r-1}{}^\#=$ Kernel $h_{r-1}{}^\#$. 故に $H^{r-1}(C)=0$ となる．全く同様に $f_r{}^\#$ の全射と $f_{r+1}{}^\#$ の単射とから $H^r(C)=0$ となる．これはすべての部分群 H に対して成立するので，定理 3·7 によって，すべての $s\in\mathrm{Z}$ とすべての H に対して $H^s(H,C)=0$ となる．これを (3·51)′ に代入すれば，$f_s{}^\#: H^s(H,A)\cong H^s(H,B)$ を得る．（終）

定理 3·10　A を一つの G 加群とする．もしも G のすべての部分群 H に対して (i) $H^{-1}(H,A)=0$, (ii) $H^0(H,A)\cong\mathrm{Z}/[H:1]\mathrm{Z}$ であれば，すべての $r\in\mathrm{Z}$ と，すべての H とに対して

$$H^r(H,A)\cong H^r(H,\mathrm{Z})\qquad(3\cdot52)$$

が成り立つ．

（証明）　$H^0(G,A)\cong A^G/N_GA$, $H^0(G,Z)\cong\mathrm{Z}/n\mathrm{Z}$ であるから，$H^0(G,A)$ の一つの生成元 α_0 とそれに対応する $a_0 \bmod N_GA$ $(a_0\in A^G)$ を（任意に）

とっておく．写像 $f: \mathrm{Z} \to A$ を

$$f(m) = ma_0 \qquad (m \in \mathrm{Z}) \tag{3·53}$$

によって定義すると，($a_0 \in A^G$) により，f は G 準同型である．この f は，準同型 $f_r^{\#}: H^r(H, \mathrm{Z}) \to H^r(H, A)$ を生ずるが，とくに $f_{-1}^{\#}$ は全射，$f_0^{\#}$ は同型，$f_1^{\#}$ は単射あることが（すべての部分群 H に対して）成り立つならば，補題 3·9 によって，(3·52) の同型が証明されたことになる．さて (i) 仮定により $H^{-1}(H, A) = 0$ であるから，$f_{-1}^{\#}$ はつねに全射である．(ii) $H^1(H, \mathrm{Z}) = 0$ であるから，$f_1^{\#}$ はつねに単射である．(iii) 標準鎖複体を用いると，準同型 f は，$t[\cdot] = m \to t'[\cdot] = ma_0$ によって同型 $H^0(G, \mathrm{Z}) \cong \mathrm{Z}/n\mathrm{Z} \ni m + n\mathrm{Z} \to ma_0 + N_G A \in A^G/N_G A \cong H^0(G, A)$ をひきおこす．一般に G の部分群 H に対して $[H:1] = d$ とおくと，§3·1·1 (IV) によって $\mathrm{Inj}_{H/G} \cdot \mathrm{Res}_{G/H} \alpha_0 = [G:H]\alpha_0 = n/d \cdot \alpha_0$ である．すなわち $\mathrm{Res}_{G/H}\alpha_0$ は少なくも位数が d である．一方 $H^0(H, A)$ はちょうど位数が d であるから，$\mathrm{Res}_{G/H}\alpha_0 = \alpha_H$ は $H^0(H, A)$ の一つの生成元となる．また $\mathrm{Res}_{G/H}$ を $H^0(G, A) \cong A^G/N_G A \to A^H/N_H A \cong H^0(H, A)$ の写像として表わすと

$$\mathrm{Res}: a + N_G A \to a + N_H A \qquad (a \in A_G)$$

であった．((3·38)′ 参照)．故に $a_0 + N_H A$ は $A^H/N_H A$ の生成元でもある．したがって上に見たと同様に f は $f_0^{\#}: H^0(H, \mathrm{Z}) \cong H^0(H, A)$ なる同型をひきおこす．(終)

この定理から直ちに次の結果を得る．

定理 3·11　A を一つの G 加群とする．もしも，G のすべての部分群 H に対して

$$H^1(H, A) = 0, \qquad H^2(H, A) \cong \mathrm{Z}/[H:1]\mathrm{Z} \tag{3·54}$$

が成り立つならば，またすべての $r \in \mathrm{Z}$ とすべての H に対して

$$H^r(H, A) \cong H^{r-2}(H, \mathrm{Z}) \tag{3·55}$$

となる．

（証明）与えられた A に対して，$0 \longrightarrow A \longrightarrow B_1 \longrightarrow A_1 \longrightarrow 0$ (exact), $0 \longrightarrow A_1 \longrightarrow B_2 \longrightarrow A_2 \longrightarrow 0$ (exact)，とくに B_1, B_2 は G 弱射影的な G

加群とすると，いままで用いたように，$H^r(H,A)\cong H^{r-2}(H,A_2)$ となる．(3·54) の仮定は，A_2 に関しては定理 3·10 の仮定と一致する．したがって $H^{r-2}(H,A_2)\cong H^{r-2}(H,Z)$ となる．(終)

注意　定理 3·7 は中山正 [39] によって次のように精密化された："A を G 加群とする．p 群 G に対しては，ある r に対して $H^r(G,A)=H^{r+1}(G,A)=0$ であれば，G のすべての部分群 H とすべての $n\in Z$ に対して $H^n(H,A)=0$ である．一般に，有限群 G の位数を n とすると，n を割る各素数 p に対して，G の p-Sylow 部分群 H_p を任意にとる．いま各 p に対して $r_p\in Z$ があって $H^{r_p}(H_p,A)=H^{r_p+1}(H_p,A)=0$ となるならば，G のすべての部分群 H とすべての $n\in Z$ に対して $H^n(H,A)=0$ となる．" したがって，その後の諸定理も，これに応じて精密化される．

追加 (42 頁，§ 3·1·3 につづく)

(V)　H_1, H_2 を G の部分群，H_1, H_2 共に正規とする．

$$\theta:\ H_1H_2/H_2\cong H_1/H_1\cap H_2$$

なる標準的準同型とする．A を G 加群，ι を $A^{H_2}\to A^{H_1\cap H_2}$ なる単射とする．そのとき A^{H_2} において

$$\mathrm{Res}_{(G/H_1\cap H_2)/(H_1/H_1\cap H_2)}\cdot\mathrm{Inf}_{(G/H_2)/(G/H_1\cap H_2)}=\iota^\#\cdot\theta\cdot\mathrm{Res}_{(G/H_2)/(H_1H_2/H_2)} \tag{3·56}$$

また H_2 のみ正規であるときは

$$\mathrm{Res}_{G/H_1}\cdot\mathrm{Inf}_{(G/H_2)/G}=\mathrm{Inf}_{(H_1/H_1\cap H_2)/H_1}\cdot\iota^\#\cdot\theta\cdot\mathrm{Res}_{(G/H_2)/(H_1H_2/H_2)} \tag{3·56$'$}$$

が成り立つ．

(証明)　$G/H_1\cap H_2$ 鎖複体 X_r，G/H_2 鎖複体 X_r'，$G/H_1\cap H_2$ 鎖写像 $\varphi_r: X_r\to X_r'$ $(r\geqq 0)$，$A_r=\mathrm{Hom}^{G/H_1\cap H_2}(X_r, A^{H_1\cap H_2})$，$B_r=\mathrm{Hom}^{H_1/H_1\cap H_2}(X_r, A^{H_1\cap H_2})$，$C_r=\mathrm{Hom}^{H_1/H_1\cap H_2}(X_r, A^{H_2})$，$A_r'=\mathrm{Hom}^{G/H_2}(X_r', A^{H_2})$，$B_r'=\mathrm{Hom}^{H_1H_2/H_2}(X_r', A^{H_2})$，$t\in A'_{r+1}$，$\delta t=0$ に対して

$$t+\delta A_r'\xrightarrow{\mathrm{Inf}}\iota\cdot t\cdot\varphi_r+\delta A_r\xrightarrow{\mathrm{Res}}\iota\cdot t\cdot\varphi_r+\delta B_r$$

$$t+\delta A_r'\xrightarrow{\mathrm{Res}}t+\delta B_r'\xrightarrow{\theta}t\cdot\varphi_r+\delta C_r\xrightarrow{\iota}\iota\cdot t\cdot\varphi_r+\delta B_r$$

である．これを比べて (3·56) が成り立つ．(3·56)$'$ も同様に証明される．(終)

(172 頁につづく)

第 4 章　コホモロジー群における乗法

4・1　積の存在と一意性

4・1・1　cup 積　有限群 G において，A, B を二つの G 加群とする．$r, s \in Z$ とし，$\alpha \in H^r(G, A)$，$\beta \in H^s(G, B)$ に対して α と β との積

$$\alpha \cup \beta \in H^{r+s}(G, A \otimes B) \tag{4・1}$$

が定義されて，次の性質 PI, PII, PIII をもつとき，この積を **cup 積** (cup product) とよぶ．

PI　$\alpha_i \in H^r(G, A)$，$\beta_i \in H^s(G, B)$ に対して

$$(\alpha_1+\alpha_2)\cup\beta=\alpha_1\cup\beta+\alpha_2\cup\beta, \quad \alpha\cup(\beta_1+\beta_2)=\alpha\cup\beta_1+\alpha\cup\beta_2 \tag{4・2}$$

PII_1　G 加群 A, B, C, D，G 準同型 f, g に対して

$$0 \longrightarrow A \xrightarrow{f} B \xrightarrow{g} C \longrightarrow 0 \ \text{(exact)},$$

$$0 \longrightarrow A\otimes D \xrightarrow{f\otimes 1} B\otimes D \xrightarrow{g\otimes 1} C\otimes D \longrightarrow 0 \quad \text{(exact)} \tag{4・3}$$

ならば $\gamma \in H^r(G, C)$，$\xi \in H^s(G, D)$ に対して

$$(\delta^{\#}\gamma)\cup\xi=\delta^{\#}(\gamma\cup\xi). \tag{4・4}$$

PII_2　$$0 \longrightarrow A \xrightarrow{f} B \xrightarrow{g} C \longrightarrow 0 \quad \text{(exact)},$$

$$0 \longrightarrow D\otimes A \xrightarrow{f\otimes 1} D\otimes B \xrightarrow{g\otimes 1} D\otimes C \longrightarrow 0 \quad \text{(exact)} \tag{4・3$'$}$$

ならば，$\xi \in H^r(G, D)$，$\gamma \in H^s(G, C)$ に対して

$$\delta^{\#}(\xi\cup\gamma)=(-1)^r(\xi\cup\delta^{\#}\gamma). \tag{4・4$'$}$$

PIII　重線型写像 Ψ : $A^G/N_GA \times B^G/N_GB \to (A\otimes B)^G/N_G(A\otimes B)$ を，$a \in A^G, b \in B^G$ に対して

$$\Psi(a+N_GA, b+N_GB)=a\otimes b+N_G(A\otimes B) \tag{4・5}$$

によって定義する．そのとき $\alpha \in H^0(G, A)$，$\beta \in H^0(G, B)$ に，$\Phi(\alpha)=a+N_GA$，$\Phi(\beta)=b+N_GB$ ($a \in A^G, b \in B^G$) が対応すれば，$\alpha\cup\beta \in H^0(G, A\otimes B)$ に対して

$$\Phi(\alpha\cup\beta)\rightarrow\Psi(a+N_GA, b+N_GB) \tag{4・6}$$

が成り立つ.

定理 4・1　PI, PII, PIII を満足する cup 積 $\alpha\cup\beta$ は存在して，しかも一意的に定まる.

以下これを証明しよう.

4・1・2　cup 積の存在　$X=\{X_r, d_r, \varepsilon, \mu\}$ を，添加された，G 自由な，非輪状 G 鎖複体とする．$Y_{r,s}=X_r\otimes X_s$ $(r, s\in \mathrm{Z})$ において

$$d_r'=d_r\otimes 1_s, \qquad d_s''=(-1)^r(1_r\otimes d_s) \tag{4・7}$$

と定義する.

補題 4・2　$r, s\in\mathrm{Z}$ に対して，G 準同型

$$\varphi_{r,s}:\ X_{r+s}\rightarrow Y_{r,s}=X_r\otimes X_s \tag{4・8}$$

で

$$\varphi_{r,s}\cdot d_{r+s+1}=d'_{r+1}\cdot\varphi_{r+1,s}+d''_{s+1}\cdot\varphi_{r,s+1} \tag{4・9$_{r,s}$}$$

$$(\varepsilon\otimes\varepsilon)\cdot\varphi_{00}=\varepsilon \tag{4・10}$$

(ただし $\mathrm{Z}\otimes\mathrm{Z}$ と Z を同一視する) が成り立つようなものが存在する.

存在証明を後にゆずって，このような $\varphi_{r,s}$ の存在を仮定しよう．そのとき，双対鎖 $t\in \mathrm{Hom}^G(X_r, A)$, $t'\in\mathrm{Hom}^G(X_s, B)$ に対して

$$t\cup_\varphi t'=(t\otimes t')\cdot\varphi_{r,s}\ \in\mathrm{Hom}^G(X_{r+s}, A\otimes B) \tag{4・11}$$

と定義する．ここに $\cup_\varphi$ と書いたのは，$t\cup t'$ の定義が補題 4・2 の準同型 φ を用いていることを明示するためである．(4・11) より，まず

$$\delta(t\cup_\varphi t')=(\delta t)\cup_\varphi t'+(-1)^r(t\cup_\varphi\delta t') \tag{4・12}$$

が導かれる．なんとなれば，$\delta(t\cup_\varphi t')=(t\cup_\varphi t')\cdot d=(t\otimes t')\cdot\varphi_{r,s}\cdot d=(t\otimes t')((d\otimes 1)\cdot\varphi_{r+1,s}+(-1)^r(1\otimes d)\cdot\varphi_{r,s+1})=(t\cdot d\otimes t')\cdot\varphi_{r+1,s}+(-1)^r(t\otimes t'\cdot d)\cdot\varphi_{r,s+1}=(\delta t)\cup_\varphi t'+(-1)^r(t\cup_\varphi\delta t')$ であるから．(4・12) より

$$\begin{cases}(\text{双対輪体})\cup_\varphi(\text{双対輪体})=(\text{双対輪体})\\(\text{双対輪体})\cup_\varphi(\text{双対境界輪体})=(\text{双対境界輪体})\\(\text{双対境界輪体})\cup_\varphi(\text{双対輪体})=(\text{双対境界輪体})\end{cases}$$

となる．故に $A_r=\mathrm{Hom}^G(X_r, A)$, $B_s=\mathrm{Hom}^G(X_s, B)$, $\delta t=0$, $\delta t'=0$,

$\alpha = t + \delta A_{r-1} \in H^r(G, A)$, $\beta = t' + \delta B_{s-1} \in H^s(G, B)$ に対して,

$$\alpha \cup \beta = t \cup_\varphi t' + \delta(A \otimes B)_{r+s-1} \tag{4·13}$$

とおけば, $\alpha \cup \beta$ は $H^r(A) \times H^s(B) \to H^{r+s}(A \otimes B)$ なる重線型写像で, PI が成り立つことは明らかである.

PII: (4·3) とする. $t_C \in C_r = \mathrm{Hom}^G(X_r, C)$, $\delta t_C = 0$ とし, $t_C = g \cdot t_B$, $\delta t_B = f \cdot t_A$ $(t_B \in B_r, t_A \in A_{r+1})$ とおく. さらに $t_D \in D_s$, $\delta t_D = 0$ とすると,

$$t_C \cup_\varphi t_D = (t_C \otimes t_D) \cdot \varphi_{r,s} = (g \otimes 1)(t_B \otimes t_D) \cdot \varphi_{r,s} = (g \otimes 1)(t_B \cup_\varphi t_D),$$

$$(f \otimes 1)(t_A \cup_\varphi t_D) = (f \cdot t_A \otimes t_D) \cdot \varphi_{r,s} = (\delta t_B \otimes t_D) \cdot \varphi_{r,s} = (\delta t_B) \cup_\varphi t_D,$$

これから (4·12) および (4·3) の第2式より

$$\delta^\#(t_C \cup_\varphi t_D + \delta(C \otimes D)_{r+s-1}) = t_A \cup_\varphi t_D + \delta(A \otimes D)_{r+s}$$

である. 故に, t_A, t_B, t_C, t_D の属すコホモロジー類を $\alpha, \beta, \gamma, \xi$ とおくと $\delta^\#(\gamma \cup \xi) = \alpha \cup \xi = (\delta^\# \gamma) \cup \xi$ が成り立つ. PII_2 も同様である.

PIII: 定理 2·5, CIII の証明において, $t_0 \in A_0 = \mathrm{Hom}^G(X_0, A)$, $\delta t_0 = 0$ は $t_0 = g \cdot \varepsilon, g \in \mathrm{Hom}^G(\mathrm{Z}, A)$ と一意的に表わされる. $g(1) = a \in A^G$ とおくと, $\alpha = t_0 + \delta A_{-1} \to a + N_G A \in A^G / N_G A$ の対応によって $H^0(G, A) \cong A^G / N_G A$ であった. 同様に $t_0' \in B_0 = \mathrm{Hom}^G(X_0, B)$, $\delta t_0' = 0$, $t_0' = g' \cdot \varepsilon, g' \in \mathrm{Hom}^G(\mathrm{Z}, B)$, $g'(1) = b \in B^G, \beta = t_0' + \delta B_{-1} \to b + N_G B$ により $H^0(G, B) \cong B^G / N_G B$ である. そのとき (4·10) により, $\alpha \cup \beta = t_0 \cup_\varphi t_0' + \delta(A \otimes B)_{-1}, t_0 \cup_\varphi t_0' = (t_0 \otimes t_0') \cdot \varphi_{00} = (g \otimes g')(\varepsilon \otimes \varepsilon) \cdot \varphi_{00} = (g \otimes g') \cdot \varepsilon$, $g \otimes g' \in \mathrm{Hom}^G(\mathrm{Z}, A \otimes B)$ となるから, $\Phi(\alpha \cup \beta) = (g \otimes g')(1) + N_G(A \otimes B) = g(1) \otimes g'(1) + N_G(A \otimes B) = a \otimes b + N_G(A \otimes B)$ を得る. よって PIII が成り立つ.

(補題 4·2 の証明) (i) $\varphi_{0,0}$ の定義. X_0 の G 基底を $\{x_\nu\}$ とし, $\xi \in X_0$, $\varepsilon(\xi) = 1$ を任意に一つとる. そのとき G 準同型 φ_{00} を $\varphi_{0,0}(x_\nu) = \varepsilon(x_\nu)(\xi \otimes \xi)$ によって定義する. $(\varepsilon \otimes \varepsilon)\varphi_{0,0}(x_\nu) = \varepsilon(x_\nu)(\varepsilon \otimes \varepsilon)(\xi \otimes \xi) = \varepsilon(x_\nu)(1 \otimes 1) = \varepsilon(x_\nu)$ によって, $(\varepsilon \otimes \varepsilon)\varphi_{0,0} = \varepsilon$ が成り立つ. さらに

(ii)
$$d_0'' \cdot d_0' \cdot \varphi_{0,0} \cdot d_1 = 0 \tag{4·14}$$

なんとなれば, $d_0' = \mu \cdot \varepsilon \otimes 1, d_0'' = 1 \otimes \mu \cdot \varepsilon$ を代入して, $d_0'' \cdot d_0' \cdot \varphi_{0,0} \cdot d_1 = (\mu \cdot \varepsilon \otimes 1) \cdot (1 \otimes \mu \cdot \varepsilon) \cdot \varphi_{0,0} \cdot d_1 = (\mu \otimes \mu) \cdot (\varepsilon \otimes \varepsilon) \cdot \varphi_{0,0} \cdot d_1 = (\mu \otimes \mu) \cdot \varepsilon \cdot d_1 = 0.$

(iii)　$\varphi_{0,0}$ から順次に $\varphi_{r,s}$ を定義する．$\{X_r, d_r, \varepsilon, \mu\}$ において

$$1_r = 1_{X_r}, \qquad 1_r = N_G(\pi_r), \qquad \pi_r \in \mathrm{Hom}(X_r, X_r)$$

とし，また D_r を鎖変形とする．これらから

$$D_r' = D_r \otimes 1_s,\ \ D_s'' = (-1)^r(1_r \otimes D_s),\ \ \pi_r' = \pi_r \otimes 1_s,\ \ \pi_s'' = 1_r \otimes \pi_s$$

とおく．これらについて

$$N_G(\pi_r') = 1,\ N_G(\pi_s'') = 1,\ \pi'_r \cdot d_s'' = d_s'' \cdot \pi_r',\ \ \pi''_s \cdot d_r' = d_r' \cdot \pi_s'',$$

$$d'_{r-1} \cdot d_r' = 0,\ \ d''_{s-1} \cdot d_s'' = 0,\ \ d_r' \cdot d_s'' + d_s'' \cdot d_r' = 0,$$

$$d'_{r+1} \cdot D_r' + D'_{r-1} \cdot d_r' = 1,\ \ d''_{s+1} \cdot D_s'' + D''_{s-1} \cdot d_s'' = 1$$

が成り立つ．例えば，$N_G(\pi_r') = \sum_{\sigma \in G} (\sigma \otimes \sigma) \cdot (\pi_r \otimes 1_s) \cdot (\sigma^{-1} \otimes \sigma^{-1}) = \sum_{\sigma} (\sigma \pi_r \sigma^{-1} \otimes 1_s) = (\sum_{\sigma} \sigma \pi_r \sigma^{-1}) \otimes 1_s = 1_r \otimes 1_s = 1$, $(d_r' \cdot d_s'' + d_s'' \cdot d_r')(x_r \otimes x_s) = (-1)^r (d_r x_r \otimes d_s x_s) + (-1)^{r-1} (d_r x_r \otimes d_s x_s) = 0$ など．

(iv)　まず $\varphi_{r,s}$ $(r+s=0)$ を

$$\varphi_{p,-p} = -N_G(\pi''_{-p} \cdot D'_{p-1} \cdot d''_{1-p} \cdot \varphi_{p-1,1-p}) \qquad p>0$$

$$\varphi_{-p,p} = -N_G(\pi'_{-p} \cdot D''_{p-1} \cdot d'_{1-p} \cdot \varphi_{1-p,p-1}) \qquad p>0$$

によって，$\varphi_{0,0}$ から帰納法によって定義する．そのとき

$$(d_r' \cdot \varphi_{r,-r} + d''_{1-r} \cdot \varphi_{r-1,1-r}) \cdot d_1 = 0 \tag{4·15$_0$}$$

が成り立つ．これを帰納法で証明しよう．まず $r=0$ では，(4·14) と (iii) を用いて，

$$(d_0' \cdot \varphi_{0,0} + d_1'' \cdot \varphi_{-1,1}) \cdot d_1 = (d_0' \cdot \varphi_{0,0} - d_1'' \cdot N_G(\pi'_{-1} \cdot D_0'' \cdot d_0' \cdot \varphi_{0,0})) \cdot d_1$$

$$= (d_0' \cdot \varphi_{0,0} - N_G(\pi'_{-1} \cdot d_1'' \cdot D_0'' \cdot d_0' \cdot \varphi_{0,0})) \cdot d_1$$

$$= (d_0' \cdot \varphi_{0,0} - N_G(\pi'_{-1}(1 - D''_{-1} \cdot d_0'') \cdot d_0' \cdot \varphi_{0,0})) \cdot d_1$$

$$= (d_0' \cdot \varphi_{0,0} - N_G(\pi'_{-1}) \cdot d'_0 \cdot \varphi_{0,0} + N_G(\pi'_{-1} D''_{-1}) \cdot d_0'' \cdot d_0' \cdot \varphi_{0,0}) \cdot d_1 = 0$$

である．$(4·15)_0$ が $p-1 \geqq 0$ で成り立てば p についても成り立つこと，また $-p \leqq 0$ で成り立てば $-p-1$ でも成り立つことも，全く同様に証明される．

(v)　$\varphi_{r,s}$ が $|r+s|<p$ $(p>0)$ に対して定義されていて，$(4·9)_{r,s}$ が $-p<r+s<p-1$ に対して成立し，かつ $r+s=-p$ に対して

$$(d'_{r+1} \cdot \varphi_{r+1,s} + d''_{s+1} \cdot \varphi_{r,s+1}) \cdot d_{r+s+2} = 0 \tag{4·15$'_{-p}$}$$

が成り立つとする．そのとき，$r+s=-p$ に対して

$$\psi_{r,s}=d'_{r+1}\cdot\varphi_{r+1,s}+d''_{s+1}\cdot\varphi_{r,s+1},\quad \varphi_{r,s}=N_G(\pi_r'\cdot\psi_{r,s}\cdot D_{r+s})$$

とおく．そのとき $(4{\cdot}15)'_{-p}$ を用いて，

$(4{\cdot}9)_{r,s}$ ： $\varphi_{r,s}\cdot d_{r+s+1}=N_G(\pi_r'\cdot\psi_{r,s}\cdot D_{r+s})\cdot d_{r+s+1}$

$$=N_G(\pi'_r\cdot\psi_{r,s}\cdot(1-d_{r+s+2}\cdot D_{r+s+1}))=N_G(\pi_r')\cdot\psi_{r,s}$$

$$=\psi_{r,s}=d'_{r+1}\cdot\varphi_{r+1,s}+d''_{s+1}\cdot\varphi_{r,s+1}$$

が成り立つ．また $r-1,s$ $(r-1+s=-p-1)$ に対して，

$(4{\cdot}15)'$ ： $(d_r'\cdot\varphi_{r,s}+d''_{s+1}\cdot\varphi_{r-1,s+1})\cdot d_{r+s+1}$

$$=d_r'\cdot N_G(\pi_r'\cdot\psi_{r,s}\cdot D_{r+s})\cdot d_{r+s+1}+d''_{s+1}\cdot N_G(\pi'_{r-1}\cdot\psi_{r-1,s+1}\cdot D_{r+s})\cdot d_{r+s+1}$$

$$=d_r'\cdot N_G(\pi_r'\cdot\psi_{r,s}\cdot(1-d_{r+s+2}\cdot D_{r+s+1}))$$

$$+d''_{s+1}\cdot N_G(\pi'_{r-1}\cdot\psi_{r-1,s+1}\cdot(1-d_{r+s+2}\cdot D_{r+s+1}))$$

$$=d_r'\cdot N_G(\pi_r')\cdot\psi_{r,s}+d''_{s+1}\cdot N_G(\pi'_{r-1})\cdot\psi_{r-1,s+1}$$

$$=d_r'\cdot d''_{s+1}\cdot\varphi_{r,s+1}+d''_{s+1}\cdot d_r'\cdot\varphi_{r,s+1}=0$$

が成り立つ．$r+s=p$ に対しては

$$\varphi_{r,s}=N_G(D'_{r-1}\cdot\varphi_{r-1,s}\cdot d_{r+s}\cdot\pi_{r+s})$$

とおく．そのとき $(4{\cdot}9)_{r-2,s}$ を用いて

$(4{\cdot}9)_{r-1,s}$: $d_r'\cdot\varphi_{r,s}=N_G((1-D'_{r-2}\cdot d'_{r-1})\cdot\varphi_{r-1,s}\cdot d_{r+s}\cdot\pi_{r+s})$

$$=\varphi_{r-1,s}\cdot d_{r+s}\cdot N_G(\pi_{r+s})-N_G(D'_{r-2}\cdot d'_{r-1}\cdot\varphi_{r-1,s}\cdot d_{r+s}\cdot\pi_{r+s})$$

$$=\varphi_{r-1,s}\cdot d_{r+s}+N_G(D'_{r-2}\cdot d''_{r-1}\cdot\varphi_{r-2,s+1}\cdot d_{r+s}\cdot\pi_{r+s})$$

$$=\varphi_{r-1,s}\cdot d_{r+s}-d''_{r-1}\cdot N_G(D'_{r-2}\cdot\varphi_{r-2,s+1}\cdot d_{r+s}\cdot\pi_{r+s})$$

$$=\varphi_{r-1,s}\cdot d_{r+s}-d''_{r-1}\cdot\varphi_{r-1,s+1}$$

が成り立つ．以上によって p まで仮定したことが，$p+1$ について成り立つことが証明された．よって求める $\varphi_{r,s}$ の存在が証明された．（終）

定理 4·3 Φ^0: $H^0(G,A)\cong A^G/N_GA$ の対応により $\Phi^0(\alpha_0)=a_0+N_GA$ $(a_0\in A^G)$ とする．$H^s(G,B)\ni\beta=t+\delta B_{s-1}$ に対して

$$\alpha_0\cup\beta=a_0\otimes t+\delta(A\otimes B)_{s-1},\quad \beta\cup\alpha_0=t\otimes a_0+\delta(B\otimes A)_{s-1} \qquad (4{\cdot}16)$$

が成り立つ．ただし $t\in\mathrm{Hom}^G(X_s,B)$ に対して $(a_0\otimes t)(x_s)=a_0\otimes t(x_s)$ および $(t\otimes a_0)(x_s)=t(x_s)\otimes a_0$ とする．

（証明） $\lambda_s=(\varepsilon\otimes1)\varphi_{0,s}$: $X_s\to Z\otimes X_s$ とおくと，$(4{\cdot}9)_{0,s}$ より $\lambda_s\cdot d_{s+1}=$

$(1\otimes d_{s+1})\cdot\lambda_{s+1}$ が成り立つ．故に $\lambda^0{}_s(x_s)=1\otimes x_s$: $X_s\to Z\otimes X_s$ と λ_s を比べれば，補題 2·13 により G 準同型な鎖ホモトピー $\varDelta_r$: $X_r\to Z\otimes X_{r+1}$ により $\lambda_s-\lambda_s{}^0=\varDelta_{s-1}\cdot d_s+(1\otimes d_{s+1})\cdot\varDelta_s$ と表わされる．さて $t_0\in A_0$, $\delta t_0=0$ を (2·22) により $t_0=g\cdot\varepsilon$, $g(1)=a_0$ とおく．これと $t\in B_s$, $\delta t=0$ とに対して，

$$t_0\cup_\varphi t=(t_0\otimes t)\varphi_{0,s}=(g\otimes t)(\varepsilon\otimes 1)\varphi_{0,s}=(g\otimes t)\cdot\lambda_s$$
$$=(g\otimes t)\cdot\lambda_0{}^s+(g\otimes t)\cdot\varDelta_{s-1}\cdot d_s\in a_0\otimes t+\delta(A\otimes B)_{s-1}$$

となる．よって (4·16) の第1式が証明された．第2式も同様である．(終)

4·1·3　cup 積の一意性　これまでの方針に従えば，補題 4·2 の φ の代りに別の ψ をとっても，$\cup_\varphi$ と $\cup_\psi$ は異なるが，(4·15) の右辺は同一のコホモロジー類であること，またはじめに選んだ G 鎖複体 $\boldsymbol{X}$ の代りに別の $\boldsymbol{X}'$ をとっても，cup 積の変らないことを示すべきであるが，ここでは，cup 積の性質のみから，その一意性を導く．すなわち，二つの cup 積 $\cup$ および $\cup_0$ があって，共に PI, PII, PIII を満足するとする．(i) すべての G 加群 A, B に対して，$H^0(A)\cup H^0(B)$ と $H^0(A)\cup_0 H^0(B)$ は，PIII によって一致する．(ii) 帰納法により，$|r|+|s|\leqq p$ に対して $H^r(A)\cup H^s(B)$ と $H^r(A)\cup_0 H^s(B)$ は (すべての A, B に対して) 一致することを仮定して，$|r+s|=p+1$ に対して，$\cup$ と $\cup_0$ の一致を証明する．そのために，$0\longrightarrow A\xrightarrow{i}\bar{A}\xrightarrow{j}A'\longrightarrow 0$ (exact)，$\bar{A}$ は G 弱射影的で，かつ (split) な G 加群の列をとる．(例えば (2·6)′)．これから，$0\longrightarrow A\otimes B\xrightarrow{i\otimes 1}\bar{A}\otimes B\xrightarrow{j\otimes 1}A'\otimes B\longrightarrow 0$ (exact) となり，しかも $\bar{A}\otimes B$ は G 弱射影的である．したがって $\delta^\#$: $H^r(A')\cong H^{r+1}(A)$ および $\delta^\#$: $H^{r+s}(A'\otimes B)\cong H^{r+s+1}(A\otimes B)$ である．$\alpha\in H^{r+1}(A)$ に対して，$\alpha'\in H^r(A')$, $\delta^\#\alpha'=\alpha$ とし，$\beta\in H^s(B)$ をとる．$\cup$ および $\cup_0$ に関する PII, (4·4) を用いれば $\alpha\cup\beta=(\delta^\#\alpha')\cup\beta=\delta^\#(\alpha'\cup\beta)=\delta^\#(\alpha'\cup_0\beta)=(\delta^\#\alpha')\cup_0\beta$ である．故に $(r+1, s)$ についても $\cup$ と $\cup_0$ の一致が証明された．同じく $0\longrightarrow A'\longrightarrow\bar{A}\longrightarrow A\longrightarrow 0$ (split)，$\bar{A}$ は弱射影な系列をとれば，$(r-1, s)$ における $\cup$ と $\cup_0$ の一致が証明される．同様に PII, (4·4)′ を用いると，$(r, s\pm 1)$ において，$\cup$ と $\cup_0$ の一致が証明される．(終)

この cup 積の一意性の証明にならって，次の諸定理が証明される．

定理 4·4　$\lambda: A\otimes B\to B\otimes A$ を $\lambda(a\otimes b)=b\otimes a$ によって定義される同型写像とする．これは $\lambda^{\#}: H^r(G, A\otimes B)\to H^r(G, B\otimes A)$ をひきおこす．そのとき，$\alpha\in H^r(G, A), \beta\in H^s(G, B)$ に対して

$$\beta\cup\alpha=(-1)^{rs}\lambda^{\#}(\alpha\cup\beta) \tag{4·17}$$

が成り立つ．

（証明）$\alpha\in H^r(A), \beta\in H^s(B)$ に対して，$\beta\cup_\circ\alpha=(-1)^{rs}\lambda^{\#}(\alpha\cup\beta)$ とおく．$\lambda^{\#}$ の定義と PIII により，$r=s=0$ に対しては $\cup$ と $\cup_\circ$ は一致する．$\cup_\circ$ が PI を満足することは自明である．さらに PII をも満足することを見よう．すなわち，(4·3) に対して $\delta^{\#}(\beta\cup_\circ\alpha)=(-1)^{rs}\delta^{\#}\cdot\lambda^{\#}(\alpha\cup\beta)=(-1)^{rs}\lambda^{\#}\cdot\delta^{\#}(\alpha\cup\beta)=(-1)^{rs}\cdot(-1)^r\cdot\lambda^{\#}(\alpha\cup\delta^{\#}\beta)=(\delta_{\#}\beta)\cup_\circ\alpha$ が成り立つ．(4·3)′ に対して (4·4)′ が成り立つことも同様である．そこで cup 積の一意性を用いれば $\cup$ と $\cup_0$ とが一致する．故に (4·17) が証明された．（終）

定理 4·5　$\alpha\in H^p(G, A), \beta\in H^q(G, B), \gamma\in H^r(G, C)$ に対して，結合律

$$(\alpha\cup\beta)\cup\gamma=\alpha\cup(\beta\cup\gamma)\quad(\in H^{p+q+r}(G, A\otimes B\otimes C)) \tag{4·18}$$

が成り立つ．

（証明）$(H^p(A), H^q(B), H^r(C))\to H^{p+q+r}(A\otimes B\otimes C)$ なる写像 $(\alpha, \beta, \gamma)\to\alpha\cup\beta\cup\gamma$ を，二通りの方法 $\alpha\cup\beta\cup\gamma=(\alpha\cup\beta)\cup\gamma$ および $\alpha\cup\beta\cup\gamma=\alpha\cup(\beta\cup\gamma)$ によって定義する．そのどちらに対しても，cup 積の三つの性質 PI, PII, PIII に対応する性質：PI′：‘$\alpha\cup\beta\cup\gamma$ は，α, β, γ のおのおのに対して分配的であること’，PII′ ‘$0\longrightarrow A_1\xrightarrow{i}A_2\xrightarrow{j}A_3\longrightarrow 0$ (exact), $0\longrightarrow A_1\otimes B\otimes C\xrightarrow{i\otimes1\otimes1}A_2\otimes B\otimes C\xrightarrow{j\otimes1\otimes1}A_3\otimes B\otimes C\longrightarrow 0$ (exact) であれば，$\alpha_3\in H^p(A_3)$, $\beta\in H^q(B)$, $\gamma\in H^r(C)$ に対して，$\delta^{\#}(\alpha_3\cup\beta\cup\gamma)=(\delta^{\#}\alpha_3)\cup\beta\cup\gamma$ が成り立つ．同様な公式が B, C についても（符号 $(-1)^r, (-1)^{r+s}$ を右辺につけて）成り立つ．’ PIII′ ‘$p=q=r=0$ に対しては $\alpha_0\rightleftharpoons a+N_GA, \beta_0\rightleftharpoons b+N_GB, \gamma_0\longleftrightarrow c+N_GC$ $(a\in A^G,\ b\in B^G,\ c\in C^G)$ であれば，$\alpha_0\cup\beta_0\cup\gamma_0\rightleftharpoons a\otimes b\otimes c+N_G(A\otimes B\otimes C)$ である．’の性質を確かめることができる．そこでこの PI′, PII′, PIII′ から cup 積の一意性を証明すれば，(4·18) が証明されたことになる．三つの因子の cup 積の一意性の証明は，二つの因子の場合と全く同様

である．(終)

以上は G 加群 A, B に対して $(H^r(G, A),\ H^s(G, B)) \rightarrow H^{r+s}(G, A\otimes B)$ への写像を考えた．いま G 加群 A, B, C において G 重線型写像 λ

$$\lambda:\ A\times B \rightarrow C \tag{4·19}$$

(すなわち $\sigma\cdot\lambda(a, b)=\lambda(\sigma a, \sigma b), \lambda(a_1+a_2, b)=\lambda(a_1, b)+\lambda(a_2, b), \lambda(a, b_1+b_2)=\lambda(a, b_1)+\lambda(a, b_2)$) が与えられているとする．$\varphi:\ A\times B \rightarrow A\otimes B$ なる G 重線型写像と，$\bar{\lambda}:\ A\otimes B \rightarrow C$ なる準同型が一意的に定まって，$\lambda=\bar{\lambda}\cdot\varphi$ と表わされる．(§ 1·1·3 参照)．そのとき $\alpha\in H^r(G, A), \beta\in H^s(G, B)$ に対して

$$\alpha\cup_\lambda\beta=\bar{\lambda}^\#(\alpha\cup\beta) \quad (\in H^{r+s}(G, C)) \tag{4·20}$$

と定義する．

定理 4·5　G 重線型写像 $\lambda:A\times B\rightarrow C$ に対して定義される積 $\alpha\cup_\lambda\beta$ は

PI_λ : $\alpha\cup_\lambda\beta$ は，α および β に対して分配的である．

PII_λ : PII と同じ性質が $\cup_\lambda$ に対して成り立つ．

PIII_λ : $r=s=0$ のとき $\alpha_0 \rightleftharpoons a+N_GA,\ \beta_0 \rightleftharpoons b+N_GB\ (a\in A^G, b\in B^G)$ であれば，$\alpha_0\cup_\lambda\beta_0 \rightleftharpoons \bar{\lambda}(a\otimes b)+N_GC$ である．

の性質をもつ．逆に $\mathrm{PI}_\lambda, \mathrm{PII}_\lambda, \mathrm{PIII}_\lambda$ によって，$\alpha\cup_\lambda\beta$ は一意的に定まる．

(証明)　$\mathrm{PI}_\lambda, \mathrm{PII}_\lambda, \mathrm{PIII}_\lambda$ は PI, PII, PIII と (4·20) より直ちにわかる．一意性の証明は，$\cup$ の場合と全く同様である．(終)

補題 4·7　G 加群 A, B, C, A', B', C' において，G 重線型写像

$$\lambda:\ A\times B\rightarrow C, \qquad \lambda':\ A'\times B'\rightarrow C'$$

および G 準同型 $\mu_A:\ A\rightarrow A', \mu_B:\ B\rightarrow B', \mu_C:\ C\rightarrow C'$ が定義されていて

$$\begin{array}{ccccc} A & \times & B & \xrightarrow{\ \lambda\ } & C \\ \downarrow{\scriptstyle \mu_A} & & \downarrow{\scriptstyle \mu_B} & & \downarrow{\scriptstyle \mu_C} \\ A' & \times & B' & \xrightarrow{\ \lambda'\ } & C' \end{array}$$

が可換な図式であるとする．そのとき

$$(\mu_A{}^\#\alpha)\cup_{\lambda'}(\mu_B{}^\#\beta)=\mu_C{}^\#(\alpha\cup_\lambda\beta) \tag{4·21}$$

が成り立つ．

（証明）$(\mu_A{}^{\#}\alpha)\cup_{\lambda'}(\mu_B{}^{\#}\beta)=\bar{\lambda}'^{\#}(\mu_A{}^{\#}\alpha\cup\mu_B{}^{\#}\beta)=\bar{\lambda}'^{\#}\cdot(\mu_A\otimes\mu_B)^{\#}(\alpha\cup\beta)=$ $\mu_C{}^{\#}\cdot\bar{\lambda}^{\#}(\alpha\cup\beta)=\mu_C{}^{\#}(\alpha\cup_\lambda\beta)$ である．ただし（4·22）の可換性より $\bar{\lambda}'\cdot(\mu_A\otimes\mu_B)=\mu_C\cdot\bar{\lambda}$ が成り立つことを用いた．（終）

4·2 標準鎖複体による積の表示

補題 4·2 の G 準同型 $\varphi_{r,s}$： $X_{r+s}\to X_r\otimes X_s$ を標準 G 鎖複体の場合に，具体的に表わしてみよう．（このようなは $\varphi_{r,s}$ ただ一通りに定まるのではないので，その一つのものをつくってみるのである）．斉次形を用いて

(a)
$$\varphi_{0,0}:\ (\sigma_0)\to(\sigma_0)\otimes(\sigma_0)$$

(b) $p\geqq 0,\ q\geqq 0$ の場合
$$\varphi_{p,q}(\sigma_0,\sigma_1,\cdots,\sigma_{p+q})=(\sigma_0,\sigma_1,\cdots,\sigma_p)\otimes(\sigma_p,\sigma_{p+1},\cdots,\sigma_{p+q})$$
（$p=0,q=0$ のときは，(a) と一致する）．

(c) $p>q\geqq 0$ の場合
$$\varphi_{p,-q-1}(\sigma_0,\sigma_1,\cdots,\sigma_{p-q-1})$$
$$=(-1)^{q(q+1)/2}\sum_{\tau_{p-q},\cdots,\tau_p}(\sigma_0,\cdots,\sigma_{p-q-1},\tau_{p-q},\cdots,\tau_p)\otimes(\tau_{p-q},\cdots,\tau_p)^\wedge$$
$$\varphi_{-q-1,p}(\sigma_{q+1},\cdots,\sigma_p)$$
$$=(-1)^{q(q+1)/2}\sum_{\tau_0,\cdots,\tau_q}(\tau_0,\tau_1,,\cdots\tau_q)^\wedge\otimes(\tau_0,\cdots,\tau_q,\sigma_{q+1},\cdots,\sigma_p)$$

(d) $q\geqq p\geqq 0$ の場合
$$\varphi_{p,-q-1}(\sigma_p,\cdots,\sigma_q)^\wedge$$
$$=(-1)^{p(p+1)/2}\sum_{\tau_0,\cdots,\tau_{p-1}}(\tau_0,\cdots,\tau_{p-1},\sigma_p)\otimes(\tau_0,\cdots,\tau_{p-1},\sigma_p,\cdots,\sigma_q)^\wedge$$
$$\varphi_{-q-1,p}(\sigma_0,\cdots,\sigma_{q-p})^\wedge$$
$$=(-1)^{p(p+1)/2}\sum_{\tau_{q-p+1},\cdots,\tau_q}(\sigma_0,\cdots,\sigma_{q-p},\tau_{q-p+1},\cdots,\tau_q)^\wedge\otimes(\sigma_{q-p},\tau_{q-p+1},\cdots,\tau_q)$$
とくに $\varphi_{0,-1}(\sigma_0)^\wedge=(\sigma_0)\otimes(\sigma_0)^\wedge$，$\varphi_{-1,0}(\sigma_0)^\wedge=(\sigma_0)^\wedge\otimes(\sigma_0)$ である．

(e) $p\geqq 0, q\geqq 0$ の場合
$$\varphi_{-p-1,-q-1}(\sigma_0,\cdots,\sigma_p,\sigma_0',\cdots,\sigma_q')^\wedge=(\sigma_0,\cdots,\sigma_p)^\wedge\otimes(\sigma_0',\cdots,\sigma_q')^\wedge$$
とおく．これらは，すべて G 準同型であり，かつ

$$\varphi_{r,s}\cdot d_{r+s+1}=d_{r+1}'\cdot\varphi_{r+1,s}+d_{s+1}''\cdot\varphi_{r,s+1}$$

が成り立つことを，場合に分けてためすことができる．

問 4・1　以上を計算せよ．

G 加群 A, B に対して，$f\in A_r=\mathrm{Hom}^G(X_r, A), g\in B_s=\mathrm{Hom}^G(X_s, B)$ とする．

$f\cup_\varphi g=(f\otimes g)\cdot\varphi_{r,s}$ によって，X_r, X_s の G 基底を用いて，cup 積 $\cup_\varphi$ を具体的に表わすことができる．これには非斉次形を用いる．例えば $p\geqq 0$, $q\geqq 0$ に対して

$$(f\cup_\varphi g)[\sigma_1,\cdots,\sigma_{p+q}]=(f\cup_\varphi g)(1,\sigma_1,\sigma_1\sigma_2,\cdots,\sigma_1\sigma_2\cdots\sigma_{p+q})$$
$$=(f\otimes g)\cdot\varphi_{p,q}(1,\sigma_1,\cdots,\sigma_1\sigma_2\cdots\sigma_{p+q})$$
$$=(f\otimes g)\{(1,\sigma_1,\cdots,\sigma_1\cdots\sigma_p)\otimes(\sigma_1\cdots\sigma_p,\cdots,\sigma_1\cdots\sigma_{p+q})\}$$
$$=(f\otimes g)\{[\sigma_1,\cdots,\sigma_p]\otimes\sigma_1\cdots\sigma_p[\sigma_{p+1},\cdots,\sigma_{p+q}]\}$$
$$=f[\sigma_1,\cdots,\sigma_p]\otimes\sigma_1\cdots\sigma_p g[\sigma_{p+1},\cdots,\sigma_{p+q}]$$

となる．以下同様にして，次の公式を得る．

(a)′　$p\geqq 0, q\geqq 0$,　$f\in A_p$,　$g\in B_q$ に対して

$$(f\cup_\varphi g)[\sigma_1,\cdots,\sigma_{p+q}]=f[\sigma_1,\cdots,\sigma_p]\otimes\sigma_1\cdots\sigma_p g[\sigma_{p+1},\cdots,\sigma_{p+q}]$$

(b)′　$p>q\geqq 0$,　$f\in A_p$,　$g\in B_{-q-1}$ に対して

$$(f\cup_\varphi g)[\sigma_1,\cdots,\sigma_{p-q-1}]$$
$$=(-1)^{q(q+1)/2}\sum_{\tau_{p-q},\cdots,\tau_p} f[\sigma_1,\cdots,\sigma_{p-q-1},\tau_{p-q},\cdots,\tau_p]$$
$$\otimes\sigma_1\cdots\sigma_{p-q-1}\tau_{p-q}g[\tau_{p-q+1},\cdots,\tau_p]^\wedge$$

$$(g\cup_\varphi f)[\sigma_{q+2},\cdots,\sigma_p]$$
$$=(-1)^{q(q+1)/2}\sum_{\tau_1,\cdots,\tau_{q+1}}(\tau_1\tau_2\cdots\tau_{q+1})^{-1}g[\tau_1,\cdots,\tau_q]^\wedge$$
$$\otimes(\tau_1\tau_2\cdots\tau_{q+1})^{-1}f[\tau_1,\cdots,\tau_{q+1},\sigma_{q+2},\cdots,\sigma_p]$$

(c)′　$q\geqq p\geqq 0$,　$f\in A_p$,　$g\in B_{-q-1}$ に対して

$$(f\cup_\varphi g)[\sigma_{p+1},\cdots,\sigma_q]^\wedge$$
$$=(-1)^{p(p+1)/2}\sum_{\tau_1,\cdots,\tau_p}(\tau_1\cdots\tau_p)^{-1}f[\tau_1,\cdots,\tau_p]$$
$$\otimes(\tau_1\cdots\tau_p)^{-1}g[\tau_1,\cdots,\tau_p,\sigma_{p+1},\cdots,\sigma_q]^\wedge$$

$(g\cup_\varphi f)[\sigma_1,\cdots,\sigma_{q-p}]^\wedge$

$$=(-1)^{p(p+1)/2}\sum_{\tau_{q-p+1},\cdots,\tau_q} g[\sigma_1,\cdots,\sigma_{q-p},\tau_{q-p+1},\cdots,\tau_q]^\wedge$$
$$\otimes\sigma_1\cdots\sigma_{q-p}f[\tau_{q-p+1},\cdots,\tau_q]$$

(d)′ $p\geqq 0, q\geqq 0$, $f\in A_{-p-1}$, $g\in B_{-q-1}$ に対して

$$(f\cup_\varphi g)[\sigma_1,\cdots,\sigma_{p+q+1}]^\wedge$$
$$=f[\sigma_1,\cdots,\sigma_p]^\wedge\otimes\sigma_1\sigma_2\cdots\sigma_{p+1}g[\sigma_{p+2},\cdots,\sigma_{p+q+1}]^\wedge$$

問 4·2 以上の公式を導け.

とくに $f_0\in A_0, f_0[\cdot]=a\in A^G$ (すなわち f_0 が 0 双対輪体のときは) (a)′, (c)′ によって, 次の公式を得る : $q\geqq 0, g\in B_q$ に対しては

$$(f_0\cup_\varphi g)[\sigma_1,\cdots,\sigma_q]=a\otimes g[\sigma_1,\cdots,\sigma_q]$$

$q\geqq 0, g\in B_{-q-1}$ に対しては

$$(f_0\cup_\varphi g)[\sigma_1,\cdots,\sigma_q]^\wedge=a\otimes g[\sigma_1,\cdots,\sigma_q]^\wedge$$

$g\cup f_0$ についても同様である. (定理 4·3 参照)

4·3 積と Res. Inj. Inf. Def. との関係

(I) H を G の部分群, A,B,C を G 加群, $\lambda: A\times B\to C$ を G 重線型写像とする. $\alpha\in H^r(G,A), \beta\in H^s(G,B), \alpha'\in H^r(H,A), \beta'\in H^s(H,B)$ とし, $\cup_\lambda$ を単に $\cup$ と表わす.

(i) $\begin{cases}\mathrm{Inj}_{H/G}(\mathrm{Res}_{G/H}\alpha\cup\beta')=\alpha\cup\mathrm{Inj}_{H/G}\beta' & (\in H^{r+s}(G,C))\\ \mathrm{Inj}_{H/G}(\alpha'\cup\mathrm{Res}_{G/H}\beta)=\mathrm{Inj}_{H/G}\,\alpha'\cup\beta & (\in H^{r+s}(G,C))\end{cases}$

(ii) $\mathrm{Res}_{G/H}(\alpha\cup\beta)=\mathrm{Res}_{G/H}\alpha\cup\mathrm{Res}_{G/H}\beta \quad (\in H^{r+s}(H,C))$

(iii) $I_\sigma(\alpha'\cup\beta')=(I_\sigma\alpha')\cup(I_\sigma\beta') \quad (\in H^{r+s}(H^\sigma,C))$

(証明) (i) G および H に対して, 同一の鎖複体 $\{X_r\}$ をとり, $t_A\in A_r=\mathrm{Hom}^G(X_r,A)$, $t_B\in B_s=\mathrm{Hom}^G(X_s,B)$, $t_A'\in A_r'=\mathrm{Hom}^H(X_r,A)$, $t_B'\in B_s'=\mathrm{Hom}^H(X_s,B)$ とする. $G=\bigcup_j\tau_jH$ とする.

$$\mathrm{Inj}(\mathrm{Res}\,\alpha\cup\beta')=\sum_j\tau_j(t_A\cup_\varphi t_B'+\delta C_{r+s-1})\tau_j^{-1}$$
$$=\sum_j\tau_j\cdot(t_A\otimes t_B')\cdot\varphi_{r,s}\cdot\tau_j^{-1}+\delta C_{r+s-1},$$
$$\alpha\cup\mathrm{Inj}\,\beta'=t_A\cup\sum_j\tau_j\cdot t_B'\cdot\tau_{j-1}+\delta C_{r+s-1}$$

$$=(t_A\otimes\sum_j \tau_j\cdot t_B'\cdot\tau_j^{-1})\cdot\varphi_{r,s}+\delta C_{r+s-1}$$

$$=\sum_j \tau_j\cdot(t_A\otimes t_B')\cdot\tau_j^{-1}\cdot\varphi_{r,s}+\delta C_{r+s-1}$$

を比べて (i) の第1式が成り立つ. (ii), (iii) も同様に証明される.

問 4·3　残りの公式をためせ.

(II)　H を G の不変部分群, A, B, C を G 加群とする. G 重線型写像 λ: $A\times B\to C$ は G/H 重線型写像 λ^H: $A^H\times B^H\to C^H$ をひきおこす. $\alpha\in H^r(G, A)$, $\beta\in H^s(G, B)$, $\alpha'\in H^r(G/H, A^H)$, $\beta'\in H^s(G/H, B^H)$ に対して ($\cup_\lambda$, $\cup_{\lambda^H}$ を共に $\cup$ と書いて)

(i)　$\mathrm{Inf}(\alpha'\cup\beta')=\mathrm{Inf}\,\alpha'\cup\mathrm{Inf}\,\beta'$　　$r>0, s>0$

(ii)　$\mathrm{Def}(\alpha\cup\beta)=\mathrm{Def}\,\alpha\cup\mathrm{Def}\,\beta$　　$r\leqq 0, s\leqq 0$

(iii)　$\mathrm{Inf}(\alpha'\cup\mathrm{Def}\,\beta)=\mathrm{Inf}\,\alpha'\cup\beta$　　$r>0, s\leqq 0, r+s>0$

$\mathrm{Inf}(\mathrm{Def}\,\alpha\cup\beta')=\alpha\cup\mathrm{Inf}\,\beta'$　　$r\leqq 0, s>0, r+s>0$

(iv)　$\mathrm{Def}(\alpha\cup\mathrm{Inf}\,\beta')=\mathrm{Def}\,\alpha\cup\beta'$　　$r\leqq 0, s>0, r+s\leqq 0$

$\mathrm{Def}(\mathrm{Inf}\,\alpha'\cup\beta)=\alpha'\cup\mathrm{Def}\,\beta$　　$r>0, s\leqq 0, r+s\leqq 0$

(証明)　標準鎖複体に関する Inf, Def, $\cup_\varphi$ の公式によって, 一つ一つためしてみればよい. 例えば (iii) の第一式を見よう. $f'\in\alpha'$, $g\in\beta$ とする. $r=p$, $s=-q-1$, $p>q+1$ ならば

$$\mathrm{Inf}(f'\cup\mathrm{Def}\,g)[\sigma_1,\cdots,\sigma_{p-q-1}]=(f'\cup\mathrm{Def}\,g)[\sigma_1H,\cdots,\sigma_{p-q-1}H]$$

$$=(-1)^{q(q+1)/2}\sum_{\tau_{p-q},\cdots,\tau_p} f'[\sigma_1H,\cdots,\sigma_{p-q-1}H,\tau_{p-q}H,\cdots,\tau_pH]$$

$$\otimes\sigma_1\cdots\sigma_{p-q-1}\tau_{p-q}(\mathrm{Def}\,g)[\tau_{p-q+1}H,\cdots,\tau_pH]$$

$$=(-1)^{q(q+1)/2}\sum_{\tau_{p-q},\cdots,\tau_p} f'[\sigma_1H_1,\cdots,\sigma_{p-q-1}H,\tau_{p-q}H,\cdots,\tau_pH]$$

$$\otimes\sigma_1\cdots\sigma_{p-q-1}\tau_{p-q}\sum_{\rho_{p-q},\rho_{p-q+1},\cdots,\rho_p}\rho_{p-q}g[\tau_{p-q+1}\rho_{p-q+1},\cdots,\tau_p\rho_p]$$

$$(\mathrm{Inf}\,f'\cup g)[\sigma_1,\cdots,\sigma_{p-q-1}]$$

$$=(-1)^{q(q+1)/2}\sum_{\sigma_{p-q},\cdots,\sigma_p}(\mathrm{Inf}\,f')[\sigma_1,\cdots,\sigma_{p-q-1},\sigma_{p-q},\cdots,\sigma_p]$$

$$\otimes\sigma_1\cdots\sigma_{p-q}g[\sigma_{p-q+1},\cdots\sigma_p]$$

$$=(-1)^{q(q+1)/2}\sum_{\sigma_{p-q},\cdots,\sigma_p} f'[\sigma_1H,\cdots,\sigma_pH]\otimes\sigma_1\cdots\sigma_{p-q}g[\sigma_{p-q+1},\cdots,\sigma_p]$$

ここに $\sigma_{p-q},\cdots,\sigma_p$ は G の全体を, $\rho_{p-q},\cdots,\rho_p$ は H の全体を, τ_{p-q},

$\cdots, \tau_p$ は $G \bmod H$ の代表の全体を動く．よって，この二つの式は一致する．

問 4·4　残りの公式をためしてみよ．

4·4　積の応用

G 加群 A, B, C と G 重線型写像 λ: $A \times B \to C$ が与えられているとする．$\alpha \in H^r(G, A)$ を一つ固定すると，$\beta \in H^s(G, B)$ に対して，

$$\Phi_\alpha(\beta) = \alpha \cup_\lambda \beta \in H^{r+s}(G, C) \quad (s \in \mathrm{Z})$$

は，準同型 Φ_α: $H^s(G, B) \to H^{r+s}(G, C)$ を定める．逆に

'与えられた準同型 Φ: $H^s(G, B) \to H^{r+s}(G, C)$ $(s \in \mathrm{Z})$ に対して適当に A, λ: $A \times B \to C, \alpha \in H^r(G, A)$ を求めて，$\Phi = \Phi_\alpha$ と表わされないであろうか' という問題が個々の Φ に対して起る．実際に肯定的に解決される場合がはなはだ多い．その一つの場合として，定理 3·11 は次の形に述べられる：

定理 4·8　A を G 加群とする．いま G のすべての部分群 H に対して

$$H^1(H, A) = 0, \quad H^2(H, A) \cong \mathrm{Z}/[H:1]\mathrm{Z} \tag{4·21}$$

が成り立つものとする．G 重線型写像 λ: $A \times \mathrm{Z} \to A$ を

$$\lambda(a, m) = ma \quad (a \in A, m \in \mathrm{Z})$$

によって定義する．$H^2(G, A)$ の任意の生成元 α をとり，$\zeta \in H^r(G, \mathrm{Z})$ に対して

$$\Phi_\alpha: \zeta \to \alpha \cup_\lambda \zeta \in H^{r+2}(G, A) \tag{4·22}$$

と定義する．そのとき同型

$$\Phi_\alpha: H^r(G, \mathrm{Z}) \cong H^{r+2}(G, A)$$

が成り立つ．**[Tate の定理]**

（証明）(I)　定理 3·11 の証明と同じく，$0 \longrightarrow A \longrightarrow B_1 \longrightarrow A_1 \longrightarrow 0$ (split), $0 \longrightarrow A_1 \longrightarrow B_2 \longrightarrow A_2 \longrightarrow 0$ (split), B_1, B_2 は G 弱射影的にとると $(\delta^\#)^2$: $H^r(G, A_2) \cong H^{r+2}(G, A)$ である．そこで G 加群 A_2 に対して，定理 3·11 を適用できる．すなわち $H^0(G, A_2)$ の一つの生成元 α_0 をとり，$\Phi(\alpha_0) = a_0 + N_G A_2$, $a_0 \in A_2{}^G$ とすると $f(m) = ma_0$ なる G 準同型によ

って，$f^\#: H^r(G,Z)\cong H^r(G,A_2)$ $(r\in Z)$ を生ずる．一方定理 4·3 によって $\Phi_{\alpha_0}: \zeta\to\alpha_0\cup_\lambda\zeta$ なる対応は，$\zeta=t+\delta Z_{r-1}$ $(t\in Z_r, \delta t=0)$ に対して $\alpha_0\cup_\lambda\zeta=t\cdot a_0+\delta Z_{r-1}$ で与えられる． これは，上に与えた準同型 $f^\#$ と一致している．故に $\Phi_{\alpha_0}: H^r(G,Z)\cong H^r(G,A_2)$ となる．

(II) $(\delta^\#)^2: H^0(G,A_2)\cong H^2(G,A)$ によって $(\delta^\#)^2(\alpha_0)=\alpha$ とおくと α は $H^2(G,A)$ の生成元である．$(\delta^\#)^2\cdot\Phi_{\alpha_0}: H^r(G,Z)\cong H^{r+2}(G,A)$ となるが，(PII$_\lambda$ を用いると) 実際に $\zeta\in H^r(G,Z)$ に対して $(\delta^\#)^2\cdot\Phi_{\alpha_0}(\zeta)=(\delta^\#)^2(\alpha_0\cup_\lambda\zeta)=(\delta^\#)^2\alpha_0\cup_\lambda\zeta=\alpha\cup_\lambda\zeta$ である． すなわち $(\delta^\#)^2\cdot\Phi_{\alpha_0}=\Phi_\alpha$ は同型 $H^r(G,Z)\cong H^{r+2}(G,A)$ を与える．(終)

系 4·9 仮定は定理 4·8 と同一である．標準 G 鎖複体を用いて，$H^2(G,A)$ の生成元 α を，$\alpha=f+\delta A_1$, $(f\in A_2, \delta f=0)$ と表わす． そのとき $\sigma\in G$ に対して

$$\Psi:\ \sigma \bmod [G,G]\to-\sum_{\tau\in G}f[\tau,\sigma] \bmod N_GA \tag{4·23}$$

は同型

$$\Psi:\ G/[G,G]\cong A^G/N_GA \tag{4·24}$$

を与える．

(証明) $H^{-2}(G,Z)\ni\zeta=t+\delta Z_{-3}, t\in Z_{-2}, \delta t=0$ に対して $\Phi_\alpha: \zeta\to\alpha\cup_\lambda\zeta$ によって $H^{-2}(G,Z)\cong H^0(G,A)$ を生ずるのであった．一方では

$$t\to\prod_{\sigma\in G}\sigma^{m_\sigma}\bmod[G,G]\quad (m_\sigma=t[\sigma])$$

によって $H^{-2}(G,Z)\cong G/[G,G]$ であり，他方では

$$\alpha\cup_\lambda\zeta=t_0+\delta A_{-1}\to t_0[\cdot]\in A^G \bmod N_GA$$

で $H^0(G,A)\cong A^G/N_GA$ であった．(§ 2·3·3, (I), (VI) 参照)． これと cup 積の公式 (§ 4·2, (b′) $p=2$, $q=1$ の場合)

$$(f\cup_\varphi t)[\cdot]=-\sum_{\tau_1,\tau_2}f[\tau_1,\tau_2]\otimes t[\tau_2]^\wedge$$

および $\lambda(a,m)=ma$ を合わせて考える． すなわち， $t_\sigma[\sigma]^\wedge=1$, $t_\sigma[\tau]^\wedge=0$ $(\tau\neq\sigma)$ に t_σ をとれば

$$\sigma\bmod[G,G]\to t_\sigma+\delta Z_{-3}\to-\sum_{\tau\in G}f[\tau,\sigma]\bmod N_GA$$

によって，$\Psi: H^{-2}(G,Z)\cong A^G/N_GA$ が導かれた．(終)

注意 cup 積の別の応用として，G 加群 A に対して，$A^\flat=\mathrm{Hom}(A,R/Z)$ (A の指

標群）を考える．G 重線型写像 λ: $A\times A^{\flat}\to \mathrm{R/Z}$ を $\lambda(a,f)=f(a)$ $(a\in A, f\in A^{\flat})$ とおく．これから $\alpha\in H^{r}(G,A)$, $\beta\in H^{-r-1}(G,A^{\flat})$ に対して

$$(\alpha,\beta)=\alpha\cup_{\lambda}\beta\in H^{-1}(G,\mathrm{R/Z})$$

とおく．$H^{-1}(G,\mathrm{R/Z})\cong\{0,1/n,\cdots,n-1/n\}$ $(n=[G:1])$．したがって $\alpha\to(\alpha,\beta)$ により $\beta\in H^{r}(G,A)^{\flat}$ と見なされる．そのとき，実際に

$$H^{-r-1}(G,A^{\flat})\cong H^{r}(G,A)^{\flat} \tag{4·25}$$

が成り立つことが証明される．(H. Cartan–S. Eilenberg [46])．例えば，$A=\mathrm{Z}$ とすれば $A^{\flat}\cong\mathrm{R/Z}$．したがって $H^{-r-1}(G,\mathrm{R/Z})\cong H^{r}(G,\mathrm{Z})^{\flat}$．一方 $H^{-r-1}(G,\mathrm{R/Z})\cong H^{-r}(G,\mathrm{Z})$（問 2·4）．したがって $H^{-r}(G,\mathrm{Z})\cong H^{r}(G,\mathrm{Z})^{\flat}\cong H^{r}(G,\mathrm{Z})$（$H^{r}(G,\mathrm{Z})$ は有限加群であるから）．すなわち (2·28) が成り立つ．

附記　群のホモロジー群について

（必ずしも有限でない）群 G に対して，G 自由な G 加群 X_r と G 準同型 d_r, ε に関して完全系列

$$\longrightarrow X_r\xrightarrow{d_r}X_{r-1}\longrightarrow\cdots\longrightarrow X_1\xrightarrow{d_1}X_0\xrightarrow{\varepsilon}Z\longrightarrow 0\quad(\text{exact}) \tag{4·26}$$

をとる．任意の G 加群 A に対して

$A_r=\mathrm{Hom}^{G}(X_r,A)$, $A_r{}^{*}=A\otimes_{G}X_r$, $\delta_r={}^{*}d_{r+1}$: $A_r\to A_{r+1}$, $\partial_r=1\otimes d_r$: $A_r{}^{*}\to A_{r-1}{}^{*}$

とおく．そのとき

$$H^{r}(G,A)=\mathrm{Kernel}\,\delta_r/\mathrm{Image}\,\delta_{r-1},\quad H_r(G,A)=\mathrm{Kernel}\,\partial_r/\mathrm{Image}\,\partial_{r+1}\ (r\in\mathrm{Z}^{+})$$

とおいて，群 G の A を係数とする **r コホモロジー群**および **r ホモロジー群**という（これらは (4·26) のとりかたによらない）．（ホモロジー群の一般論については，“ホモロジー代数学” の項目を参照されたい）．とくに G が有限群の場合には

$$H_p(G,A)\cong H^{-p-1}(G,A)\quad p\geqq 1 \tag{4·27}$$

が成り立つ．

（証明）G が有限群であれば，§ 2·3 と同様に，(4·26) に対して $X_p{}^{\wedge}=\mathrm{Hom}(X_p,\mathrm{Z})$ $(p\geqq 0)$ とおく．そのとき θ_p: $A\otimes_{G}X_p\cong\mathrm{Hom}^{G}(X_p{}^{\wedge},A)$ が成り立つ．実際に，$a\in A$, $x_p\in X_p$, $\varphi_p\in X_p{}^{\wedge}$ に対して，

$$\theta_p(a\otimes_{G}x_p)(\varphi_p)=\sum_{\sigma\in G}\varphi_p(\sigma x_p)\cdot\sigma a$$

とおけばよい．次に $d_p{}^{\wedge}$ を § 2·3 と同様に定義する．そして $X_{-p-1}=X_p{}^{\wedge}$, $d_{-p}=d_p{}^{\wedge}$ とおいて，$\{X_r\,;\,r\in\mathrm{Z}\}$ を考え，$H^{-p-1}(G,A)$ $(p\geqq 0)$ が定義される．そのとき

$$\theta_{p-1}\cdot\partial_p==\delta_{-p-1}\cdot\theta_p$$

が成立する．これから $\theta_p(\mathrm{Kernel}\,\partial_p)=\mathrm{Kernel}\,\delta_{-p-1}, \theta_p(\mathrm{Image}\,\partial_{p+1})=\mathrm{Image}\,\delta_{-p}$ となり，§ 2·3·1 によって，(4·27) が成り成つことがわかる．(終)

標準 G 鎖複体を用いれば A を係数とする p 鎖は

$$c=\sum_{\sigma_1,\cdots,\sigma_p} a_{\sigma_1\cdots\sigma_p}\otimes_G[\sigma_1,\cdots,\sigma_p] \qquad (a_{\sigma_1\cdots\sigma_p}\in \mathrm{A})$$

と一意的に表わされる．また

$$\partial_p(a\otimes_G[\sigma_1,\cdots,\sigma_p])=(\sigma_1{}^{-1}a)\otimes_G[\sigma_2,\cdots,\sigma_p]-a\otimes_G[\sigma_1\sigma_2,\sigma_3,\cdots,\sigma_p]+\cdots$$
$$+(-1)^{p-1}a\otimes_G[\sigma_1,\cdots,\sigma_{p-2},\sigma_{p-1}\sigma_p]+(-1)^p a\otimes_G[\sigma_1,\cdots,\sigma_{p-1}]$$

である．とくに $c_1=\sum_\sigma a_\sigma\otimes_G[\sigma]$ に対しては $\partial_1 c_1=\sum_\sigma(\sigma^{-1}-1)a_\sigma[\cdot]$,

$c_2=\sum_{\sigma,\tau}a_{\sigma,\tau}\otimes_G[\sigma,\tau]$ に対しては $\partial_2 c_2=\sum_{\sigma,\tau}(\sigma^{-1}a_{\sigma,\tau}\otimes_G[\tau]-a_{\sigma,\tau}\otimes_G[\sigma\tau]+a_{\sigma,\tau}\otimes[\sigma])$

など．θ_p によって，$c=\sum a_{\sigma_1\cdots\sigma_p}\otimes_G[\sigma_1,\cdots,\sigma_p]$ と $g[\sigma_1,\cdots,\sigma_p]^\wedge=a_{\sigma_1\cdots\sigma_p}$ とが対応する．負の次元の双対鎖についての公式は，対応する鎖を用いるほうが簡単になることがある．$a\in A$ (G加群) とする．

(I) $\mathrm{Res}_{G/H}(a\otimes_G[\sigma_1,\cdots,\sigma_p])=\sum_j\tau_j a\otimes_H[\tau_j\sigma_1\overline{\tau_j\sigma_1}^{-1}, \overline{\tau_j\sigma_1}\sigma_2\overline{\tau_j\sigma_1\sigma_2}^{-1},\cdots\cdot$

$\overline{\tau_j\sigma_1\cdots\sigma_{p-1}}\sigma_p\overline{\tau_j\sigma_1\cdots\sigma_p}^{-1}]$,

ただし，$G=\bigcup_j H\tau_j$ とする．

(II) $\mathrm{Inj}_{H/G}(a\otimes_H[\rho_1,\cdots,\rho_p])=a\otimes_G[\rho_1,\cdots,\rho_p] \quad (\rho_i\in H)$

(III) $\mathrm{Def}_{G/(G/H)}(a\otimes_G[\sigma_1,\cdots,\sigma_p])=(N_H a)\otimes_{G/H}[\sigma_1 H,\cdots,\sigma_p H]$

(IV) G 加群 A, B に対して $a\in A, b\in B, f\in\mathrm{Hom}(X_p,A), g\in\mathrm{Hom}(X_p,B)$ とすると

(i) $p>q\geqq 0$ のとき

$$(f\cup b\otimes_G[\sigma_{p-q+1},\cdots,\sigma_p])[\sigma_1,\cdots,\sigma_{p-q-1}]$$
$$=(-1)^{q(q+1)/2}\sum_{\sigma_{p-q}} f[\sigma_1,\cdots,\sigma_p]\otimes\sigma_1\cdots\sigma_{p-q}b$$

$$(a\otimes_G[\sigma_1,\cdots,\sigma_q]\cup g)[\sigma_{q+2},\cdots,\sigma_p]$$
$$=(-1)^{q(q+1)/2}\sum_{\sigma_{q+1}}(\sigma_1\cdots\sigma_{q+1})^{-1}a\otimes(\sigma_1\cdots\sigma_{q+1})^{-1}g[\sigma_1,\cdots,\sigma_p]$$

(ii) $q\geqq p>0$ のとき

$$f\cup b\otimes_G[\sigma_1,\cdots,\sigma_q]$$
$$=\{(-1)^{p(p+1)/2}(\sigma_1\cdots\sigma_p)^{-1}f[\sigma_1,\cdots,\sigma_p]\otimes(\sigma_1\cdots\sigma_p)^{-1}b\}\otimes_G[\sigma_{p+1},\cdots,\sigma_q]$$

$$a\otimes_G[\sigma_1,\cdots,\sigma_q]\cup g$$
$$=\{(-1)^{p(p+1)/2}a\otimes\sigma_1\cdots\sigma_{q-p}g[\sigma_{q-p+1},\cdots,\sigma_q]\}\otimes_G[\sigma_1,\cdots,\sigma_{q-p}]$$

(iii) $a\otimes_G[\sigma_1, \cdots, \sigma_p]\cup b\otimes_G[\sigma_1', \cdots, \sigma_q']$

$$=\sum_{\sigma}(a\otimes\sigma_1\cdots\sigma_p\sigma b)\otimes_G[\sigma_1, \cdots, \sigma_p, \sigma, \sigma'_1, \cdots, \sigma_q']$$

問 4·5 以上の公式を験証せよ．

第II部　類　体　論

第I部をコホモロジー論についての準備として，類体論の証明に入る．紙数の制限のため代数的整数論の一般論については十分に解説することができなかった．脚註の引用文献などを利用していただきたい．とくに高木先生の「代数的整数論」は，でき得る限り座右において，比較し，補足しあいつつ参照されることを希望する．

第5章　数体，局所数体

5·1　準　　備

5·1·1　Galois 拡大　体の拡大の理論，有限次 Galois（ガロワ）拡大の Galois の理論は既知と仮定する．Galois 拡大 K/k の **Galois 群**を $G(K/k)$ で表わす．$G(K/k)$ が Abel 群（または巡回群）であるとき，K/k を **Abel 拡大**（または**巡回拡大**）という．$\sigma\in G(K/k), \alpha\in K$ に対して記号 α^{σ} を用いる．したがって $\alpha^{\sigma\tau}=(\alpha^{\tau})^{\sigma}$ とする．

体 K の 0 以外の元全体よりなる乗法群を $K^{\times}$ で表わす．とくに有限次 Galois 拡大 K/k に対して，$K^{\times}$ は $G=G(K/k)$ を作用群としてもつ Abel 群である．（今後 G-Abel 群とよぶ）．

定理 5·1　　$H^1(G, K^{\times})=\{1\}$.

（証明）G の $K^{\times}$ を係数とする任意の1双対輪体 $f[\sigma]$ $(\sigma\in G)$（すなわち $f[\tau]^{\sigma}f[\sigma]f[\sigma\tau]^{-1}=1$）が，1境界輪体であること（すなわちある $\alpha\in K^{\times}$ によって $f[\sigma]=\alpha^{1-\sigma}$ と表わされること）を見ればよい．$K^{\times}$ の元 β をとって $\alpha=\sum_{\tau\in G}\beta^{\tau}f[\tau]$ とおけば，$\alpha^{\sigma}=\sum\beta^{\sigma\tau}f[\tau]^{\sigma}=f[\sigma]^{-1}\sum\beta^{\sigma\tau}f[\sigma\tau]=f[\sigma]^{-1}\alpha$ である．したがって $\alpha\neq 0$ ならば $f[\sigma]=\alpha^{1-\sigma}$ となる．実際に $\alpha\neq 0$ となる β の存在することは次のようにしてわかる．いま $K=\sum_{i=1}^{n}k\omega_i$ とし，かりに

1)　第5章の一般的参考文献として，高木 [15]，淡中 [16]；および Hilbert [10] Hecke [9]，Weyl [18]，Hasse [7], [8]，Artin [1]（年代順）をあげておく．

すべての i に対して $\alpha_i=\sum_{\tau\in G}\omega_i^{\tau} f[\tau]=0$ とする．連立一次方程式 $\sum\omega_i{}^{\tau}X_{\tau}=0$ $(i=1,\cdots,n)$ の係数の行列式の平方は $(\det|\omega_i^{\tau}|_{i,\tau})^2=\det|Sp_{K/k}(\omega_i\omega_j)|_{i,j}\neq 0$[1] であるから，すべての $f[\tau]=0$ $(\tau\in G)$ となり，矛盾である．（終）

問 5·1　K/k を巡回拡大，$G(K/k)=\{1,\sigma,\cdots,\sigma^{n-1}\}$ とする．$A\in K, N_{K/k}A=1$ ならば，ある $B\in K^{\times}$ によって $A=B^{1-\sigma}$ と表わされる．[**Hilbert** [10] **の定理** 90].

5·1·2　Kummer 拡大　n は正の整数，標数 0 の体 k が 1 の n ベキ根をすべて含むものとする．K/k を Galois 拡大，かつ $G=G(K/k)$ が Abel 群で，すべての $\sigma\in G$ は $\sigma^n=1$ とする．(このことを G は exponent n であるという)．いま $\boldsymbol{A}=\{A\ ;\ A\in K^{\times}, A^n\in k^{\times}\}$ とおく．$(A^{1-\sigma})^n=(A^n)^{1-\sigma}=1$，したがって $\chi_A(\sigma)=A^{1-\sigma}$ $(\in k)$ は1の n ベキ根で，$\chi_A(\sigma)\chi_A(\tau)=\chi_A(\sigma\tau)$ を満足する．すなわち $\chi_A\in G^{\flat}$ (G の指標群) となる．とくに $\chi_A=1$ であるのは，$A\in k^{\times}$ の場合に限る．逆に任意の $\chi\in G^{\flat}$，$(\chi(\sigma)\in k^{\times}$ は1の n ベキ根) は，G の $K^{\times}$ を係数とする1双対輪体であるから，定理 5·1 によって，ある $A\in K^{\times}$ を用いて $\chi(\sigma)=A^{1-\sigma}$ と表わされる．したがって $\chi=\chi_A, A\in\boldsymbol{A}$ である．故に $A\in\boldsymbol{A}$ に $\chi_A\in G^{\flat}$ を対応させると $\boldsymbol{A}/k^{\times}\cong G^{\flat}$ となる．$L=k(\boldsymbol{A})$ (k に $\boldsymbol{A}$ の元をすべて添加して得られる体) とする．いま $\sigma\in G$ が L の元をすべて固定するとしよう．$A^{\sigma}=A, A\in\boldsymbol{A}$ より $\chi_A(\sigma)=1$，よって $\sigma=1$ でなければならない．故に Galois の理論より $L=K$ である．すなわち $K=k(\boldsymbol{A})$ が成り立つ．次に $\boldsymbol{A}\ni A\to A^n\in k^{\times}$ なる写像の核は1の n ベキ根の全体で，これらは $k^{\times}$ に属す．故に $\boldsymbol{A}/k^{\times}\cong\boldsymbol{A}^n/(k^{\times})^n$ である．

今度は $(k^{\times})^n\subset\Gamma\subset k^{\times}, [\Gamma:(k^{\times})^n]<+\infty$ なる任意の乗法群 Γ をとり $K=k(\Gamma^{1/n})$ をつくる．これは Galois 拡大で，$G=G(K/k)$ は exponent n の Abel 群である．K/k に対応する $\boldsymbol{A}$ をつくれば，$k^{\times}\subset\Gamma^{1/n}\subset\boldsymbol{A}, K=k(\boldsymbol{A})$ である．$\boldsymbol{A}\neq\Gamma^{1/n}$ とすると $\boldsymbol{A}/k^{\times}\neq\Gamma^{1/n}/k^{\times}$．故に χ_c $(c\in\Gamma^{1/n}/k^{\times})$ の全体 H^* は $G^{\flat}$ の一部分となり，実際にすべての $\chi_c\in H^*$ に対して $\chi_c(\sigma)=1$ となる $\sigma\neq 1$ が存在することになる．この $\sigma\in G$ は $K=k(\Gamma^{1/n})$ の各元を動かさない．よって $\sigma=1$ でなければならない．以上より $\boldsymbol{A}=\Gamma^{1/n}$ が証明された．これらをまとめて

定理 5·2　k が1の n ベキ根全体を含むとする．$(k^{\times})^n\subset\Gamma\subset k, [\Gamma:(k^{\times})^n]<+\infty$ に対して，$K=k(\Gamma^{1/n})$ は k の exponent n の Abel 拡大で，$G(K/k)\cong\Gamma/(k^{\times})^n$ である．逆に k の exponent n の任意の Abel 拡大 K/k は，

---

1)　$Sp_{K/k}$ は K/k の Spur(trace) を表わす．

$K=k(\Gamma^{1/n}), \Gamma=\{A;\ A^n\in k^\times, A\in K^\times\}$ と表わされる．(これを Kummer 拡大という)．

5·1·3 **有限体** 有限個の元よりなる体を**有限体**という．(I) 任意の素数 p に対して p 個の元よりなる体 (標数 p の素体) が存在して，それらはすべて互に同型である．これを $GF(p)$ と書く．$GF(p)\cong Z/pZ$ (環同型)．(II) $k_0\cong GF(p)$ の代数的閉拡大 Ω を一つ定めておく．任意の自然数 n に対して (Ω の中で) k_0 の n 次拡大 k_n が存在してただ一つである．k_n は p^n 個の元よりなる．これを $GF(p^n)$ と表わす．$GF(p^n)$ の元は方程式 $X^q-X=0$ $(q=p^n)$ の根の全体よりなる．$GF(q)^\times$ の元は1の $q-1$ ベキ根で，$q-1$ 次巡回群をつくる．(III) $m|n$ に対して $k_n=GF(p^n)$ は $k_m=GF(p^m)$ の n/m 次の巡回拡大で，$G(k_n/k_m)$は $\sigma:\alpha\to\alpha^{p^m}$ $(\alpha\in k_n)$ によって生成される．

問 5·2 $K=GF(p^n), k=GF(p^m), m<n$ に対して，$N_{K/k}K=k, Sp_{K/k}K=k$ (N はノルム，Sp はスプール) である．

5·2 体の付値1)

体 k の各元 α に実数 $w(\alpha)$ を対応させて，(i) $w(\alpha)\geqq 0$ かつ $w(\alpha)=0$ は $\alpha=0$ の場合に限る (ii) $w(\alpha+\beta)\leqq w(\alpha)+w(\beta)$, (iii) $w(\alpha\beta)=w(\alpha)w(\beta)$ が成り立つとき，w を体 k の**付値** (valuation) という．ただし $w(0)=0, w(\alpha)=1$ $(\alpha\neq 0)$ なる付値は今後除外する．k の二つの付値 w_1, w_2 において，ある一定の $\lambda>0$ によって，つねに $w_1(\alpha)=w_2(\alpha)^\lambda$ $(\alpha\in k)$ が成り立つとき，w_1 と w_2 とは**同値**であるといって，$w_1\sim w_2$ と表わす．

k の付値 w が**非 Archimedes 的**であるとは，すべての $\alpha,\beta\in k$ に対して，(ii)′ $w(\alpha+\beta)\leqq \max(w(\alpha), w(\beta))$ が成り立つことをいう．とくに $w(\alpha)<w(\beta)$ ならば $w(\alpha+\beta)=w(\beta)$ となる．非 Archimedes 的でない付値を **Archimedes 的**という．

$k=Q$ (有理数体) の場合：(i) p を素数とする．$a\in Q^\times$ を $a=p^\nu b/c, b, c\in Z, (p,b)=(p,c)=1$ と表わしたとき，$w_p(a)=p^{-\nu}$ によって与えられる Q の非 Archimedes 的付値を **p 進付値** (p-adic valuation) という．(ii) $a\in Q$ に

1) 付値 (賦値) の一般論については岩沢 [11] 第1章；高木 [15] 第10章；Artin [1] Chap 1–4；Hasse [7] II；van der Waerden [17] 第10章 などを参照されたい．

対して $w_{p\infty}(a)=|a|$（a の絶対値）によって Q の Archimedes 的付値が与えられる．相異なる素数 p に対する w_p および $w_{p\infty}$ は，どれも同値でない．また Q の任意の付値はこれらのどれかと同値である．とくに，上に与えた w_p および $w_{p\infty}$ を Q の**正規付値**（normal valuation）という．Z の元の素因子分解より，直ちに公式

$$\prod_p w_p(a)=1 \qquad (a \neq 0, a \in \mathrm{Q}) \tag{5·1}$$

が得られる．ここに p はすべての素数および p_∞ を動く．

定理 5·3 $w_1,\cdots,w_n$ を体 k の（互に同値でない）n 個の付値とする．そのとき，任意の $\varepsilon>0$ と，任意の $\alpha_1,\alpha_2,\cdots,\alpha_n \in k$ に対して，$w_i(\alpha-\alpha_i)<\varepsilon$ ($i=1,2,\cdots,n$) を満足する $\alpha \in k$ が存在する．［**近似定理**］

証明の方針だけ述べる1)．まず $w_i(\beta_i)>1, w_j(\beta_i)<1$ ($j\neq i$) なる $\beta_i \in k$ ($i=1,2,\cdots,n$) の存在を証明する．次に $\gamma_i=\beta_i^r/(1+\beta_i^r)$ ($i=1,\cdots,n$; r は十分大）とおくと，$w_i(\gamma_i-1)$ および $w_j(\gamma_i)$ ($j\neq i$) を十分小さくできる．これから $\alpha=\sum_{i=1}^n \alpha_i\gamma_i$ をつくれば求むる条件を満足する．

5·2·2 完備体 w を体 k の一つの付値とする．$\alpha,\beta \in k$ に対して，それらの間の距離を $\rho(\alpha,\beta)=w(\alpha-\beta)$ によって定義すれば，k は距離空間となる．k の元 $\{\alpha_1,\alpha_2,\cdots,\alpha_n,\cdots\}$ が基本列であるとは，$\lim_{m,n\to\infty}\rho(\alpha_m,\alpha_n)=0$ となることをいう．任意の基本列 $\{\alpha_n\}$ に対して，ある k の元 α があって $\lim_{n\to\infty}\rho(\alpha_n,\alpha)=0$（すなわち $\lim\alpha_n=\alpha$）となるとき，k はこの付値 w に関して**完備**（complete）であるという2)．

定理 5·4 w を体 k の一つの付値とする．k を含む一つの体 $\tilde{k}$ とその付値 $\tilde{w}$ を適当にとって (i) $\tilde{k}$ は $\tilde{w}$ に関して完備である，(ii) $\alpha \in k$ ならば $w(\alpha)=\tilde{w}(\alpha)$，(iii) k は $\tilde{k}$ の中で稠密，すなわち任意の元 $\tilde{\alpha}\in\tilde{k}$ に対して適当に $\alpha_1,\alpha_2,\cdots \in k$ をとると $\lim\tilde{w}(\tilde{\alpha}-\alpha_n)=0$ ならしめることができる．この三条件を満足するような $\tilde{k}$ および $\tilde{w}$ はつねに存在し，しかも（本質的に）ただ

1) 岩沢 [11]，定理 1·1，25 頁；Artin [1]，p. 8参照．

2) 二つの付値 w_1, w_2 が k の同じ位相を定義するためには，w_1 と w_2 とが同値であることが必要かつ十分である．

一つである.(このとき $\tilde{k}$ を k の**完備化** (completion) という.)

証明の方針だけ述べる.[1] k の基本列の全体を $F(k)$ とし, k の二つの基本列 $\{\alpha_n\}, \{\beta_n\}$ において $\lim w(\alpha_n-\beta_n)=0$ のとき $\{\alpha_n\}\sim\{\beta_n\}$ (同値) と表わす. $F(k)$ を同値関係で分類した集合を $F(k)^*$ とする. $\{\alpha_n\}^*, \{\beta_n\}^*$ の和, 積を $\{\alpha_n+\beta_n\}^*, \{\alpha_n\beta_n\}^*$ によって定義すると, $F(k)^*$ は体をつくる. $\tilde{w}(\{\alpha_n\}^*)=\lim w(\alpha_n)$ は $F(k)^*$ の付値となる. とくに $\alpha=\alpha_1=\alpha_2=\cdots\cdots$ のとき, $\{\alpha_n\}^*$ と α を同一視すると, $k\subset F(k)^*$, かつ w と $\tilde{w}$ は k 上で一致する. この $\tilde{k}=F(k)^*$ が求めるものである.

有理数体 Q の p 進付値 w_p に関して Q を完備化して得られる体を ***p* 進数体** (p-adic number field) といい Q_p で表わす. Q の p_∞ に関する完備化は実数体 R で, その付値は通常の絶対値で与えられる.

定理 5·5 体 k がその Archimedes 的付値 w に関して完備であれば, k は実数体 R または複素数体 C (と同型) で, かつその付値は通常の絶対値 (と同値) である.

証明はここでは省略する (Artin [1], 定理 4, 22 頁参照).

定理 5·6 k を付値 w に関して完備な体とする. K を k の有限次拡大とする. そのとき K の付値 W で, w の拡張となるものが存在して, しかも一通りに限る. しかも K は W に関して完備である. 実際に $A\in K$ に対して

$$W(A)=\sqrt[n]{w(N_{K/k}A)} \qquad (n=[K:k])$$

によって W が定義される.

証明はここでは省略する (岩沢 [11] § 3 ; Artin [1] II, 4 ; van der Waerden [17] § 76).

5·2·3 離散的付値 w を体 k の一つの非 Archimedes 的付値とし, k は w に関して完備とする.

$$\mathfrak{W}(k)=\{w(\alpha)\ ;\ \alpha\in k^\times\} \tag{5·2}$$

は正の実数 (の部分集合) よりなる一つの乗法群をつくる. もしも $\mathfrak{W}(k)\cap(0,1)$ の中に最大のもの λ が存在するならば, $\mathfrak{W}(k)=\{\lambda^n\ ;\ n\in Z\}$ となる. このとき, w を**離散的** (discrete) であるという. $w(\alpha)=\lambda^n$ であるとき

1) 岩沢 [11], § 2, 30 頁参照.

$$n = \mathrm{ord}(\alpha) \tag{5・3}$$

と表わし，α の**位数** (order) という．とくに $\mathrm{ord}(0)=\infty$ と約束する．これに対して

$$\mathrm{ord}(\alpha\beta)=\mathrm{ord}(\alpha)+\mathrm{ord}(\beta),\quad \mathrm{ord}(\alpha+\beta) \geqq \mathrm{Min}(\mathrm{ord}(\alpha), \mathrm{ord}(\beta)) \tag{5・4}$$

である．また

$$\mathfrak{o}=\{\alpha\,;\,\alpha\in k, \mathrm{ord}(\alpha)\geqq 0\}, \qquad \mathfrak{p}=\{\alpha\,;\,\alpha\in k, \mathrm{ord}(\alpha)\geqq 1\}$$

を，それぞれ付値 w に関する**付値環** (valuation ring) および**素イデアル**という．実際 (5・4) より，$\mathfrak{o}$ は環，$\mathfrak{p}$ は $\mathfrak{o}$ の素イデヤルであることがわかる．$\alpha\in\mathfrak{o}$ かつ $\alpha\notin\mathfrak{p}$ は，$\mathrm{ord}(\alpha)=0$ と同値である．このとき $\mathrm{ord}(\alpha^{-1})=0$ となり，α は環 $\mathfrak{o}$ の**単数** (unit) である．すなわち

$$\mathfrak{u}=\mathfrak{o}-\mathfrak{p}\ (\text{集合の差})=\{\alpha\,;\,\alpha\in k, \mathrm{ord}(\alpha)=0\}$$

が，$\mathfrak{o}$ の単数の全体である．$\mathfrak{u}$ は乗法群であるので，$\mathfrak{u}$ を $\mathfrak{o}$ の**単数群**という．$\mathfrak{o}$ の任意のイデヤル $\mathfrak{a}$ に対して，$\mathfrak{a}$ に属する位数最小の元を α とすると，任意の $\beta\in\mathfrak{a}$ に対して $\mathrm{ord}(\beta/\alpha)\geqq 0$．故に $\beta=(\beta/\alpha)\alpha\in\alpha\mathfrak{o}$ となる．このことから $\mathfrak{a}=\alpha\mathfrak{o}=\mathfrak{p}^m$ $(m=\mathrm{ord}(\alpha))$ となる．すなわち $\mathfrak{o}$ のイデヤルは，$\mathfrak{p}^m=\{\alpha\,;\,\alpha\in k, \mathrm{ord}(\alpha)\geqq m\}$ $(m=1,2,\cdots)$ しかない．とくに $\mathfrak{p}$ は $\mathfrak{o}$ の（ただ一つの）最大イデヤルである．

$$\mathfrak{R}(k)=\mathfrak{o}/\mathfrak{p}$$

を k の w に関する**剰余類体** (residue class field) という．

いま k を非 Archimedes 的離散的付値 w に関して完備とする．$\mathfrak{o}/\mathfrak{p}$ の完全代表系 $\Omega=\{\omega\}$ $(\subset\mathfrak{o})$[1] および $\mathrm{ord}(\pi)=1$ なる元 $\pi(\in\mathfrak{p})$ を定めると，$k^{\times}$ の元 α は一意的に

$$\alpha=\sum_{i=m}^{\infty}\omega_i\pi^i \qquad (\omega_i\in\Omega) \tag{5・5}$$

（ただし $\omega_m\neq 0$）と展開され，かつ $\mathrm{ord}(\alpha)=m$ となる．例えば，p 進数体 $\mathbf{Q}_p$ において $\Omega=\{0,1,\cdots,p-1\}, \pi=p$ ととれば，$\mathbf{Q}_p$ の元 α は

1) ただし $\mathfrak{o}/\mathfrak{p}$ において，類 $\mathfrak{p}$ の代表としては必ず 0 をとる．

$$\alpha=\sum_{i=m}^{\infty}a_i p^i \qquad (a_i \in \Omega),\ a_m \neq 0$$

と一意的に表わされる.

k を離散的付値 w に関して完備な体とし, k の有限次拡大 K を考える. K の付値 W を k の付値 w の延長とする. k が w に関して離散的であれば, 定理 5·6 より K も W に関して離散的である. (1) $\mathfrak{W}(k)$ は $\mathfrak{W}(K)$ の指数 e の部分群 : $[\mathfrak{W}(K):\mathfrak{W}(k)]=e$ となる. $e=e(K/k)$ を**分岐指数** (ramification exponent) という. とくに $e(K/k)=1$ の場合に K/k を**不分岐拡大** (unramified extension) という. (2) K の W に関する付値環を $\mathfrak{O}$, 素イデヤルを $\mathfrak{P}$ とする. $\mathfrak{R}(k)\to\mathfrak{R}(K)$ なる写像を $\alpha+\mathfrak{p}\to\alpha+\mathfrak{P}$ $(\alpha\in k)$ によって定めると, これは単射である. 故に $\mathfrak{R}(k)$ を $\mathfrak{R}(K)$ の部分体と見なすことができる. このとき $[\mathfrak{R}(K):\mathfrak{R}(k)]=f(=f(K/k))$ を剰余類体の**拡大次数**という. 重要な公式

$$[K:k]=ef \tag{5·6}$$

が成り立つ.

実際, $\mathfrak{W}(k)=\{\lambda^n\,;\,n\in Z\}$, $\mathfrak{W}(K)=\{\Lambda^n\,;\,n\in Z\}$ とすると $\Lambda^e=\lambda$ である. また $\mathfrak{R}(K)=\sum_{i=1}^{f}\mathfrak{R}(k)\tilde{\Omega}^{(i)}$ とし $\tilde{\Omega}^{(i)}=\Omega^{(i)}+\mathfrak{P}$ $(\Omega^{(i)}\in K)$ とする. $\mathfrak{R}(K)$の完全代表系を $\Omega(K)=\bigcup_{i=1}^{f}\Omega(k)\Omega^{(i)}$ ととることができる. (5·5) と同様に K の元 A は一意的に $\Omega^{(i)}\in\Omega(K)$, $\omega_{ij}\in\Omega(k)$ によって

$$A=\sum_{r=m}^{\infty}\Omega_r\Pi^{(r)}=\sum_{r=m}^{\infty}\left(\sum_{i=1}^{f}\omega_{ir}\Omega^{(i)}\right)\Pi^{(r)} \quad (\mathrm{ord}_W(\Pi^{(r)})=r)$$

と表わされる. とくに $\mathrm{ord}_W(\Pi)=1$, $\mathrm{ord}_w(\pi)=1$ に $\pi\in k$, $\Pi\in K$ を定め, $\Pi^{(j+eh)}==\pi^h\Pi^j$ $(j=0,1,\cdots,e-1\,;\,h\in Z)$ にとれば

$$A=\sum_{i=1}^{f}\sum_{j=0}^{e=1}\left(\sum_{h\geqq m}\omega_{i,j+eh}\pi^h\right)\Omega^{(i)}\Pi^j=\sum_{i=1}^{f}\sum_{j=0}^{e-1}\alpha_{ij}\Omega^{(i)}\Pi^j \qquad (\alpha_{ij}\in k)$$

と表わされる. しかもこの表わし方は一意である. よって

$$K=\sum_{i=1}^{f}\sum_{j=0}^{e-1}k\Omega^{(i)}\Pi^j \tag{5·7}$$

となり, $\{\Omega^{(i)}\Pi^j\,;\,i=1,\cdots,f\,;\,j=0,\cdots,e-1\}$ は K/k の基底となる. よって (5·6) が証明された. (終)

また $k \subset K \subset L$ に対して，分岐指数 e と剰余類体の拡大次数 f との間に連鎖律 $e(L/k)=e(L/K)e(K/k)$ および $f(L/k)=f(L/K)f(K/k)$ が成り立つことも容易に証明される．

5·2·4 局所数体 p 進数体 $\mathbf{Q}_p$ の有限次拡大体 k を**局所数体** (local number field) という．$\mathbf{Q}_p$ の p 進付値の延長として，k の付値 w は (同値なものは同一視すれば) ただ一つに定まる．w は非 Archimedes 的かつ離散的で，k は w に対して完備である．$k/\mathbf{Q}_p$ の分岐指数を e，剰余類体の拡大指数を f とする．$\mathfrak{R}(k)$ は $\mathfrak{R}(\mathbf{Q}_p) \cong GF(p)$ の f 次の拡大であるから

$$\mathfrak{R}(k) \cong GF(p^f) \tag{5·8}$$

である．このとき $p^f=N_{k/\mathbf{Q}_p}\mathfrak{p}$ とかく ($\mathfrak{p}$ は k の素イデヤル)．また

$$w_k(\alpha)=q^{-\mathrm{ord}(\alpha)} \qquad \alpha \in k \tag{5·9}$$

(ただし $q=p^f$) を k の**正規付値**という．

問 5·3 有限拡大 K/k に対して $\mathrm{ord}_k(\alpha)=e\,\mathrm{ord}_K(\alpha)$ $(\alpha \in k)$, $N_{K/\mathbf{Q}}\mathfrak{P}_K=(N_{k/\mathbf{Q}}\mathfrak{p}_k)^f$, $w_K(A)=w_k(N_{K/k}A)$ $(A \in K)$ が成り立つ．ここに w_k, w_K は k および K の正規付値，$\mathfrak{P}_K, \mathfrak{p}_k$ はそれぞれ K, k の素イデヤル，$e=e(K/k), f=f(K/k)$ とする．

補題 5·7 $\mathfrak{R}(k) \cong GF(p^f)$ ならば，k は1の p^f-1 ベキ根をすべて含む．また $\mathfrak{R}(k)$ の完全代表系として $\{0, 1, \zeta, \zeta^2, \cdots, \zeta^{q-2}\}$ $(\zeta^{q-1}=1, q=p^f)$ をとることができる．

(証明) α を k の一つの単数とする．$\alpha^{q^n}=\alpha^{q^{n-1}}+\beta_n$ $(n=0, 1, 2, \cdots)$ とおく．$\mathrm{ord}(\beta_1) \geqq 1$, $\beta_n=(\alpha+\beta_1)^{q^{n-1}}-\alpha^{q^{n-1}}$ より $\lim \mathrm{ord}(\beta_n)=\infty$ である．したがって (非 Archimedes 的付値 w に関して) $\{\alpha^{q^n}; n=0, 1, \cdots\}$ は基本列となり，k において $\lim_{n\to\infty} \alpha^{q^n}=\zeta$ が存在する．しかも $\alpha-\zeta \in \mathfrak{p}$，かつ $\zeta^q=\lim(\alpha^{q^n})^q=\zeta$，すなわち $\zeta^{q-1}=1$ である．故に $\mathfrak{o}/\mathfrak{p}$ の各剰余類は1の $q-1$ ベキ根を含む．0 および 1 の $(q-1)$ ベキ根をすべて合せて q 個であるから，各剰余類はちょうど一つの 0 または ζ $(\zeta^{q-1}=1)$ を含む．(終)

一般に体 k が ($q-1$ 個の) 1の $q-1$ ベキ根 $(q=p^f)$ を含めば，それらはすべて $\mathrm{mod}\,\mathfrak{p}$ の相異なる剰余類に属す．なんとなれば $\zeta_1 \equiv \zeta_2 (\mathrm{mod}\,\mathfrak{p})$, $\zeta_1{}^q=\zeta_1$, $\zeta_2{}^q=\zeta_2$ とすれば $\zeta_2=\zeta_1+\alpha$, $\alpha \in \mathfrak{p}$, $\zeta_2=\zeta_2{}^{q^n}=(\zeta_1+\alpha)^{q^n} \to \zeta_1$ より $\zeta_1=\zeta_2$ を得る．

定理 5·8 f を任意の自然数とする．与えられた局所数体 k に対して，k

の f 次不分岐拡大 k_f が必ず存在して，しかもただ一つである．k_f は k の巡回拡大で，$G(k_f/k)$ の生成元として，次の（k_f/k の）Frobenius 置換 ϕ をとることができる：すなわち，k_f の付値環を $\mathfrak{o}_f$, 素イデヤルを $\mathfrak{p}_f$, $\mathfrak{R}(k_f)\cong GF(q)$ とすると，ϕ は

$$\alpha^{\phi}\equiv\alpha^{q}\ (\mathrm{mod}\,\mathfrak{p}_f)\qquad(\alpha\in\mathfrak{o}_f)\tag{5・10}$$

によって特徴づけられる．

（証明） ζ を1の原始 q^f-1 ベキ根とし，体 $k_f=k(\zeta)$ をつくる．k_f/k は Galois 拡大で，$\{0,1,\zeta,\cdots,\zeta^{q^f-2}\}$ は k_f の単数で，これらのどの二つも $\mathfrak{o}_f/\mathfrak{p}_f$ の同一の剰余類には属さない．したがって剰余類体の拡大次数 $f(k_f/k)$ は少なくも f である．よって $[k_f:k]=e(k_f/k)f(k_f/k)\geqq f$ となる．一方 $GF(q^f)/GF(q)$ は f 次拡大で，$GF(q^f)=GF(q)(\bar{\zeta})$，$\bar{\zeta}$ は f 次既約多項式 $\bar{f}(X)=X^f+\bar{\alpha}_{f-1}X^{f-1}+\cdots+\bar{\alpha}_0$ ($\bar{\alpha}_i\in GF(q)$) の零点である．k の元 $\alpha_{f-1},\cdots,\alpha_0$ を $\bar{\alpha}_i=\alpha_i+\mathfrak{p}$ ($i=0,\cdots,f-1$) より選び，方程式 $f(X)=X^f+\alpha_{f-1}X^{f-1}+\cdots+\alpha_0=0$ の一根 ω を k に添加して得られる体 $K=k(\omega)$ を考える．K の剰余類体 $\mathfrak{R}(K)$ は $\mathfrak{R}(k)$ に $\zeta=\omega(\mathrm{mod}\,\mathfrak{p})$ を添加した体を含まねばならないから，$\mathfrak{R}(K)\supset GF(q^f)$ である．したがって $f(K/k)\geqq f$ である．一方 $[K:k]=f$ であるから，(5・6) によって $f(K/k)=f, e(K/k)=1$ となる．よって K/k は f 次不分岐拡大である．補題 5・7 より $k\subset k(\zeta)\subset K$, かつ $[k(\zeta):k]\geqq f$ より，$[k(\zeta):k]=f, K=k(\zeta)$ を得る．よって $k(\zeta)$ がただ一つの f 次不分岐拡大であることがわかった．$k(\zeta)/k$ は明らかに正規拡大であるが，$\phi:\zeta\to\zeta^q$ は $k(\zeta)/k$ の一つの自己同型を与える．ζ を原始 q^f-1 ベキ根にとれば $\phi^f=1$ であるが，$\phi^i\neq1$ ($i=1,\cdots,f-1$) である．$G=G(k(\zeta)/k)$ は f 次の有限群であるので $G=\{1,\phi,\cdots,\phi^{f-1}\}$ となる．$\alpha=\sum_{i=0}^{f-1}a_i\zeta^i$ ($a_i\in\mathfrak{o}$) に対して $\alpha^{\phi}=\sum_{i=0}^{f-1}a_i\zeta^{qi}\equiv\alpha^q(\mathrm{mod}\,\mathfrak{p})$，すなわち (5・10) が成り立つ． （終）

定理 5・9 k を局所数体，K をその有限次拡大とし，$e(K/k), f(K/k)$ をそれぞれ分岐指数および剰余類体の拡大次数とする．そのとき $k\subset K_0\subset K$ なる中間体 K_0 で，(i) K_0/k は不分岐，(ii) $[K_0:k]=f(K/k)$ であるものが存在

してただ一つである．(K_0 を K の最大不分岐部分体という)．

（証明）補題5·7によって K は1の原始 q^f-1 ベキ根 ζ を含む．$K_0=k(\zeta)\subset K$ とおけば，定理5·8によって，K_0 は求める不分岐拡大である．(終)

5·2·5 局所数体の位相[1)]

定理 5·10 局所数体 k の乗法群 $k^\times$ は（付値 w より定められる位相に関して）位相群である．かつ (i) 単数群 $\mathfrak{u}$ の部分群

$$\mathfrak{u}_n=\{\alpha\,;\,\alpha\in k^\times, \mathrm{ord}(\alpha-1)\geqq n\}\qquad (n=1,2,\cdots)$$

は単位元の近傍系の基底をなす．(ii) 単数群 $\mathfrak{u}$ および $\mathfrak{u}_n$ $(n=1,2,\cdots)$ はコンパクト，かつ開集合である．(iii) $k^\times/\mathfrak{u}\cong \mathrm{Z}$（右辺は加群）は離散的である．したがって，(iv) $k^\times$ は局所コンパクトである．

（証明）k の位相は距離 $\rho(\alpha,\beta)=w(\alpha-\beta)=q^{-\mathrm{ord}(\alpha-\beta)}$（ただし剰余類体は q 個の元よりなるとする）で与えられる．故に $\mathfrak{u}_n=\{\alpha\,;\,\rho(\alpha,1)\leqq q^{-n}\}$ $(n=1,2,\cdots)$ は1の近傍系の基底となる．$\mathfrak{u}_n$ は部分群であることから容易に $k^\times$ が位相群であることが導かれる．$[\mathfrak{u}:\mathfrak{u}_1]=q-1, [\mathfrak{u}_1:\mathfrak{u}_n]=q^{n-1}$ より $\mathfrak{u}$ および $\mathfrak{u}_m$ $(m=1,2,\cdots)$ はコンパクトな開いた部分群となることがわかる．(iii)，(iv) は以上より容易に導かれる．(終)

次に k において $\exp(x)$ および $\log(x)$ なる写像を

$$\exp(x)=\sum_{n=0}^{\infty}\frac{1}{n!}x^n,\quad \log(1+x)=\sum_{n=1}^{\infty}(-1)^{n-1}\frac{1}{n}x^n \tag{5·11}$$

によって定義する．ただし，これらの級数が収束するためには，(w は非 Archimedes 的付値であるから）それぞれ

$$\lim_{n\to\infty}\frac{1}{n!}x^n=0,\ \text{または}\ \lim_{n\to\infty}\frac{(-1)^{n-1}}{n}x^n=0,$$

すなわち　$\lim_{n\to\infty}\mathrm{ord}\left(\frac{1}{n!}x^n\right)=\infty$，または $\lim_{n\to\infty}\mathrm{ord}\left(\frac{(-1)^{n-1}}{n}x^n\right)=\infty$

であることが必要十分である．いま $\mathrm{ord}(p)=e$ とし $n=a_0+a_1p+\cdots+a_\nu p^\nu$ $(0\leqq a_i<p, i=0,1,\cdots,\nu)$ に対して $s(n)=a_0+a_1+\cdots+a_\nu$ とおくと

1) 位相群の一般理論については例えば淡中忠郎：位相群論（岩波書店）(1949) など参照されたい．

$$\mathrm{ord}(x^n/n!)=n\left(\mathrm{ord}(x)-\frac{e}{p-1}\right)+\frac{e}{p-1}s(n)^{1)}$$

である．したがって $\mathrm{ord}(x)>e/(p-1)$ であれば $\exp(x)$ は収束しかつ

$$\mathrm{ord}(x)=\mathrm{ord}(\exp(x)-1)$$

となる．また $\mathrm{ord}(x^n/n)=n\,\mathrm{ord}(x)-\nu e$ （ただし $p^\nu|n, p^{\nu+1}\nmid n$） より，$\mathrm{ord}(x)>0$ ならば $\log(1+x)$ は収束する．したがって $\mathrm{ord}(x)>e/(p-1)$ ならば，（級数の計算によって） $\log\cdot\exp(x)=x$ を得る．さらに $\mathrm{ord}(x_i)>e/(p-1)$ $(i=1,2,)$ であれば，$\mathrm{ord}(x_1+x_2)>e/(p-1)$ となり，$\exp(x_1+x_2)=\exp(x_1)\exp(x_2)$ が成り立つ．$\mathrm{ord}(x_1-1)>0, \mathrm{ord}(x_2-1)>0$ に対しては $\mathrm{ord}(x_1x_2-1)>0$ で，$\log(x_1x_2)=\log x_1+\log x_2$ が成り立つ．以上まとめて

補題 5·11 整数値 $m>e/(p-1)$ に対して，$\alpha\in\mathfrak{u}_m$ と $\beta=\log\alpha\in\mathfrak{p}^m$ とが一対一に対応し，積 $\alpha_1\alpha_2$ に和 $\log\alpha_1+\log\alpha_2$ が対応する．

定理 5·12 任意の自然数 n に対して，$(k^\times)^n$ は（ある十分大きい m をとると）$\mathfrak{u}_m$ を含む．

（証明） $m>e/(p-1)+er$ （ただし $p^r|n, p^{r+1}\nmid n$） にとると，$\alpha\in\mathfrak{u}_m$ に対して $\log\alpha$ が定義され，しかも $\mathrm{ord}(\log\alpha/n)=\mathrm{ord}(\alpha-1)-\mathrm{ord}\,n>e/(p-1)$ 故に $\exp(\log\alpha/n)=\beta$ が収束して $\beta^n=\exp\cdot\log\alpha=\alpha$ となる．（終）

定理 5·13 k が1の n ベキ根全体を含むとき

$$[k^\times:(k^\times)^n]=n^2\cdot w(n)^{-1} \tag{5·12}$$

ただし w は k の正規付値とする．

（証明） $[k^\times:(k^\times)^n]=[k^\times:(k^\times)^n\mathfrak{u}][(k^\times)^n\mathfrak{u}:(k^\times)^n]^{(*)}$，ここに準同型定理 $(k^\times)^n\mathfrak{u}/(k^\times)^n=\mathfrak{u}/\mathfrak{u}\cap(k^\times)^n=\mathfrak{u}/\mathfrak{u}^n$ を用いて $^{(*)}=[(k^\times)/\mathfrak{u}:(k^\times)^n\mathfrak{u}/\mathfrak{u}]\,[\mathfrak{u}:\mathfrak{u}^n]$．この第一項は $\alpha\to\mathrm{ord}\,\alpha$ の対応によって $[\mathrm{Z}:n\mathrm{Z}]=n$ に等しい．また第二項は $[\mathfrak{u}:\mathfrak{u}^n][\mathfrak{u}^n:\mathfrak{u}_r{}^n]=[\mathfrak{u}:\mathfrak{u}_r][\mathfrak{u}_r:\mathfrak{u}_r{}^n]$ を用いて $[\mathfrak{u}:\mathfrak{u}^n]=[\mathfrak{u}_r:\mathfrak{u}_r{}^n]\cdot([\mathfrak{u}:\mathfrak{u}_r]/[\mathfrak{u}^n:\mathfrak{u}_r{}^n])$ と表わされる．$\varphi:\alpha\to\alpha^n$ なる写像により，全射 $\mathfrak{u}/\mathfrak{u}_r\to$

---

1) $\mathrm{ord}(n!)=e\left\{\left[\frac{n}{p}\right]+\left[\frac{n}{p^2}\right]+\cdots\right\}=e\{a_1+a_2(1+p)+\cdots+a_\nu(1+p+\cdots+p^{\nu-1})\}$
$=\frac{e}{p-1}(n-s(n))$

$\mathfrak{U}^n/\mathfrak{U}_r^n$ を生じる．φ の核は $\alpha \bmod^\times \mathfrak{U}_r$[1] で，$\alpha^n \in \mathfrak{U}_r^n$ となるような類の全体である．$\alpha^n=\beta^n, \beta \in \mathfrak{U}_r$ とすれば $(\alpha/\beta)^n=1$．すなわち $\alpha=\beta\zeta, \zeta^n=1$ とすると，$\alpha \bmod^\times \mathfrak{U}_r=\zeta \bmod^\times \mathfrak{U}_r$ と表わされる．r を十分大にとれば相異なる1の n ベキ根がすべて $\bmod^\times \mathfrak{U}_r$ の相異なる類に属するようにできる．そのとき φ の核は $\{1,\zeta,\zeta^2,\cdots,\zeta^{n-1}\}$ $(\zeta^n=1)$ となる．故に $[\mathfrak{U}:\mathfrak{U}_r]/[\mathfrak{U}^n:\mathfrak{U}_r^n]=n$ となる．次に $r>e/(p-1)$ にとれば $\psi:\alpha\to\log\alpha$ なる写像によって，同型 $\mathfrak{U}_r/\mathfrak{U}_r^n$（乗法群）$\to \mathfrak{p}^r/(n)\mathfrak{p}^r$（加法群）を生じる（補題 5·11）．$\mathfrak{R}(k)\cong GF(q)$ とすれば，$[\mathfrak{U}_r:\mathfrak{U}_r^n]=[\mathfrak{p}^r:(n)\mathfrak{p}^r]=[\mathfrak{o}:(n)]=q^{\mathrm{ord}\,n}=w(q)^{-1}$ である．以上合わせて (5·12) が証明された．（終）

5·2·6 実数体と複素数体 Archimedes 的付値に関して完備な体は，実数体 R または複素数体 C である．R または C の**正規付値**を，それぞれ

$$w_{\mathrm{R}}(\alpha)=|\alpha| \quad \text{または} \quad w_{\mathrm{C}}(\alpha)=|\alpha|^2 \qquad (5\cdot13)$$

と定義する．($w_{\mathrm{C}}(\alpha)$ は厳密にいえば付値でない)．R および C は(付値の定める位相に関して）局所コンパクトである．C は R の2次の拡大で，分岐指数 e や拡大次数 f を便宜上 $e(\mathrm{C}/\mathrm{R})=2, (\mathrm{C}/\mathrm{R})=1$ f とおく． 明らかに，$w_{\mathrm{C}}(\alpha)=w_{\mathrm{R}}(N_{\mathrm{C}/\mathrm{R}}\alpha)$ $(\alpha\in\mathrm{C})$ およびR $_\times/N_{\mathrm{C}/\mathrm{R}}\mathrm{C}^\times\cong \mathrm{Z}/2\mathrm{Z}$（加群）である．

5·3 数　　体

5·3·1 素因子 有理数体 Q の有限次拡大体 k を（有限次）代数的数体 (algebraic number field)，または単に**数体**という．k の互に同値な付値を一つの類にまとめて，k の**素因子** (prime divisor) という．素因子をドイツ文字 $\mathfrak{p}$ で表わす．$\mathfrak{p}$ に属す付値がすべて非 Archimedse 的であるとき，$\mathfrak{p}$ を**有限素因子**といい，すべて Archimedes 的であるとき $\mathfrak{p}$ を**無限素因子**という．今後 k の素因子全体を $\mathfrak{N}$，有限素因子全体を $\mathfrak{M}$ で表わす．

有限素因子 $\mathfrak{p}$ に属す k の付値 w による k の完備化を $k_{\mathfrak{p}}$ と表わし，$\mathfrak{p}$ **進数体**という．w は有理数体 Q のある p 進付値を定める．そのとき $k_{\mathfrak{p}}$ は p 進数体 Q_p の有限拡大であるから，$k_{\mathfrak{p}}$ は一つの局所数体である．$k_{\mathfrak{p}}$ の付値環

1) $\alpha\equiv\beta \bmod^\times A$ は $\alpha\beta^{-1}\in A$ を表わす．

を $\mathfrak{o}_{\mathfrak{p}}$, 素イデヤルを同じ文字 $\mathfrak{p}$ で表わす．また剰余類体を $\mathfrak{R}_{\mathfrak{p}}((k))=\mathfrak{o}_{\mathfrak{p}}/\mathfrak{p}\cong GF(p^{f_{\mathfrak{p}}})$, $\mathrm{ord}_{\mathfrak{p}}(p)=e_{\mathfrak{p}}$ とする．この $e_{\mathfrak{p}}, f_{\mathfrak{p}}$ を，それぞれ $\mathfrak{p}$ の分岐指数および剰余類体の次数という．また $p^f=N_{k/\mathrm{Q}}\mathfrak{p}$ とも表わす．$\mathfrak{p}$ に対する**正規付値**は (5·9) によって次のように表わされる：

$$w_{\mathfrak{p}}(\alpha)=(p^f)^{-\mathrm{ord}_{\mathfrak{p}}(\alpha)} \qquad (\alpha\in k) \tag{5·15}$$

無限素因子 $\mathfrak{p}_\infty$ による k の完備化は，実数体 R または複素数体 C と同型である．その場合に $\mathfrak{p}_\infty$ を，それぞれ**実の無限素因子**および**虚の無限素因子**という．$\mathfrak{p}_\infty$ に対する正規付値 $w_{\mathfrak{p}_\infty}$ は，$\mathfrak{p}_\infty$ が実または虚であるに従って

$$w_{\mathfrak{p}_\infty}(\alpha)=|\varphi(\alpha)| \quad \text{または} \quad w_{\mathfrak{p}_\infty}(\alpha)=|\varphi(\alpha)|^2 \tag{5·15$'$}$$

である．ただし，φ は $\mathfrak{p}_\infty$ に対応する k より R または C の中への同型とする．

Q はただ一つの無限素因子 p_∞ と，各素数 p に対応する有限素因子 p をもち，それら以外には素因子がない．一般の数体 k の素因子は，これらより次に述べるようにして導かれる．

5·3·2 有限素因子の分解 k, K を数体，$k\subset K$ とする．K の有限素因子 $\mathfrak{P}$ を与えるとき K の付値 $W(\in\mathfrak{P})$ は k の付値 $w(\in\mathfrak{p})$ をひきおこす．このとき（W のとり方によらず）$\mathfrak{p}$ は $\mathfrak{P}$ より一意に定まる．これを“$\mathfrak{P}$ は $\mathfrak{p}$ を割る”，または“$\mathfrak{P}$ は $\mathfrak{p}$ の上にある”などといい，$\mathfrak{P}|\mathfrak{p}$ または $\mathfrak{p}\subset\mathfrak{P}$ と表わす．k および K の $\mathfrak{p}$ および $\mathfrak{P}$ に関する完備化をそれぞれ $k_{\mathfrak{p}}, K_{\mathfrak{P}}$ とするとき，$k_{\mathfrak{p}}\subset K_{\mathfrak{P}}$ とみなされ，かつ $[K_{\mathfrak{P}}:k_{\mathfrak{p}}]=e(K_{\mathfrak{P}}/k_{\mathfrak{p}})f(K_{\mathfrak{P}}/k_{\mathfrak{p}})$ である．この分岐指数 e および剰余類体の拡大次数 f をそれぞれ $e_{\mathfrak{P}/\mathfrak{p}}, f_{\mathfrak{P}/\mathfrak{p}}$ と書く．

定理 5·14 k の素因子 $\mathfrak{p}$ を割る K の素因子は有限個で，それらを $\mathfrak{P}_1, \cdots, \mathfrak{P}_g$ とするとき

$$K\otimes_k k_{\mathfrak{p}}\cong K_{\mathfrak{P}_1}+\cdots+K_{\mathfrak{P}_g} \quad (\text{直和})^{1)} \tag{5·16}$$

したがって $[K:k]=\sum_{i=1}^{g}[K_{\mathfrak{P}_i}:k_{\mathfrak{p}}]=\sum_{i=1}^{g}e_{\mathfrak{P}/\mathfrak{p}}f_{\mathfrak{P}/\mathfrak{p}}$ である．

（証明）$n=[K:k], K=k(\theta)$ とし，θ を零点とする k の元を係数とする n 次多項式を $f(X)\in k[X]$ とする．$\varphi:\sum_{i=0}^{n-1}a_i\theta^i\to\left(\sum_{i=0}^{n-1}a_iX^i\right)+\mathfrak{a}$ ($a_i\in k$, $\mathfrak{a}=$

1) 体 k の上のベクトル空間 A, B に対して，$A\otimes_k B$ は，通常のベクトル空間としてのテンソル積を表わす．

$f(X)k[X]$）なる写像によって $K=k(\theta)\cong k[X]/\mathfrak{a}$ と表わされる．したがって $\Phi:\sum_{i=0}^{n-1}a_i\theta^i\otimes_k\alpha_i\to\left(\sum_{i=0}^{n-1}a_i\alpha_iX^i\right)+\mathfrak{a}_\mathfrak{p}$ $(a_i\in k,\alpha_i\in k_\mathfrak{p},\mathfrak{a}_\mathfrak{p}=f(X)k_\mathfrak{p}[X])$ によって $K\otimes_k k_\mathfrak{p}\cong k_\mathfrak{p}[X]/\mathfrak{a}_\mathfrak{p}$ である．いま $k_\mathfrak{p}[X]$ において $f(X)=\prod_{i=1}^{g}f_i(X)$ と互に素な既約多項式に分解されたならば

$$k_\mathfrak{p}[X]/f(X)k_\mathfrak{p}[X]=k_\mathfrak{p}[X]/f_1(X)k_\mathfrak{p}[X]+\cdots+k_\mathfrak{p}[X]/f_g(X)k_\mathfrak{p}[X]$$

（直和）

と分解される．実際 $1=\sum_{i=1}^{g}f_1(X)\cdots f_{i-1}(X)g_i(X)f_{i+1}(X)\cdots f_g(X)$ $(g_i(X)\in k_\mathfrak{p}[X])$ とするとき $h(X)\in k_\mathfrak{p}(X)$ に対して $h(X)\bmod f(X)\to\sum_{i=1}^{g}h(X)g_i(X)\bmod f_i(X)$ の対応によって，上の直和分解が得られる．$k_\mathfrak{p}[X]/f_i(X)k_\mathfrak{p}[X]\cong K_i$ は $k_\mathfrak{p}$ の m_i 次（$f_i(X)$ の次数）の拡大である．故に定理 5·6 によって，$k_\mathfrak{p}$ の付値 $w_\mathfrak{p}$ は K_i の付値 $\overline{W}_i$ に一意的に拡大される．$a\to a\otimes 1$ $(a\in K)$ による写像を $\psi:K\to K\otimes_k k_\mathfrak{p}$ とし，$k_\mathfrak{p}[X]/f(X)k_\mathfrak{p}[X]\to k_\mathfrak{p}[X]/f_i(X)k_\mathfrak{p}[X]$ の射影を π_i とするとき，K の付値 $W_i(a)=\overline{W}_i(\pi_i\cdot\psi(a))$ が定義される．W_i の属する素因子を $\mathfrak{P}_i$ とすると，$K_i=K_{\mathfrak{P}_i}$ である．（イ）$\mathfrak{P}_1,\cdots,\mathfrak{P}_g$ は相異なる K の素因子である．なんとなれば，もしもかりに $\mathfrak{P}_1=\mathfrak{P}_2$ とすれば $K_1=K_2, K_i=k_\mathfrak{p}(\theta_i),\theta_i$ は $f_i(X)=0$ の根，したがって $f_1(X)=f_2(X)$ となって矛盾である．（ロ）$\mathfrak{p}$ の上にある K の素因子 $\mathfrak{P}$ は，$\mathfrak{P}_1,\cdots,\mathfrak{P}_g$ の他にない．なんとなれば $K_\mathfrak{P}=k_\mathfrak{p}(\theta^*)$ とすると，θ^* は $g(X)\in k_\mathfrak{p}[X]$ の根となっていて，$g(X)$ は $f(X)$ の因子となっている．故に $g(X)$ は $f_1(X),\cdots,f_g(X)$ のどれかと一致し，したがって $\mathfrak{P}$ は $\mathfrak{P}_1,\cdots,\mathfrak{P}_g$ の一つと一致することが証明される．（終）

このとき $\mathfrak{p}$ は K/k において，g 個の素因子 $\mathfrak{P}_1,\cdots,\mathfrak{P}_g$ に**分解**するという．とくに $n=[K:k]$ 個の素因子に分解するとき，$\mathfrak{p}$ は K/k で**完全分解**するという．

また $e(\mathfrak{P}_1/\mathfrak{p})=\cdots=e(\mathfrak{P}_g/\mathfrak{p})=1$ であれば，素因子 $\mathfrak{p}$ は K/k で**不分岐**であるという．また少なくも一つの $e(\mathfrak{P}_i/\mathfrak{p})>1$ のとき，$\mathfrak{p}$ は K/k で**分岐**するという．

とくに $k/\mathbf{Q}$ を考えれば，k の有限素因子は，まず $\mathbf{Q}$ の素因子 p を一つ定め，p を k において分解することによって，すべて得られる．

5·3·3 Galois 拡大における有限素因子の分解　Galois 拡大 K/k において，その Galois 群を $G=G(K/k)$ とする．K の素因子 $\mathfrak{P}$ と $\sigma\in G$ に対して

$$w'(a)=w_{\mathfrak{P}}(a^{\sigma^{-1}}) \qquad a\in K \tag{5·17}$$

によって定義される素因子を $\mathfrak{P}^{\sigma}$ で表わす．これを $\mathfrak{P}$ の**共役** (conjugate) という．このとき $\mathfrak{P}^{\tau\sigma}=(\mathfrak{P}^{\sigma})^{\tau}$ である．

定理 5·15　(i) K の素因子 $\mathfrak{P}$ が k の素因子 $\mathfrak{p}$ の上にあれば $\mathfrak{P}^{\sigma}(\sigma\in G)$ も $\mathfrak{p}$ の上にあって $e(\mathfrak{P}^{\sigma}/\mathfrak{p})=e(\mathfrak{P}/\mathfrak{p})$，および $f(\mathfrak{P}^{\sigma}/\mathfrak{p})=f(\mathfrak{P}/\mathfrak{p})$ である．(ii) $\mathfrak{p}$ の上にある K の素因子は $\mathfrak{P}^{\sigma}(\sigma\in G)$ の他にはない．したがって，$\mathfrak{p}$ が K で $\mathfrak{P}_1,\cdots,\mathfrak{P}_g$ に分解されるならば，$[K:k]=efg, e=e(\mathfrak{P}_i/\mathfrak{p}), f=f(\mathfrak{P}_i/\mathfrak{p})$ $(i=1,\cdots,g)$ である．

(証明)　(i) は定義より直ちに導かれる．とくに $\mathrm{ord}_{\mathfrak{P}^{\sigma}}(a^{\sigma})=\mathrm{ord}_{\mathfrak{P}}(a)$ $(a\in K)$ である．(ii)　$\mathfrak{P}_1|\mathfrak{p}, \mathfrak{P}_2|\mathfrak{p}$ とする．定理 5·14 のように $\mathfrak{P}_1,\mathfrak{P}_2$ に対応する $f(X)$ の $k_{\mathfrak{p}}[X]$ における既約因子を $f_1(X), f_2(X)$ とする．すなわち $K_{\mathfrak{P}_i}=k_{\mathfrak{p}}(\theta_i), f_i(\theta_i)=0$ $(i=1,2)$ とする．K において $f(X)=\prod_{i=1}^{n}(X-\theta_i)$ とすると，ある $\sigma\in G$ によって $\theta_2=\theta_1{}^{\sigma}$ となる．$K\otimes_k k_{\mathfrak{p}}$ において，$(a\otimes\alpha)^{\sigma}=a^{\sigma}\otimes\alpha$ $(a\in K, \alpha\in k_{\mathfrak{p}}, \sigma\in G)$ と定義すると，$f_2(X)=f_1(X)^{\sigma}$ となり，$K_{\mathfrak{P}_2}=K_{\mathfrak{P}_1{}^{\sigma}}$ となる．これより $\mathfrak{P}_1{}^{\sigma}$ を考えれば $\mathfrak{P}_2$ と一致することがわかる．(終)

さて $\mathfrak{p}$ の上にある素因子 $\mathfrak{P}$ に対して

$$Z(\mathfrak{P})=\{\sigma\,;\,\sigma\in G, \mathfrak{P}^{\sigma}=\mathfrak{P}\} \tag{5·18}$$

は Galois 群 G の部分群をつくる．これを $\mathfrak{P}/\mathfrak{p}$ の**分解群** (decomposition group) という．(Galois の理論によって $Z(\mathfrak{P})$ に対応する K/k の中間体を $\mathfrak{P}$ の**分解体**という)．G を $Z(\mathfrak{P})$ に関して剰余類に分解して，$G=\bigcup_{i=1}^{g}\tau_i Z(\mathfrak{P})$ とする．(ただし $\tau_1=1$ とする)．$\{\mathfrak{P}, \mathfrak{P}^{\tau_2},\cdots,\mathfrak{P}^{\tau_g}\}$ は相異なる $\mathfrak{P}$ の共役素因子の全体である．よって定理 5·15 によって，$\mathfrak{P}$ の分解群 $Z(\mathfrak{P})$ の位数は $e_{\mathfrak{P}/\mathfrak{p}}f_{\mathfrak{P}/\mathfrak{p}}$ に等しい．(5·18) より，$\mathfrak{P}^{\tau_i}$ の分解群は $Z(\mathfrak{P}^{\tau_i})=\tau_i Z(\mathfrak{P})\tau_i{}^{-1}$ $(i=1,$

$\cdots, g)$ である．とくに Galois 群 G が Abel 群であれば，これらはすべて一致する．このとき $Z(\mathfrak{P})$ を単に $\mathfrak{p}$ の分解群ともいう．

定理 5·16 Galois 拡大 K/k にて K の素因子 $\mathfrak{P}$ の分解群を Z，分解体を k_Z とする．(i) $K \subset K_{\mathfrak{P}}$ とみるとき，$k_{\mathfrak{p}} \cap K = k_Z$ である．(ii) $K_{\mathfrak{P}}/k_{\mathfrak{p}}$ の自己同型の K/k での作用を考えれば，$G(K_{\mathfrak{P}}/k_{\mathfrak{p}}) = Z(\mathfrak{P})$ と同一視される．

（証明）$K_{\mathfrak{P}} = k_{\mathfrak{p}}(\theta_1), f_1(\theta_1) = 0, f_1(X) \in k_{\mathfrak{p}}[X]$ とし，K において $f_1(X) = \prod_{i=1}^{h}(X - \theta_i)$ とする．$h = [K_{\mathfrak{P}} : k_{\mathfrak{p}}] = ef$ である．定理 5·14 の証明より $\sigma_i \in Z(\mathfrak{P})$ に対して，$\theta_1^{\sigma_i} = \theta_i$ $(i = 1, \cdots, h)$，よって $a^{\sigma_i} = a$ $(a \in k_{\mathfrak{P}})$ とおけば $(K_{\mathfrak{P}})^{\sigma_i} = K_{\mathfrak{P}}$ である．故に $Z(\mathfrak{P})$ は $K_{\mathfrak{P}}/k_{\mathfrak{p}}$ の自己同型の群となる．$[K_{\mathfrak{P}} : k_{\mathfrak{p}}] = ef = [Z(\mathfrak{P})]$ より，まず $Z(\mathfrak{P})$ は $K_{\mathfrak{P}}/k_{\mathfrak{p}}$ の Galois 群全体である．次に $k_{\mathfrak{p}}$ の各元は $\sigma \in Z(\mathfrak{P})$ に対して不動であるから，$k_Z \subset k_{\mathfrak{p}}$，したがって $k_Z \subset K \cap k_{\mathfrak{p}}$ となる．一方 $Z(\mathfrak{P})$ は K/k_Z の Galois 群であるから，k_Z は各 $\sigma \in Z(\mathfrak{P})$ で不動な K の元の全体である．よって $k_Z = K \cap k_{\mathfrak{p}}$ を得る．（終）

問 5·4 (i) Galois 拡大 K/k において，K の素因子 $\mathfrak{P}$ の分解体を k_Z とする．k の素因子 $\mathfrak{p}(\subset \mathfrak{P})$ は k_Z/k で完全分解し，k_Z の素因子 $\mathfrak{q}(\subset \mathfrak{P})$ は K/k_Z で全く分解しない．(ii) $\mathfrak{p}$ が K/k で分岐しないならば，$\mathfrak{p} \subset \mathfrak{P}$ の分解群は Frobenius 置換によって生成される f 次巡回群である．

5·3·4 無限素因子 有理数体 Q の無限素因子は p_∞ ただ一つだけである．一般に $\mathrm{Q} \subset k, [k : \mathrm{Q}] = n$ に対して，$k = \mathrm{Q}(\theta), f(\theta) = 0, f(X) \in \mathrm{Q}[X]$（$f(X)$ は既約）とすると，$f(X)$ は $\mathrm{R} = \mathrm{Q}_{p_\infty}$ において $f(X) = \prod_{i=1}^{s}(X - \theta_i) \cdot \prod_{j=1}^{t} g_j(X)$（$g_j(X)$ は2次既約式）と分解される $(n = s + 2t)$．定理 5·14 と同じく $k \otimes_{\mathrm{Q}} \mathrm{R} \cong k_1 + \cdots + k_{s+t}$（直和）と分解されて，このうち $k_1 \cong \cdots \cong k_s \cong \mathrm{R}$，$k_{s+1} \cong \cdots \cong k_{s+t} \cong \mathrm{C}$ となる．各 k_i に k の相異なる無限素因子 $\mathfrak{p}_{\infty,i}$ $(i = 1, \cdots, s+t)$ が対応し，そのうち $k_1, \cdots, k_s$ の s 個は実の無限素因子，$k_{s+1}, \cdots, k_{s+t}$ の t 個は虚の無限素因子である．実際に，各 $\mathfrak{p}_{\infty,i}$ に対する正規付値は，$\varphi_i : k \to \mathrm{R} \cong k_i$ $(i = 1, \cdots, s)$ または $\psi_j : k \to \mathrm{C} \cong k_{s+j}$ $(j = 1, \cdots, t)$ なる同型（単射）によって

$$w_{\mathfrak{p}_{\infty,i}}(a) = |\varphi_i(a)| \qquad (i = 1, \cdots, s)$$

$$w_{\mathfrak{p}_{\infty,s+j}}(a)=|\psi_j(a)|^2 \quad (j=1,\cdots,t) \tag{5·19}$$

と表わされる．とくに k の無限素因子は有限個（$s+t \leqq [k:\mathrm{Q}]$）である．

一般に K/k なる n 次の拡大において，$\mathfrak{p}_\infty$ を k の一つの実の無限素因子とし，$\mathfrak{p}_\infty$ の上にある K の実無限素因子を $\mathfrak{P}_{\infty 1},\cdots,\mathfrak{P}_{\infty s}$，虚の実無限素因子を $\mathfrak{P}_{\infty s+1},\cdots,\mathfrak{P}_{\infty s+t}$ とすると，$n=s+2t$ である．また $\mathfrak{p}_\infty$ が虚の無限素因子とすれば，その上にある K の無限素因子 $\mathfrak{P}_{\infty 1},\cdots,\mathfrak{P}_{\infty t}$ はすべて虚の無限素因子である：$n=t$．とくに K/k が Galois 拡大であれば $\mathfrak{P}_{\infty 1},\cdots,\mathfrak{P}_{\infty,s+t}$ はすべて互に共役であって，(i) $\mathfrak{p}_\infty$ が実で $s=n, t=0$，または (ii) $\mathfrak{p}_\infty$ が実で $s=0, 2i=n$，(iii) $\mathfrak{p}_\infty$ が虚ならば $s=0, t=n$ である．(i), (iii) は $\mathfrak{p}_\infty$ が完全分解する場合であり，(ii) は $e=2, f=1, g=n/2$ であって，分解群 $Z(\mathfrak{P}_{\infty,1})=\{\sigma;\mathfrak{P}_{\infty 1}^{\sigma}=\mathfrak{P}_{\infty 1}\}$ は2次巡回群である．

5·4 代数体の整数

5·4·1 整数環とその基底 はじめに公式 (5·1) の拡張として，

定理 5·17 $\alpha(\neq 0)$ を k の任意の元とする．$\{w_\mathfrak{p}\}$ を k の正規付値の全体とすると $w_\mathfrak{p}(\alpha)\neq 1$ となる $\mathfrak{p}$ は有限個で，かつ

$$\prod_{\mathfrak{p}\in\mathfrak{N}} w_\mathfrak{p}(\alpha)=1 \tag{5·20}$$

が成り立つ．

（証明） Q の素因子 p に対して，p の上にある k の素因子を $\mathfrak{p}_1,\cdots,\mathfrak{p}_g$ とするとき $\prod_{i=1}^{g} w_{\mathfrak{p}_i}(\alpha)=w_p(N_{k/\mathrm{Q}}\alpha)$ をいえばよい．これは p が有限ならば定理 5·14 によって $N_{k/\mathrm{Q}}\alpha=\prod_{i=1}^{g} N_{k\mathfrak{p}_i/\mathrm{Q}_p}(\alpha)$ であること，および $w_{\mathfrak{p}_i}(\alpha)=w_p(N_{k\mathfrak{p}_i/\mathrm{Q}_p}(\alpha))$ より導かれる．$p=p_\infty$ の場合にも，(5·19) を用いれば，同じことがいえる．（終）

いま k の有限素因子の全体 $\mathfrak{M}$ に対して，

$$\mathfrak{o}=\{\alpha;\alpha\in k,\ w_\mathfrak{p}(\alpha)\leqq 1\ (\mathfrak{p}\in\mathfrak{M})\} \tag{5·21}$$

とおく．付値の性質より $\mathfrak{o}$ は環であって，$\mathfrak{o}\cap\mathrm{Q}=\mathrm{Z}$ である．

定理 5·18 $\alpha\in k$ が $\mathfrak{o}$ に属するためには，α が

$$X^m+c_{m-1}X^{m-1}+\cdots+c_1X+c_0=0 \quad (c_i\in\mathrm{Z}) \tag{5·22}$$

の形の方程式の根となっていることが，必要かつ十分である．このとき，α を k の**整数** (integral element) という．

(証明) (i) 十分：(5·22) の根 $\alpha\in k$ に対して，もしもある $\mathfrak{p}\in\mathfrak{M}$ に対して $w_{\mathfrak{p}}(\alpha)>1$ であれば $w_{\mathfrak{p}}(\alpha^m)=w_{\mathfrak{p}}\left(-\sum_{i=0}^{m-1}c_i\alpha_i\right)\leqq w_{\mathfrak{p}}(\alpha)^{m-1}$ となって矛盾である．故に $\alpha\in\mathfrak{o}$ となる．

(ii) 必要：$\alpha\in\mathfrak{o}$ とする．k/Q が Galois 拡大であれば，α の任意の共役 α^σ も，$w_{\mathfrak{p}}(\alpha^\sigma)=w_{\mathfrak{p}^{\sigma^{-1}}}(\alpha)\leqq 1$ より，$\mathfrak{o}$ に属す．α の満足する方程式 $X^n+c_{n-1}X^{n-1}+\cdots+c_0\left(=\prod_{\sigma\in G}(X-\alpha^\sigma)\right)=0$ $(c_i\in\mathrm{Q})$ をつくれば，その係数 c_i は $\{\alpha^\sigma\,;\,\sigma\in G\}$ の多項式である．故に $w_{\mathfrak{p}}(c_i)\leqq 1$，したがってすべての有限素因子 p に関して $w_p(c_i)\leqq 1$ となり，これから $c_i\in\mathrm{Z}$ $(i=0,1,\cdot\cdot,n-1)$ を得る．k/Q が Galois 拡大でない場合には，$\mathrm{Q}\subset k\subset K$, K/Q を Galois 拡大にとって考察すれば，α は (5·22) の形の方程式の根となることが同様に証明される．(終)

定理 5·19 $\mathfrak{o}$ は，加群として，$n=[k:\mathrm{Q}]$ 個の生成元をもつ自由 Abel 群である：

$$\mathfrak{o}=\mathrm{Z}\omega_1+\cdots+\mathrm{Z}\omega_n \qquad (\text{直和}) \tag{5·23}$$

(証明) これは加群の一般論によって，(i) $\mathfrak{o}$ の階数が n であること，(ii) $\mathfrak{o}$ がある自由 Abel 群の部分加群であることをいえばよい．$k=\mathrm{Q}(\theta)$ とし適当に $a\in\mathrm{Z}$ をとり $a\theta\in\mathfrak{o}$ ならしめ得るから，あらかじめ $\theta\in\mathfrak{o}$ としておく，$\alpha\in\mathfrak{o}$ を $\alpha=\sum_{i=0}^{n-1}c\theta^i$ $(c_i\in\mathrm{Q})$ と表わす．θ の (Q に関する) 共役元を $\theta^{(j)}$ $(j=1,\cdots,n)$ とし，$\alpha^{(j)}=\sum_{i=0}^{n-1}c_i\theta^{(j)i}$ $(j=1,\cdots,n)$ を解いて

$$c_i=\frac{\Delta(1,\theta,\cdots,\alpha,\cdots,\theta^{n-1})}{\Delta(1,\theta,\cdots,\theta^i,\cdots,\theta^{n-})^1} \qquad (i=0,1,\cdots,n-1)$$

となる．ここに記号 $\Delta(\alpha,\beta,\cdots,\lambda)$ $(\alpha,\beta,\cdots,\lambda\in k)$ は $\alpha,\beta,\cdots,\lambda$ およびその共役元 $\alpha^{(j)},\beta^{(j)},\cdots,\lambda^{(j)}$ $(j=1,\cdots,n)$ のつくる行列式を表わす．$D=\Delta(1,\theta,\cdots,\theta^{n-1})^2=\det|Sp(\theta^{i+j})|_{i,j=0,\cdots,n-1}\in\mathrm{Z}$ である．よって $c_i=\Delta(1,\theta,\cdots,\alpha,\cdots,\theta^{n-1})\Delta(1,\theta,\cdots,\theta^i,\cdots,\theta^{n-1})/D$ を得る．すなわち，$\mathfrak{o}\subset\mathrm{Z}(1/D)+\mathrm{Z}(\theta/D)+\cdots+\mathrm{Z}(\theta^{n-1}/D)$ (直和) である．次に θ に対して，$1,\theta,\theta^2,\cdots,$

$\theta^{n-1} \in \mathfrak{o}$　で，これらは（Z に関して）一次独立である．よって $\mathfrak{o}$ は階数 n である．（終）

（5·23）なる $\{\omega_1, \omega_2, \cdots, \omega_n\}$ を $\mathfrak{o}$ の（または k の）基底という．これより

$$D_{k/\mathrm{Q}} = \Delta(\omega_1, \omega_2, \cdots, \omega_n)^2 = \det|Sp_{k/\mathrm{Q}}(\omega_i\omega_j)|_{i,j=1,\cdots,n} \quad (\in \mathrm{Z}) \qquad (5\cdot 24)$$

をつくると，その値は $\mathfrak{o}$ の基底のとりかたによらない．$D_{k/\mathrm{Q}}$ を k/Q の判別式（discriminant）という．（高木 [15]，§2·1，§3·3 参照）．

問 5·5　$K = k\theta_1 + \cdots + k\theta_n$, $[K:k] = n$ とする．$\alpha \in K$ に対して

$$\alpha(\theta_1, \cdots, \theta_n) = (\theta_1, \cdots, \theta_n)A$$

（ただし $A = (a_{ij})$ は k の元を係数とする n 次正方行列）とおくと

$$N_{K/k}\alpha = \det|A|, \qquad Sp_{K/k}\alpha = Sp(A) = \sum_{i=0}^{n} a_{ii}$$

である．

例 1　2 次体 $k = \mathrm{Q}(\sqrt{m})$, $m \in \mathrm{Z}$（ただし m は平方因子をもたないとする）．I. $m \equiv 1$ (mod. 4) の場合には，$\mathfrak{o}$ の基底は $\{1, (1+\sqrt{m})/2\}$, II. その他の場合には，$\{1, \sqrt{m}\}$ が基底である．したがって，判別式 d は，I の場合には $d = m$，II の場合には $d = 4m$ である．二次体の整数論に関しては高木 [14] にくわしい．

例 2　有理数体 Q に，1 の m ベキ根 ζ を添加して得られる体，またはその部分体を**円体**（cyclotomic field）という．ζ_m を 1 の原始 m ベキ根とすれば，$[\mathrm{Q}(\zeta_m):\mathrm{Q}] = \varphi(m)$（$\varphi$ は Euler の函数）である．とくに $m = l^h$（l は素数）であれば，$\varphi(l^h) = l^{h-1}(l-1)$ で，ζ_{l^h} は $F(X) = (X^{l^{h-1}})^{l-1} + (X^{l^{h-1}})^{l-2} + \cdots + X^{l^{h-1}} + 1 = 0$ の根である．$\mathrm{Q}(\zeta_m)/\mathrm{Q}$ は Galois 拡大で，$G(\mathrm{Q}(\zeta_m)/\mathrm{Q}) \ni \sigma$ は $\zeta_m \to \zeta_m{}^{\nu}$（$(\nu, m) = 1$）で定まる．このことから $l \neq 2$ ならば $\mathrm{Q}(\zeta_{l^h})/\mathrm{Q}$ は巡回拡大であるが，$l = 2$ ならば，様子が異なる．$m = 2$ ならば有理数体，$m = 4$ ならば $k = \mathrm{Q}(i)$（$i = \sqrt{-1}$）は二次体；一般に $\mathrm{Q}(\zeta_{2^h})$（$h \geqq 3$）は 2^{h-1} 次の拡大で，これは Abel 拡大ではあるが巡回拡大ではなく，$\mathrm{Q}(i)$ と 2^{h-2} 次巡回拡大 $\mathrm{Q}(\cos(\pi/2^{h-1}))$ とから合成される．

とくに $\mathrm{Q}(\zeta_l)$ の整数全体の環の基底として，$\{1, \zeta_l, \zeta_l{}^2, \cdots, \zeta_l{}^{l-2}\}$ をとることができる．これから $\mathrm{Q}(\zeta_l)/\mathrm{Q}$ の判別式 d は $d = (-1)^{(l-1)/2} l^{l-2}$ となることが計算される．

問 5·6　以上を証明せよ（高木 [15]，§8·9，Weyl [18] p. 80）．円体に関しては Hilbert [10]，第Ⅳ部がくわしい．たとえば，$\mathrm{Q}(\zeta_{l^\nu})$ については同書 §96 参照．

一般に $k=\mathrm{Q}(\zeta_m)$ とするとき，k/Q における p の素因子分解は容易に決定される．(i) $p\nmid m$ ならば，$\mathrm{Q}_p(\zeta_m)$ を考えると，ある f に対して $p_f-1\equiv 0 \pmod{m}$ となる．このような f の最小をとると，$\mathrm{Q}_p(\zeta_m)$ は Q_p の f 次不分岐拡大になる．よって定理5·15より $\varphi(m)=gf$ で，p は $\mathrm{Q}(\zeta_m)$ で g 個の素因子 $\mathfrak{p}_i$ に分解され，各 $\mathfrak{p}_i$ は不分岐で，剰余類体の拡大次数は f である．とくに p に対する f および g の値は $p \pmod{m}$ の剰余類のみによって決定されるという著しい性質をもっている．(ii) $p|m$．$m=\prod_i l_{i\nu_i}$ とすると $\mathrm{Q}(\zeta_m)=\mathrm{Q}(\zeta_{p^\nu})\mathrm{Q}(\zeta_{m/p^\nu})$ と合成体として表わされる．$\mathrm{Q}(\zeta_{m/p^\nu})/\mathrm{Q}$ における p の分解は (i) による．故に $\mathrm{Q}(\zeta_{p^\nu})/\mathrm{Q}$ における p の分解を考える．$\zeta=\zeta_{p^\nu}$ の満足する既約方程式 $F(X)=0$ で $X=1$ とおけば $p=\prod_{(i,p)=1}(1-\zeta^i)$ となる．一方 $(1-\zeta^i)=\varepsilon_{ij}(1-\zeta^j)$ とすると，ε_{ij} は単数である．よって $p=\varepsilon(1-\zeta)^n$ $(n=p^{\nu-1}(p-1))$ (ε は単数) となる．よって $\mathrm{Q}_p(\zeta)$ の付値に関して $\mathrm{ord}(p)=n\,\mathrm{ord}(1-\zeta)\geqq n\geqq[\mathrm{Q}_p(\zeta):\mathrm{Q}_p]$ したがって $\mathrm{ord}(1-\zeta)=1$ となり p は $\mathrm{Q}_p(\zeta)$ で完全に分岐する $(e=[\mathrm{Q}_p(\zeta):\mathrm{Q}_p]=n, f=1)$ ことがわかる．よって $\mathrm{Q}(\zeta)/\mathrm{Q}$ では $g=1, f=1, e=n$ である．(iii) p_∞ の分解．$\mathrm{Q}(\zeta)$ は虚の数体であるから，p_∞ は $\mathrm{Q}(\zeta_m)/\mathrm{Q}$ で $n/2$ $(n=\varphi(m))$ 個の虚の無限素因子に分解される．すなわち $g=n/2, f=1, e=2$ である．以上まとめて "$\mathrm{Q}(\zeta_m)/\mathrm{Q}$ で分岐するのは $p|m$ なるすべての p，および p_∞ である"．(高木 [15]，§ 8·10)

5·4·2 分岐する素因子 有限拡大 K/k にて，k の素因子 $\mathfrak{p}$ が g 個の K の素因子 $\mathfrak{P}_1,\cdots,\mathfrak{P}_g$ に分解するとき，少なくも一つの $\mathfrak{P}_i$ に対して $e(\mathfrak{P}_i/\mathfrak{p})>1$ の場合に，$\mathfrak{p}$ は K/k で分岐するといった．分岐の理論は整数論においてきわめて重要であるが，それについて十分に説明をするだけの紙数がない．高木 [15]，第7章（判別式，共軛差積）を参照されたい．われわれが直接に後に必要とするのは，次の結果である：

定理 5·20 K/k で分岐する k の素因子 $\mathfrak{p}$ は高々有限個である．

k の素因子 $\mathfrak{p}$ が Q の素因子 p の上にあるとき，$\mathfrak{p}$ が K/k で分岐すれば，p は当然 K/Q で分岐する．よって定理 5·20 は次の定理から導かれる．

定理 5·20* 有限拡大 K/Q で有限素因子 p が分岐するためには，p が K/Q の判別式の約数であることが必要かつ十分である．[**Dedekind の判別定理**]

証明は，高木 [15]，第7章または Weyl 18]，p. 111 など参照のこと．ここに一つの証明の方針だけ述べておく．(i) K/Q の整数全体の環 $\mathfrak{O}$ の基底 $\{\omega_1,\cdots,\omega_n\}$ は'

$K\otimes_{\mathbf{Q}}\mathbf{Q}_p$ の $\mathbf{Z}_p$ に関する整数全体の環 $\mathfrak{O}_p$ の基底ともなっている．(ii) 定理 5·14 の分解 $K\otimes_{\mathbf{Q}}\mathbf{Q}_p=\sum_{i=1}^{g}K_{\mathfrak{p}_i}$ において，$K_{\mathfrak{p}_i}$ の付値環を $\mathfrak{O}_{\mathfrak{p}_i}$ とすると，$\mathfrak{O}_p=\sum_{i=1}^{g}\mathfrak{O}_{\mathfrak{p}_i}$（直和）である．(iii) $\mathfrak{O}_{\mathfrak{p}_i}$ の基底 $\{\omega_1^{(i)},\cdots,\omega_{n_i}^{(i)}\}$ ($n_i=[K_{\mathfrak{p}_i}:\mathbf{Q}_p]$) を用いて，局所数体 $K_{\mathfrak{p}_i}/\mathbf{Q}_p$ の判別式 $d_i=d_{K_{\mathfrak{p}_i}/\mathbf{Q}_p}$ が定義される．(iv) 問 5·5 の性質より $Sp_{K/\mathbf{Q}}(\alpha)=\sum_{i=1}^{g}Sp_{K_{\mathfrak{p}_i}/\mathbf{Q}_p}(\alpha)$ ($\alpha\in K$) である．(v) (i)(ii)(iv) によって $d=d_{K/\mathbf{Q}}$ の p 成分は $\prod_{i=1}^{g}d_i$ に等しい．したがって $p|d$ と，ある $K_{\mathfrak{p}_i}/\mathbf{Q}_p$ に対して d_i が $\mathbf{Q}_p$ の単数でないこととが同値である．(vi) $K_{\mathfrak{p}}/\mathbf{Q}_p$ の基底として (5·7)のような $\{\Omega^{(i)}\Pi^j : i=1,\cdots,f, j=0,\cdots,e-1\}$ をとれば，$d_{K_{\mathfrak{p}}/\mathbf{Q}_p}$ が単数でないための必要十分条件は $e>1$ であることが計算される．

注意　円体に対する Dedekind の判別定理は，すでに § 5·4·1 の例 2 で述べた結果と一致している．

5·5　イ デ ー ル

5·5·1　イデール群　これまでと同じく数体 k の有限素因子の全体を $\mathfrak{M}$（または $\mathfrak{M}_k$），有限および無限素因子の全体を $\mathfrak{N}$（または $\mathfrak{N}_k$）で表わす．各 $\mathfrak{p}\in\mathfrak{N}$ に対して $k_{\mathfrak{p}}^{\times}$ の元 $\alpha_{\mathfrak{p}}$ を対応させる写像 $\mathfrak{a}$ で，有限個の $\mathfrak{p}$ を除いて $w_{\mathfrak{p}}(\alpha_{\mathfrak{p}})=1$ であるものを，k の**イデール** (idèle) という．これを

$$\mathfrak{a}=\{\alpha_{\mathfrak{p}}\,;\,\mathfrak{p}\in\mathfrak{N}\} \tag{5·25}$$

（または単に $\mathfrak{a}=\{\alpha_{\mathfrak{p}}\}$）と表わす．$\alpha_{\mathfrak{p}}$ を $\mathfrak{a}$ の $\mathfrak{p}$ 成分といって $\mathfrak{a}_{\mathfrak{p}}$ で表わす：$\mathfrak{a}_{\mathfrak{p}}=\alpha_{\mathfrak{p}}$．二つのイデール $\mathfrak{a}=\{\alpha_{\mathfrak{p}}\},\mathfrak{b}=\{\beta_{\mathfrak{p}}\}$ に対して $\mathfrak{ab}=\{\alpha_{\mathfrak{p}}\beta_{\mathfrak{p}}\},\mathfrak{a}^{-1}=\{\alpha_{\mathfrak{p}}{}^{-1}\}$ とおくと，これらもイデールである．この演算に関して，k のイデールの全体は Abel 群をつくる．単位元 1 は，すべての $\mathfrak{p}$ 成分が 1 であるイデールである：$1_{\mathfrak{p}}=1$．k のイデール全体のつくる乗法 Abel 群を k の**イデール群**といって

$$J_k \tag{5·26}$$

で表わす．

とくに $\alpha\in k^{\times}$ に対して $\mathfrak{p}$ 成分がすべて α であるようなイデール $\mathfrak{a}$ を $\mathfrak{a}=(\alpha)$ と表わし，**主イデール** (principal idèle) という．主イデール (α), (β) に対して $(\alpha)(\beta)=(\alpha\beta),(\alpha)^{-1}=(\alpha^{-1})$ であるから，k の主イデール全体 P_k は J_k の部分群をつくる．かつ写像 $\alpha\to(\alpha)$ によって，$k^{\times}\cong P_k$ である．

J_k の P_k による剰余類 $\mathfrak{a}P_k$ を**イデール類**といい，その全体

$$C_k = J_k/P_k \tag{5·27}$$

を k の**イデール類群**という．

k のイデール $\mathfrak{a}=\{\alpha_\mathfrak{p}\}$ に対して，その**体積**を

$$V(\mathfrak{a}) = \prod_{\mathfrak{p}\in\mathfrak{N}} w_\mathfrak{p}(\alpha_\mathfrak{p}) \tag{5·28}$$

によって定義する．ただし，$w_\mathfrak{p}$ は素因子 $\mathfrak{p}$ に対応する正規付値とする．定理 5·17 によって，主イデール (α) に対しては $V((\alpha))=1$ である．したがって $\mathfrak{a}=\mathfrak{b}(\alpha)$ ならば $V(\mathfrak{a})=V(\mathfrak{b})$．故にイデール類 $\mathfrak{a}P_k$ に対して体積 $V(\mathfrak{a}P_k)=V(\mathfrak{a})$ が定義される．

k のイデール $\mathfrak{a}$ に対して，$\mathfrak{a}$ の定める**平行体** $\Pi(\mathfrak{a})$ を

$$\Pi(\mathfrak{a}) = \{\mathfrak{b}=\{\beta_\mathfrak{p}\}\,;\ \mathfrak{b}\in J_k, w_\mathfrak{p}(\beta_\mathfrak{p}) \leqq w_\mathfrak{p}(\alpha_\mathfrak{p})\ \ (\mathfrak{p}\in\mathfrak{N})\} \tag{5·29}$$

によって定義する．そこで，与えられた平行体 $\Pi(\mathfrak{a})$ が，いつ主イデールを含むかということを問題にしよう．まず

補題 5·21 一次独立な n 文字 $X_1, \cdots, X_n$ の複素係数一次形式 $L_1(X), \cdots, L_n(X)$ が与えられたとする．ただし $L_1(X), \cdots, L_s(X)$ は実係数，$\bar{L}_{s+1}(X)=L_{s+t+1}(X), \cdots, \bar{L}_{s+t}(X)=L_{s+2t}(X)$ $(n=s+2t)$ （$\bar{\ }$ は共役複素係数を表わす）であるとする．$L_1(X), \cdots, L_n(X)$ の係数のつくる行列式を D $(\neq 0)$ とする．もし正の実数 $a_1, \cdots, a_n$ （ただし $a_{s+1}=a_{s+t+1}, \cdots, a_{s+t}=a_{s+2t}$）が $a_1a_2\cdots a_n > |D|$ を満足すれば，

$$|L_i(z)| \leqq a_i \qquad (i=1, \cdots, n)$$

ならしめる整数 $\{z_1, \cdots, z_n\}$ $(\neq\{0, \cdots, 0\})$ が存在する．**[Minkowski の定理]**

証明は，例えば高木 [15]，50 頁 [定理] を参照されたい．これを用いると

定理 5·22 代数体 k の判別式を $D_{k/\mathbf{Q}}$ とする．もしも $V(\mathfrak{a}) \geqq \sqrt{|D_{k/\mathbf{Q}}|}$ ならば，$\Pi(\mathfrak{a})$ は必ず少なくも一つの主イデール $(\alpha)(\alpha\in k^\times)$ を含む．

（証明） $\mathfrak{a}=\{\alpha_\mathfrak{p}\}$ とし 有限素因子 $\mathfrak{p}$ に対して $e_\mathfrak{p}=\mathrm{ord}_\mathfrak{p}(\alpha_\mathfrak{p})$ とおく．(i) すべての $e_\mathfrak{p} \geqq 0$ の場合．有限個の $\mathfrak{p}$ を除いて，$e_\mathfrak{p}=0$ である．そこで $\mathfrak{A}=\{\alpha;\ \alpha\in k,\ \mathrm{ord}_\mathfrak{p}(\alpha) \geqq e_\mathfrak{p}\ (\mathfrak{p}\in\mathfrak{M})\}$ とおくと $\mathfrak{A}$ は k の整数全体の環 $\mathfrak{o}$ に属し，かつそのイデアルである．$\alpha(\neq 0)$ なる $\mathfrak{A}$ の元をとれば，$\alpha\mathfrak{o}\subset\mathfrak{A}$，したがっ

て $\mathfrak{o}\subset(1/\alpha)\mathfrak{A}$ となる．故に $\mathfrak{A}$ も $\mathfrak{o}$ と同様に基底 $\{\alpha_1,\cdots,\alpha_n\}$ をもつ：$\mathfrak{A}=\mathrm{Z}\alpha_1+\cdots+\mathrm{Z}\alpha_n$. いま $\varphi_1,\cdots,\varphi_n$ を k より C への同型とし，そのうち $\varphi_i(\omega)\in\mathrm{R},(i=1,\cdots,s),\overline{\varphi_{s+j}(\omega)}=\varphi_{s+t+j}(\omega)$ $(j=1,\cdots,t)$ $(\omega\in k)$ とする．(5·19) より $|\varphi_i(\omega)|=w_{\mathfrak{p}_\infty,i}(\omega)$ $(i=1,\cdots,s),|\varphi_{s+j}(\omega)|^2=w_{\mathfrak{p}_\infty,s+j}(\omega)$ $(j=1,\cdots,t)$ である．よって $a_i=|\alpha_{\mathfrak{p}_\infty,i}|$ $(i=1,\cdots,s+t)$, $a_{s+t+j}=a_{s+j}$, $L_i(X)=\sum_{j=1}^{n}\varphi_i(\alpha_j)X_j$ $(i=1,\cdots,n)$ とおくとき，$(\alpha)\in\Pi(\mathfrak{a}),\alpha\in k^\times$ が存在するためには，

$$\alpha=\sum_{j=1}^{n}m_j\alpha_j,\qquad |L_i(m_1,\cdots,m_n)|\leqq a_i\quad(i=1,\cdots,n)$$

となる $m_1,\cdots,m_n\in\mathrm{Z},(m_1,\cdots,m_n)\neq(0\cdots,0)$ が存在することが必要かつ十分である．ここに $L_i(X)$ $(i=1,\cdots,n)$ の係数の行列式は $D=\varDelta(\alpha_1,\cdots,\alpha_n)$ である．よって $\prod_{i=1}^{n}a_i\geqq\varDelta(\alpha_1,\cdots,\alpha_n)$ であることをいえば，補題 5·21 によって求める α の存在が導かれる．

さて $\mathfrak{o}$ の一つの基底を $\{\omega_1,\cdots,\omega_n\}$ とし，$N\mathfrak{A}=|\varDelta(\alpha_1,\cdots,\alpha_n)/\varDelta(\omega_1,\cdots,\omega_n)|$ をつくると，$N\mathfrak{A}$ は正の整数で，剰余環 $\mathfrak{o}/\mathfrak{A}$ の含む元の個数に等しい（高木 [15]，29 頁）．また付値の近似定理 5·3 によって $N\mathfrak{A}=\prod_{\mathfrak{p}}(N\mathfrak{p})^{e_\mathfrak{p}}=(\prod_{\mathfrak{p}\in\mathfrak{M}}w_\mathfrak{p}(\alpha_\mathfrak{p}))^{-1}$ である．したがって $\prod_{j=1}^{n}a_j=\prod_{i=1}^{s+t}w_{\mathfrak{p}_\infty,i}(\alpha_{\mathfrak{p}_\infty,i})=V(\mathfrak{a})/\prod_{\mathfrak{p}\in\mathfrak{M}}w_\mathfrak{p}(\alpha_\mathfrak{p})=V(\mathfrak{a})N\mathfrak{A}\geqq\sqrt{D_{k/\mathrm{Q}}}\ |\varDelta(\alpha_1,\cdots,\alpha_n)|/|\varDelta(\omega_1,\cdots,\omega_n)|=|\varDelta(\alpha_1,\cdots,\alpha_n)|$，よって求める α の存在が証明された．(ii) 一般のイデール $\mathfrak{a}$ に対しては適当に $\alpha\in k^\times$ をとって，すべての $\mathfrak{p}\in\mathfrak{M}$ に対して $\mathrm{ord}_\mathfrak{p}(\alpha\mathfrak{a})\geqq0$ ならしめることができる．一方 $V(\alpha\mathfrak{a})=V(\mathfrak{a})$ であり，かつ $(\beta)\in\Pi(\alpha\mathfrak{a})$ ならば $(\alpha^{-1}\beta)\in\Pi(\mathfrak{a})$ となる．よって一般の場合の証明も (i) の場合に帰着される．（終）

5·5·2 イデール群の位相　数体 k のイデール群 J_k に，次に述べるように位相を導入して，位相群とすることができる．いま k の素因子よりなる任意の有限集合 $\mathfrak{S}$ と，$\varepsilon>0$ に対して

$$N(\varepsilon,\mathfrak{S})=\{\mathfrak{a}\,;\,\mathfrak{a}\in J_k, w_\mathfrak{p}(\alpha_\mathfrak{p}-1)<\varepsilon\ (\mathfrak{p}\in\mathfrak{S}),\ \text{かつ}\ w_\mathfrak{p}(\alpha_\mathfrak{p})=1\,(\mathfrak{p}\notin\mathfrak{S})\}$$

とおく．（ただし $\mathfrak{S}$ は k の無限素因子はすべて含むものとする）．$N(\varepsilon_1, \mathfrak{S}_1) \cap N(\varepsilon_2, \mathfrak{S}_2) \supset N(\min(\varepsilon_1, \varepsilon_2), \mathfrak{S}_1 \cup \mathfrak{S}_2)$, $N(\varepsilon, \mathfrak{S})^{-1} \supset N(\varepsilon', \mathfrak{S})$（ただし ε' は ε に対して十分小）なることから，$\{N(\varepsilon, \mathfrak{S})\}$ を J_k の単位元の近傍系の基底と定義することによって，J_k は位相群であることがわかる．

定理 5·23 (i) J_k は局所コンパクト位相群である．(ii) P_k は J_k の部分群として離散的である．したがって (iii) $C_k = J_k/P_k$ は剰余群の位相に関して局所コンパクト位相群である．

（証明） (i) いま $\mathfrak{p} \in \mathfrak{M}$ に対しては，$\mathfrak{u}_\mathfrak{p}$ はこれまでどおり $\{\alpha_\mathfrak{p} \in k_\mathfrak{p}^\times ; w_\mathfrak{p}(\alpha_\mathfrak{p}) = 1\}$ とし，$\mathfrak{p}$ が実の無限素因子であれば，$\mathfrak{u}_\mathfrak{p} = \{\alpha \in \mathrm{R} ; \alpha > 0\}$ とし，$\mathfrak{p}$ が虚の無限素因子であれば，$\mathfrak{u}_\mathfrak{p} = \mathrm{C}^\times$ とする．定理 5·10 によって，$\mathfrak{p} \in \mathfrak{M}$ に対しては $\mathfrak{u}_\mathfrak{p}$ はコンパクト，$\mathfrak{p}$ が無限素因子であれば，$\mathfrak{u}_\mathfrak{p}$ は局所コンパクトである．いま無限直積空間 $U = \prod_{\mathfrak{p} \in \mathfrak{M}} \mathfrak{u}_\mathfrak{p}$ $(\subset J_k)$ を考える．J_k の部分群としての位相を考えると，$N(\varepsilon, \mathfrak{S})$ の定義より，これは $U = \prod_\mathfrak{p} \mathfrak{u}_\mathfrak{p}$ の直積位相と一致している．したがって $U = (\prod_{\mathfrak{p} \in \mathfrak{M}} \mathfrak{u}_\mathfrak{p}) \times (\prod_{\mathfrak{p} \in \mathfrak{M}} \mathfrak{u}_\mathfrak{p})$ の第一項は Tychonoff の定理によってコンパクト，第2項は局所コンパクト，合わせて U は局所コンパクトである．しかも $N(\varepsilon, \mathfrak{S}) \subset U$ であるから，J_k は局所コンパクトである．

(ii) P_k が離散的であることをいうには，（P_k は J_k の部分群であるから）ある $N(\varepsilon, \mathfrak{S})$ に対して $N(\varepsilon, \mathfrak{S}) \cap P_k = \{1\}$ であることを見ればよい．実際に，ε を1より小さい実数にとるとする．（$\mathfrak{S}$ は無限素因子の全体を含むから）$N(\varepsilon, \mathfrak{S}) \cap P_k \ni (\alpha)$ とすると，$\mathfrak{p}$ が有限ならば $w_\mathfrak{p}(\alpha) \leqq 1$，故に $w_\mathfrak{p}(\alpha - 1) \leqq 1$，無限素因子 $\mathfrak{p}$ に対しては $w_\mathfrak{p}(\alpha - 1) < \varepsilon < 1$ である．したがって，$\prod_{\mathfrak{p} \in \mathfrak{N}} w_\mathfrak{p}(\alpha - 1) < 1$．故に定理 5·17 より $\alpha - 1 = 0, \alpha = 1$ となる．

(iii) は (i), (ii) より導かれる．（終）

剰余群 $C_k = J_k/P_k$ の位相は，単位元の近傍を $N(\varepsilon, \mathfrak{S}) P_k$ とおくことによって得られる．さて C_k の部分群

$$C_k{}^0 = \{\mathfrak{a} P_k ; V(\mathfrak{a}) = 1\} \tag{5·30}$$

とおく．

定理 5·24 (i) $C_k{}^0$ は (C_k の部分群として) コンパクトである. (ii) $\mathrm{R}^+=\{a\in\mathrm{R}\,;\,a>0\}$ とすると

$$C_k\cong C_k{}^0\times\mathrm{R}^+\quad(\text{直積})\tag{5·31}$$

しかも $C_k{}^0\times\mathrm{R}^+$ に直積位相を導入すれば, 両辺は同位相である.

(証明) $C_k\in\mathfrak{a}P_k\to V(\mathfrak{a})\in\mathrm{R}^+$ は連続写像で $1\to C_k{}^0\to C_k\to\mathrm{R}^+\to 1$ (exact) である. 故に $C_k{}^0$ は C_k の閉じた部分群である. いま $J_k{}^0=\{\mathfrak{a}\in J_k\,;\,V(\mathfrak{a})=1\}$ とおくとき, J_k のあるコンパクト部分集合 F によって $J_k{}^0\subset FP_k$ となることを示そう. そのために, 与えられた正数 $\lambda>1$ に対して $N\mathfrak{p}<\lambda$ なる有限素因子および無限素因子の全体を $\mathfrak{S}_\lambda$ とする. ($\mathfrak{S}_\lambda$ は有限集合である). $F_\lambda=\{\mathfrak{a}\in J_k\,;\,w_\mathfrak{p}(\mathfrak{a})=1(\mathfrak{p}\notin\mathfrak{S}_\lambda)$, かつ $1\leqq w_\mathfrak{p}(\mathfrak{a})\leqq\lambda(\mathfrak{p}\in\mathfrak{S}_\lambda)\}=(\prod_{\mathfrak{p}\notin\mathfrak{S}_\lambda}\mathfrak{u}_\mathfrak{p})\times(\prod_{\mathfrak{p}\in\mathfrak{S}_\lambda}\mathfrak{c}_\mathfrak{p})$ ($\mathfrak{c}_\mathfrak{p}=\{\alpha_\mathfrak{p}\in k_\mathfrak{p}{}^\times\,;\,1\leqq w_\mathfrak{p}(\alpha_\mathfrak{p})\leqq\lambda\}$)はコンパクトである. いま, $\lambda\geqq\sqrt{D_{k/\mathrm{Q}}}$ とし $V(\mathfrak{a})\leqq\lambda$ なる $\mathfrak{a}=\{\alpha_\mathfrak{p}\}\in J_k$ をとる. 定理 5·22 によって, すべての $\mathfrak{p}\in\mathfrak{R}$ に対して $w_\mathfrak{p}(\alpha^{-1})\leqq w_\mathfrak{p}(\mathfrak{a})$ となる $\alpha\in k^\times$ が存在する. そのとき $1\leqq w_\mathfrak{p}(\alpha\alpha_\mathfrak{p})=V(\alpha\mathfrak{a})/\prod_{\mathfrak{q}\neq\mathfrak{p}}w_\mathfrak{q}(\alpha\alpha_\mathfrak{q})\leqq V(\alpha\mathfrak{a})=V(\mathfrak{a})\leqq\lambda$, したがって $\mathfrak{p}\notin\mathfrak{S}_\lambda$ ならば $w_\mathfrak{p}(\alpha\alpha_\mathfrak{p})=1$ となる. 故に $(\alpha)\mathfrak{a}\in F_\lambda$ である. 以上より, $J_k^\lambda=\{\mathfrak{a}\in J_k\,;\,V(\mathfrak{a})\leqq\lambda\}$ とおくと, $J_k^0\subset J_k^\lambda\subset F_\lambda P_k$ が証明された. 故に $C_k^0=J_k^0/P_k\subset F_\lambda P_k/P_k$ より C_k^0 がコンパクトなことがわかる. (ii) 一つの $\mathfrak{p}_\infty$ を定め $k_{\mathfrak{p}_\infty}^\times$ の中に R^+ と同型な部分群をとり $\mathfrak{a}=\{\alpha_\mathfrak{p}\,;\,\alpha_\mathfrak{p}=1,\ (\mathfrak{p}\neq\mathfrak{p}_\infty)$ かつ $\alpha_{\mathfrak{p}_\infty}\in\mathrm{R}^+\}$ となる $\mathfrak{a}$ の全体 $(\mathrm{R}^+)^*$ をとれば $C_k=C_k^0\times(\mathrm{R}^{+*}P_k/P_k)$ なる直積分解を得る. 位相に関する部分は (i) より導かれる. (詳細は省略する). (終)

$\mathfrak{S}$ を素因子の有限集合で, かつすべての無限素因子を含むものとする.

$$J_k^{\mathfrak{S}}=\{\mathfrak{a}\,;\,\mathfrak{a}\in J_k,\,w_\mathfrak{p}(\mathfrak{a})=1(\mathfrak{p}\notin\mathfrak{S})\}\tag{5·32}$$

$$k^{\mathfrak{S}}=\{\alpha\,;\,\alpha\in k^\times,\,w_\mathfrak{p}(\alpha)=1(\mathfrak{p}\notin\mathfrak{S})\}\tag{5·33}$$

とおく. $k^{\mathfrak{S}}$ の元 α を k の $\mathfrak{S}$ **単数** ($\mathfrak{S}$-unit) という. ($\mathfrak{S}$ が k の無限素因子の全体のとき, $\mathfrak{S}$ 単数と整数全体の環の単数とは一致する). $J_k^{\mathfrak{S}}$ は J_k の部分群で U を含むから, J_k の開いた部分群である.

定理 5·25 $J_k/J_k^{\mathfrak{S}}P_k$ は有限群である. **[類数の有限性]**

（証明）　$J_k^{\mathfrak{S}} \supset U, J_k/U$ が離散的であるから，$J_k/J_k^{\mathfrak{S}}P_k$ は離散的である．次に準同型定理により，$J_k/J_k^{\mathfrak{S}}P_k \cong J_k^0/(J_k^{\mathfrak{S}}P_k \cap J_k^0) \cong C_k^0/(J_k^{\mathfrak{S}}P_k/P_k \cap C_k^0)$，しかも両辺は同位相である．ここに C_k^0 はコンパクトであるから，右辺はコンパクトである．両者合わせて，コンパクトかつ離散的な集合は有限集合である．（終）

注意　$\mathfrak{S}$ を無限素因子の全体とすると $J_k/J_k^{\mathfrak{S}}P_k = (J_k/J_k^{\mathfrak{S}})/(P_kJ_k^{\mathfrak{S}}/J_k^{\mathfrak{S}})$ は（k の整数全体の環 $\mathfrak{o}$ のイデアル群）/（k の主イデアルのつくる部分群）と同型，したがって，通常の意味で k のイデアル類群と同型である．故に定理 5·25 は "k のイデアル類数は有限である" という定理を含んでいる．（高木 [15]，44 頁，定理2）．

問 5·7　数体 k に含まれる1のベキ根全体は，有限な巡回群である．

定理 5·26　k に含まれる1のベキ根の全体を $E=\{1,\zeta,\zeta^2,\cdots,\zeta^{m-1}\}$ $(\zeta^m=1)$ とする．k の $\mathfrak{S}$ 単数全体の群を $k^{\mathfrak{S}}$ とすると，$k^{\mathfrak{S}}/E$ は $r-1$ 個の生成元をもつ自由 Abel 群である．ただし，$\mathfrak{S}$ は k の無限素因子すべてを含む r 個の素因子の集合とする．**[Dirichlet の単数定理]**[1)]

（証明）　$\mathfrak{S}=\{\mathfrak{p}_1,\cdots,\mathfrak{p}_r\}$ とし，$J_k^{\mathfrak{S}} \to \mathrm{R}\times\cdots\times\mathrm{R}$（$r$ 個）$=\mathrm{R}^{(r)}$ なる写像 φ:

$$\varphi(\mathfrak{a}) = (\log w_{\mathfrak{p}_1}(\alpha_{\mathfrak{p}_1}),\cdots,\log w_{\mathfrak{p}_r}(\alpha_{\mathfrak{p}_r}))$$

を考える．$\varphi(\mathfrak{a}\mathfrak{b})=\varphi(\mathfrak{a})+\varphi(\mathfrak{b})$，かつ φ は連続写像である．さて $J_k^{0\mathfrak{S}}=J_k^0\cap J_k^{\mathfrak{S}}, P_k^{\mathfrak{S}}=J_k^{\mathfrak{S}}\cap P_k$ とおく．$J_k^{\mathfrak{S}}\supset J_k^{0\mathfrak{S}}\supset P_k^{\mathfrak{S}}\supset E$ に対する像 $\varphi(J_k^{\mathfrak{S}})\supset\varphi(J_k^{0\mathfrak{S}})\supset\varphi(P_k^{\mathfrak{S}})\supset\{0\}$ を考える．まず $\varphi(J_k^{\mathfrak{S}})=\mathrm{R}^{(r)}$ である．次に $J_k^{\mathfrak{S}}/J_k^{0\mathfrak{S}}\cong\mathrm{R}^+$ より $\varphi(J_k^{\mathfrak{S}})/\varphi(J_k^{0\mathfrak{S}})\cong\mathrm{R}$，したがって $\varphi(J_k^{0\mathfrak{S}})\cong\mathrm{R}^{(r-1)}$ となる．次に $J_k^{0\mathfrak{S}}/P_k^{\mathfrak{S}}\cong J_k^{0\mathfrak{S}}P_k/P_k\subset J_k^0/P_k$ より $J_k^{0\mathfrak{S}}/P_k^{\mathfrak{S}}$ はコンパクトである．したがって φ による像 $\varphi(J_k^{0\mathfrak{S}})/\varphi(P_k^{\mathfrak{S}})$ もコンパクトになる．最後に $\varphi(P_k^{\mathfrak{S}})$ は離散的である．なんとなれば，$\mathrm{R}^{(r)}$ の有界な領域に属する $\varphi(P_k^{\mathfrak{S}})$ の元は，J_k のあるコンパクト集合に属すことになるから（P_k が離散的なることを用いれば），高々有限個である．以上より $\varphi(P_k^{\mathfrak{S}})$ は $\mathrm{R}^{(r-1)}$ 上の階数 $r-1$ の格子点の全体となり，$r-1$ 次元の自由 Abel 群となる．一方 $P_k^{\mathfrak{S}}$ に含まれる写像 φ の核は，$\{\alpha;\ w_{\mathfrak{p}}(\alpha)=1\ (\mathfrak{p}\in\mathfrak{M})\}$ となる．これは1のベキ根に他ならない．故に $\varphi(P_k^{\mathfrak{S}})\cong P_k^{\mathfrak{S}}/E\cong k^{\mathfrak{S}}/E$ は階数 $r-1$ の自由 Abel 群となる．（終）

---

1)　高木 [15]，第9章 単数 参照

とくに $\mathfrak{S}$ が k の無限素因子の全体であれば $k^{\mathfrak{S}}=\{\alpha\,;\,w_{\mathfrak{p}}(\alpha)=1,\,(\mathfrak{p}\in\mathfrak{M})\}$ は整数全体の環 $\mathfrak{o}$ の単数の全体であった．よって定理 5·26 は，“$\mathfrak{o}$ の単数全体のつくる群は有限群 E を法として $r=s+t-1$ 個の生成元をもつ自由 Abel 群となる”という Dirichlet の単数定理（高木 [15]，122頁）に他ならない．

系 5·27 素因子の適当な有限集合 $\mathfrak{S}$ をとると

$$J_k=P_kJ_k^{\mathfrak{S}} \tag{5·34}$$

である．

（証明） はじめに $\mathfrak{S}_0$ を k の無限素因子の全体とすると，定理 5·25 より $J_k/P_kJ_k^{\mathfrak{S}_0}$ は有限集合となる．故にその各類から一つずつ代表 $\mathfrak{a}_1,\cdots,\mathfrak{a}_h$ をとる．$\mathfrak{a}_1,\cdots,\mathfrak{a}_h$ の $\mathfrak{p}$ 成分が少なくも一つは単数でないような素因子 $\mathfrak{p}$ を $\mathfrak{p}_1,\cdots,\mathfrak{p}_r$ とし，新たに $\mathfrak{S}=\mathfrak{S}_0\cup\{\mathfrak{p}_1,\cdot\cdot,\mathfrak{p}_r\}$ とすると，(5·34) が成り立つ．（終）

5·3·3 体の拡大とイデール K を数体 k の有限拡大とする．k の素因子 $\mathfrak{p}$ の上にある K の素因子を $\mathfrak{P}_1,\cdots,\mathfrak{P}_g$ とする． $\mathfrak{a}=\{\alpha_p\}\in J_k$ に対して $\iota_{k\to K}\mathfrak{a}\in J_K$ を，

$$(\iota_{k\to K}\mathfrak{a})_{\mathfrak{P}_i}=\alpha_{\mathfrak{p}} \qquad (i=1,\cdots,g) \tag{5·35}$$

によって定義する．明らかに $\iota_{k\to K}:J_k\to J_K$ は単射な準同型写像である．また主イデール $(\alpha)\in P_k$ に対して $\iota_{k\to K}(\alpha)=(\alpha)\in P_K$ なことも明らかである．かつ J_k の位相は，J_K よりひきおこされる $\iota_{k\to K}J_k$ の位相と一致する．それは $N_k(\varepsilon,\mathfrak{S}),N_K(\varepsilon',\mathfrak{S}')$ を J_k および J_K の単位元の近傍系とするとき (i) 与えられた $N_k(\varepsilon,\mathfrak{S})$ に対して，適当に $\varepsilon',\mathfrak{S}'$ をとると $\iota_{k\to K}N_k(\varepsilon,\mathfrak{S})\supset N_K(\varepsilon',\mathfrak{S}')\cap\iota_{k\to K}J_k$ なること，および (ii) 任意の $N_K(\varepsilon',\mathfrak{S}')$ に対して適当に $\varepsilon,\mathfrak{S}$ をとると $N_K(\varepsilon',\mathfrak{S}')\cap\iota_{k\to K}J_k\supset\iota_{k\to K}N_k(\varepsilon,\mathfrak{S})$ ならしめ得ることを注意すればよい．

また $k\subset K\subset L$ ならば，$\iota_{K\to L}\cdot\iota_{k\to K}=\iota_{k\to L}$ の成り立つことも，明らかである．

次に K/k が Galois 拡大で，その Galois 群を $G=G(K/k)$ とする．$\sigma\in G$ は $K_{\mathfrak{P}}\to K_{\mathfrak{P}^\sigma}$ なる同型を定めた．そこで $\mathfrak{a}=\{\alpha_{\mathfrak{P}}\}\in J_K$ に対して，$\mathfrak{a}^\sigma\in J_K$ を

$$(\mathfrak{a}^\sigma)_{\mathfrak{P}}=(\alpha_{\mathfrak{P}^{\sigma^{-1}}})^\sigma \tag{5·36}$$

によって定義する．$\mathfrak{a}^{\tau\sigma}=(\mathfrak{a}^{\sigma})^{\tau}$ である．

補題 5·28 J_K を G を作用素とする乗法群とみるとき

$$J_K{}^G=\iota_{k\to K}J_k \tag{5·37}$$

（証明） 左辺⊃右辺は明らかである．逆に $\mathfrak{a}\in J_K{}^G$ とする．$\alpha_{\mathfrak{P}}=\mathfrak{a}_{\mathfrak{P}}=(\mathfrak{a}^{\sigma})_{\mathfrak{P}}=(\alpha_{\mathfrak{P}^{\sigma^{-1}}})^{\sigma}$ である．いまとくに $\sigma\in Z(\mathfrak{P})$（$\mathfrak{P}$ の分解群）にとれば，$Z(\mathfrak{P})$ は $K_{\mathfrak{P}}/k_{\mathfrak{p}}$ の Galois 群と一致する．故に $\alpha_{\mathfrak{P}}=\alpha_{\mathfrak{P}}{}^{\sigma}$ より $\alpha_{\mathfrak{P}}\in k_{\mathfrak{p}}$ である．また $\mathfrak{P}_i{}^{\sigma}=\mathfrak{P}$ にとれば $\mathfrak{a}_{\mathfrak{P}}=\mathfrak{a}^{\sigma}_{\mathfrak{P}_i}=\mathfrak{a}_{\mathfrak{P}_i}$ $(\in k_{\mathfrak{p}}^{\times})$ となる． したがって $\mathfrak{a}_0=\{\alpha_{\mathfrak{p}}\}(\alpha_{\mathfrak{p}}=\alpha_{\mathfrak{P}})\in J_k$ とおくと，$\mathfrak{a}=\iota_{k\to K}\mathfrak{a}_0$ と表わされる．（終）

補題 5·29 一般の拡大 K/k に対して，

$$P_K\cap\iota_{k\to K}J_k=\iota_{k\to K}P_k. \tag{5·38}$$

（証明） K/k が Galois 拡大ならば，$P_K\cap\iota_{k\to K}J_k=P_K\cap J^G=P_K{}^G=\iota_{k\to K}P_k$ である．一般の K/k に対して，$k\subset K\subset L, L/k$ を Galois 拡大とする．

$(\alpha)\in P_K\cap\iota_{k\to K}J_k$ とすれば，$\iota_{K\to L}(\alpha)\in P_L\cap\iota_{k\to L}J_L$． 故に前半によって $\iota_{K\to L}(\alpha)\in\iota_{k\to L}P_k$． $\iota_{k\to L}$ は単射であるから $(\alpha)\in\iota_{k\to K}P_k$ となる．（終）

以上を用いて

定理 5·30 (i) K/k を有限拡大とするとき，$\iota_{k\to K}:J_k\to J_K$ よりイデール類群の写像：

$$\varphi_{k\to K}:C_k\to C_K \tag{5·39}$$

がひきおこされ，しかも $\varphi_{k\to K}$ は単射である．かつ C_k の位相は，C_K の部分群としての $\varphi_{k\to K}C_k$ の位相と一致する．

(ii) とくに K/k が Galois 拡大で，その Galois 群を G とすると

$$\varphi_{k\to K}C_k=C_K{}^G \tag{5·40}$$

（証明） (i) $\iota_{k\to K}:J_k\to J_K, \iota_{k\to K}:P_k\to P_K$ によって，剰余群の間の写像 $\varphi_{k\to K}(\mathfrak{a}P_k)=(\iota_{k\to K}\mathfrak{a})P_K$ がひきおこされる．また $\varphi_{k\to K}$ が単射であることは，$\varphi_{k\to K}(\mathfrak{a}P_k)=P_K$ であれば $\iota_{k\to K}\mathfrak{a}\in P_K$，故に補題 5·29 より $\mathfrak{a}\in P_k$ となることからわかる． 位相に関することは，J_k の場合と同様に証明される．(ii) の $\varphi_{k\to K}C_k\subset C_K{}^G$ は明らかである． 逆に $\mathfrak{a}P_K\in C_K{}^G$ とすれば $(\mathfrak{a}P_K)^{\sigma}=\mathfrak{a}P_K$，したがって $f[\sigma]=\mathfrak{a}^{\sigma-1}\in P_K$ となる．故に $f[\sigma]$ は G の $K^{\times}$ を係数とする

1双対輪体となる．定理 5·1 によって $f[\sigma]=\alpha^{\sigma-1}$ なる $\alpha\in K^{\times}$ が存在する．したがって $\mathfrak{a}^{\sigma-1}=(\alpha)^{\sigma-1}, (\alpha)^{-1}\mathfrak{a}\in J_K{}^G$ となる．補題 5·28 より $(\alpha)^{-1}\mathfrak{a}=\iota_{k\to K}\mathfrak{a}_0$ $(\mathfrak{a}_0\in J_k)$ であるから，$\mathfrak{a}=(\alpha)\mathfrak{a}_0\in(\iota_{k\to K}J_k)P_K$，すなわち $\mathfrak{a}P_K\in\varphi_{k\to K}C_k$ となった．（終）

第 6 章　無限次代数的拡大

6·1　無限次代数的拡大の Galois 理論[1)]

体 F の拡大体 Ω に関して，Ω/F を代数的 Galois 拡大とする．(Galois 拡大といえば，必ず分離的であるものと約束する)．Ω/F の自己同型 σ の全体を $G(\Omega/F)$ と書き，Ω/F の Galois 群という．$[\Omega:F]$ が有限でないとき，通常の Galois の理論は多少修正を要する．

(I)　$\mathfrak{G}=G(\Omega/F)$ に次のように位相を導入する．まず Ω の有限個の元 $\alpha_1, \cdots, \alpha_n$ を任意にとり，$U(\alpha_1, \cdots, \alpha_n)=\{\sigma \in \mathfrak{G}\,;\, \alpha_i^\sigma=\alpha_i,\ i=1, \cdots, n\}$ を $\mathfrak{G}$ の単位元 1 の近傍系の基底とする．　$U(\alpha_1, \cdots, \alpha_n)\bigcap U(\beta_1, \cdots, \beta_m)=U(\alpha_1, \cdots, \alpha_n, \beta_1, \cdots, \beta_m)$，および $\bigcup_{\{\alpha_1,\cdots,\alpha_n\}}U(\alpha_1, \cdots, \alpha_n)=\{1\}$ ($\bigcap$ はすべての $\{\alpha_1, \cdots, \alpha_n\}$ に関する共通部分) であるから，$\mathfrak{G}$ は位相群となることがわかる．$\mathfrak{H}=U(\alpha_1, \cdots, \alpha_n)$ は $\mathfrak{G}$ の開いた部分群で，$[\mathfrak{G}\,;\,\mathfrak{H}]<+\infty$ である．したがってまた $\mathfrak{H}=\mathfrak{G}-\bigcup_{i\neq 1}\tau_i\mathfrak{H}$ と表わせば，$\tau_i\mathfrak{H}$ は開集合であるから $\mathfrak{H}$ は閉集合ともなっている．

(II)　$\mathfrak{G}$ はコンパクトである．なんとなれば，各 $\alpha\in\Omega$ に対して $S(\alpha)=\{\alpha^\sigma\,;\,\sigma\in\mathfrak{G}\}$ なる有限集合をつくる．$S(\alpha)$ は離散的位相をもつ集合と考えて，$X=\prod_{\alpha\in\Omega}S(\alpha)$ なる直積位相空間をつくる．Tychonoff の定理によって，X はコンパクトである．$\sigma\in\mathfrak{G}$ に対して，$\varphi(\sigma)=\{\alpha^\sigma\in S(\alpha):\alpha\in\Omega\}\in X$ を対応させれば，$\varphi:\mathfrak{G}\to X$ なる単射を得る．しかも $\mathfrak{G}$ の位相と，X の部分集合としての $\varphi(\mathfrak{G})$ の位相は一致する．故に $\varphi(\mathfrak{G})$ が X の閉部分集合となっていれば，$\varphi(\mathfrak{G})$ (したがって $\mathfrak{G}$) はコンパクトである．それを示すために $x^*=\{\alpha^*\,;\,\alpha^*\in S(\alpha)\}(\in X)$ を $\varphi(\mathfrak{G})$ の閉包の元とする．任意の $\alpha, \beta\in\Omega$ に対して，x^* の近傍として $\{x\in X\,;\, x(\alpha)=\alpha^*, x(\beta)=\beta^*, x(\alpha+\beta)=(\alpha+\beta)^*, x(\alpha\beta)=(\alpha\beta)^*\}$ をとる．x^* が $\varphi(\mathfrak{G})$ の閉包に属す故，この近傍に属す $\varphi(\mathfrak{G})$ の元 σ がある．故に $\alpha^*=\alpha^\sigma$, $\beta^*=\beta^\sigma$, $(\alpha+\beta)^*=(\alpha+\beta)^\sigma=\alpha^\sigma+\beta^\sigma=\alpha^*+\beta^*$，同様に $(\alpha\beta)^*=\alpha^*\beta^*$ となる．すなわち $\alpha\to\alpha^*$ は Ω/F の一つの自己同型となり，$\varphi(\mathfrak{G})$ は閉集合であることが示された．

---

1)　この章に関しては Artin [1]，Chap. 6; N. Bourbaki,　Algèbre. Chap.　V, Appendice II にていねいに説明がある．

(III)　$\mathfrak{H}$ を $G(\Omega/F)$ の部分群とする．もしもすべての $\sigma\in\mathfrak{H}$ に対して $\alpha^\sigma=\alpha$ $(\alpha\in\Omega)$ が成り立つのは $\alpha\in F$ に限るならば，$\mathfrak{H}$ は $G(\Omega/F)$ の中で至る所稠密である．

(証明)　Ω の任意の元 $\alpha_1,\cdots,\alpha_n$ と任意の $\tau\in G(\Omega/F)$ に対して $\{\tau U(\alpha_1,\cdots,\alpha_n)\}$ の全体が $G(\Omega/F)$ の開集合の基底をつくる．故に $\mathfrak{H}\cap\tau U(\alpha_1,\cdots,\alpha_n)\neq\emptyset$（空集合）をいえば，$\mathfrak{H}$ は至る所稠密なことがわかる．いま $F(\alpha_1,\cdots,\alpha_n)\subset K$, K/F が有限次 Galois 拡大にとる．$\sigma\in\mathfrak{H}$ は K/F の自己同型をひきおこす．仮定によりこれらすべての自己同型に対して不変な元は F の元に限るから，有限次 Galois 拡大の理論より $G(K/F)$ 全体をひきおこす．$K=F(\alpha)$ とすれば，$G(\Omega/F)=\bigcup_{i=0}^{r}\tau_iU(\alpha)$ に対して $\mathfrak{H}\cap\tau_iU(\alpha)\neq\emptyset$ $(i=1,\cdots,r)$ である．$F(\alpha_1,\cdots,\alpha_n)\subset F(\alpha)$ より $U(\alpha_1,\cdots,\alpha_n)\supset U(\alpha)$．したがって $\tau\in\tau_iU(\alpha)$ ならば $\mathfrak{H}\cap\tau U(\alpha_1,\cdots,\alpha_n)\neq\emptyset$ となる．

(IV)　$F\subset K\subset\Omega$ なる中間体 K に対して，K の元をすべて不変にする $G(\Omega/F)$ の元全体 $\mathfrak{H}$ は，$G(\Omega/F)$ の閉じた部分群となる．逆に，この $\mathfrak{H}$ に対して不変な Ω の元の全体が K となる．よって $\mathfrak{H}=G(\Omega/K)$ である．

(証明)　$[K:F]<+\infty$ であれば，$K=F(\alpha),\mathfrak{H}=U(\alpha)$ は，$\mathfrak{G}$ の閉じた部分群となる．．$[K:F]=+\infty$ であれば $\mathfrak{H}=\bigcap_{\alpha_\lambda\in K}U(\alpha_\lambda)$ は，($\mathfrak{G}$ の閉じた部分群である．逆に $\alpha\notin K$ であれば，$K\subset K(\alpha)\subset L\subset\Omega$, $[L:K]<+\infty$, なる Galois 拡大 L/K をとると，有限拡大の Galois の理論より $\alpha^\sigma\neq\alpha$ なる $\sigma\in\mathfrak{G}(L/K)$ の存在が知られている．この σ を $G(\Omega/K)\subset G(\Omega/F)$ に延長すればよい．

(V)　$\mathfrak{H}$ を $G(\Omega/F)$ の閉じた部分群とする．すべての $\sigma\in\mathfrak{H}$ に対して不変な元全体のつくる体を K とすると，$\mathfrak{H}=G(\Omega/K)$ である．

(証明)　$\mathfrak{H}\subset G(\Omega/K)$ は明らかであるが，(III) によって $\mathfrak{H}$ は $G(\Omega/K)$ の中で稠密である．仮定より $\mathfrak{H}$ は閉集合であるから，$\mathfrak{H}=G(\Omega/K)$ となる．以上まとめて

定理 6·1　Ω/F を無限次代数的 Galois 拡大，$G(\Omega/F)$ をそのコンパクトな Galois 群とする．$G(\Omega/F)$ の閉じた部分群 $\mathfrak{H}$ と Ω/F の中間体 K とが，$\mathfrak{H}=G(\Omega/K)$ の関係によって一対一に対応する．とくに $[K:F]<+\infty$ な中間体と，$G(\Omega/F)$ の指数有限な閉じかつ開いた部分群とが対応する．

注意　$G(\Omega/F)$ の代りに，その中で至る所稠密な部分群 $\mathfrak{G}^*$ をとるとき，$F\subset K\subset\Omega$, $[K:F]<+\infty$ なる中間体と，$\mathfrak{G}^*$ の指数有限な閉じかつ開いた部分群とが一対一に対応する．

6・2　特殊な無限次拡大

6・21　有限体の場合　$q=p^r$（p は素数），$F^*=GF(q)$ とし，K_n^* を F^* の n 次拡大：$K_n^*=GF(q^n)$（$n=1,2,\cdots$）とする．$G(K_n^*/F^*)=\{1,\sigma,\sigma^2,\cdots,\sigma^{n-1}\}, \sigma:\alpha\to\alpha^q$（$\alpha\in K_n^*$）であった．そこで $\Omega^*=\bigcup_{n=1}^{\infty}K_n^*$ とおくと，Ω^*/F^* は無限次 Galois 拡大である．（しかも Ω^* は標数 p の代数的閉体である）．$\alpha\in\Omega^*$ に対して $\sigma:\alpha\to\alpha^q$ は Ω^*/F^* の自己同型である．$\mathfrak{G}^*=\{1,\sigma,\sigma^2,\cdots,\sigma^{-1},\sigma^{-2},\cdots\}$ とおくと，$\mathfrak{G}^*$ は $G(\Omega^*/F^*)$ の部分群で，σ で不変な Ω^* の元は F^* の元に限る．故に 6・1 (III) によって，$\mathfrak{G}^*$ は $G(\Omega^*/F^*)$ の中で至る所稠密である．

いますべての素数 p に対して，$\mathrm{ord}_p(\alpha)\geqq 0$ なる p 進数 α の全体のつくる加群を Z_p とおき，それらの直積

$$\mathbf{Z}=\prod_p \mathrm{Z}_p \quad (\text{直積}) \tag{6・1}$$

をつくる．p 進数体 $\mathbf{Q}_p$ の位相に関して Z_p はコンパクトであるから，$\mathbf{Z}$ は直積位相に関してコンパクトである．いま写像 $\iota:\mathrm{Z}\to\mathbf{Z}$ を $\iota(n)=(n,n,\cdots)$ によって定義する．任意の $p_1^{\nu_1},p_2^{\nu_2},\cdots,p_m^{\nu_m}$ と，任意の $a_1,\cdots,a_m(\in\mathrm{Z})$ に対して $a\equiv a_i(\mathrm{mod}\,p_i^{\nu_i})$ $(i=1,\cdots,m)$ となる $a\in\mathrm{Z}$ が存在するから，$\iota(\mathrm{Z})$ は $\mathbf{Z}$ の中で至る所稠密である．いま $\mathfrak{z}=\{\alpha_p\,;\,\alpha_p\in\mathrm{Z}_p\}\in\mathbf{Z}$ に対して，$\alpha^{\sigma^{\mathfrak{z}}}$（$\alpha\in\Omega^*$）を次のように定義する．まず α はある K_n^* に含まれる．$n=\prod_{i=1}^{m}p_i^{\nu_i}$ とし，$\alpha_{p_i}\equiv a_{p_i}(\mathrm{mod}\,p_i^{\nu_i})$（$a_{p_i}\in\mathrm{Z}$）$(i=1,\cdots,m)$ に a_{p_i} を定め，これらから，$a\equiv a_{p_i}$ $(\mathrm{mod}\,p_i^{\nu_i})$ $(i=1,\cdots,m)$ なる $a\in\mathrm{Z}$ を選ぶ．これを簡単に $\alpha\equiv a$ mod n）と記すことにしよう．さて

$$\alpha^{\sigma^{\mathfrak{z}}}=\alpha^{\sigma^a} \tag{6・2}$$

と定義する．これは $\alpha\equiv a$ (mod n) なる a のとりかたにも，また $\alpha\in K_n^*$ なる n のとりかたにもよらない．容易に $\sigma^{\mathfrak{z}}$ は Ω/F の自己同型であることがわかる．

定理 6・2　$G(\Omega^*/F^*)=\{\sigma^{\mathfrak{z}}\,;\,\mathfrak{z}\in\mathbf{Z}\}$．しかも $G(\Omega^*/F^*)$ の位相と，$\mathbf{Z}$ の位相は一致する．

（証明）　上に見たように $\sigma^{\mathfrak{z}}\in G(\Omega^*/F^*)$ であり $\{\sigma^{\mathfrak{z}}:\mathfrak{z}\in\mathbf{Z}\}$ の $\mathbf{Z}$ による位

相と $G(\Omega^*/F^*)$ の部分集合としての位相は一致する．他方 $\{\sigma^n ; n \in Z\}$ は $G(\Omega^*/F^*)$ の中で至る所稠密である．故に $\{\sigma^{\mathfrak{z}} ; \mathfrak{z} \in \mathbf{Z}\}$ は $G(\Omega^*/F^*)$ 中至る所稠密で，かつコンパクトであるから，$G(\Omega^*/F^*)$ 全体と一致する．（終）

注意 定理 6・1 の注意により，K_n^* $(n=1,2,\cdots)$ と $\{\sigma^r : r \in Z\}=\mathfrak{G}^*$ の部分群 $\mathfrak{G}^{*n}$ と一対一に対応する．

6・2・2 p 進数体の場合 基礎体として Q_p（p 進数体）をとる．K_n を Q_p の n 次不分岐拡大とする．§ 5・2・4 で述べたように不分岐拡大 K_n と剰余類体 $K_n^* \cong GF(p^n)$ とは一対一に対応し，$K_n=Q_p(\zeta)$，$\zeta^{p^n-1}=1$ で与えられる．いま $\Omega_{p,1}=\bigcup_{n=1}^{\infty} K_n$ とおく．すなわち，$\Omega_{p,1}$ は Q_p 上の最大不分岐拡大である．これに対して § 6・2・1 のように $\Omega^*=\bigcup_{n=1}^{\infty} K_n^*$ とおくと，$G(\Omega_{p,1}/Q_p) \cong G(\Omega^*/GF(p))$ と一致し，この右辺は § 6・2・1 において求めたものである．

次に Q_p に，1 のベキ根の全体を添加して得られる無限次 Galois 拡大を

$$\Omega_p \tag{6・3}$$

とおく．$\Omega_{p,1}=Q_p(\{\zeta ; \zeta^{p^n-1}=1, n=1,2,\cdots)\} \subset \Omega_p$ である．逆に 1 の m ベキ根 ζ で，$(m,p)=1$ であれば，$p^r \equiv 1 \pmod m$ なる r が存在する．故に $\Omega_{p,1}=Q_p(\{\zeta ; \zeta^m=1, (m,p)=1\})$ と表わされる．これに対して $\Omega_{p,2}=Q_p(\{\zeta ; \zeta^{p^r}=1, r=1,2,\cdots\})$ とおくと $\Omega_p=\Omega_{p,1}\Omega_{p,2}$, $\Omega_{p,1}\cap\Omega_{p,2}=Q_p$ である．

次に乗法群 $Q_p^\times$ と，$G(\Omega_p/Q_p)$ の関係をしらべてみよう．$\alpha \in Q_p^\times$ は一意に $\alpha=p^\nu\gamma$, $(\nu=\mathrm{ord}_p(\alpha) \in Z$, γ は単数）と分解される．1 の m ベキ根 ζ は $\zeta=\zeta_r\zeta_{p^s}$, $(r,p)=1$ $(\zeta_r^r=1, (\zeta_{p^s})^{p^s}=1)$ と分解されるので，それに対して

$$\zeta^{\sigma_p(\alpha)}=\zeta_r^{p^\nu}\zeta_{p^s}^{\beta} \qquad (\beta=\gamma^{-1}) \tag{6・4}$$

と定義する．ただし，単数 β に対しては，$\beta \equiv t \pmod{p^s}$ に $t \in Z$ をとり，$\zeta_{p^s}^{\beta}=\zeta_{p^s}^{t}$ と定義する．$(p^\nu, r)=1, (t,p^s)=1$ であるから，$\zeta^{\sigma_p(\alpha)}$ は Q_p 上で ζ と共役である．これに対して

（I） $\sigma_p(\alpha)$ は Ω_p/Q_p の自己同型である．

（II） $\sigma_p(\alpha)\sigma_p(\beta)=\sigma_p(\alpha\beta)$ $(\alpha, \beta \in Q_p^\times)$

（III） $\sigma_p(\alpha)=1$（恒等写像）となるのは，$\alpha=1$ に限る．

これらは (6·4) の定義より，容易に証明することができる.

(IV)　すべての $\alpha \in \mathrm{Q}_p^\times$ に対して $\lambda^{\sigma_p(\alpha)}=\lambda$ $(\lambda \in \Omega_p)$ となるのは $\lambda \in \mathrm{Q}_p^\times$ の場合に限る.

(証明)　(6·4) の定義よりまず $\zeta^{\sigma_p(\alpha)}=\zeta$ がすべての $\alpha \in \mathrm{Q}_p^\times$ で成り立つのは，$\zeta^p=\zeta$，すなわち $\zeta \in \mathrm{Q}_p^\times$ の場合に限ることがわかる．また任意の1の m ベキ根 ζ に対して，$\sigma \in G(\mathrm{Q}_p(\zeta)/\mathrm{Q}_p)$ をひきおこすような $\sigma_p(\alpha)$ を見出すことができるから，すべての $\sigma_p(\alpha)$ で不変な Ω_p の元は $\mathrm{Q}_p^\times$ の元に限る.

これより，§ 5·1, (III) によって，次の結果が導かれる.

定理 6·3　Ω_p を Q_p にすべての1のベキ根を添加して得られる体とする．(6·4) によって $\sigma_p(\alpha) \in G(\Omega_p/\mathrm{Q}_p)$ $(\alpha \in \mathrm{Q}_p^\times)$ を定義すると $\{\sigma_p(\alpha)\,;\,\alpha \in \mathrm{Q}_p^\times\}$ は $G(\Omega_p/\mathrm{Q}_p)$ の中で至る所稠密である．しかも $\mathrm{Q}_p^\times \ni \alpha \to \sigma_p(\alpha) \in G(\Omega_p/\mathrm{Q}_p)$ は連続である.

連続性に関する部分の証明は，読者に委ねることとする.

問 6·1　定理 6·1 の注意によって，Q_p の有限拡大 $K=\mathrm{Q}_p(\zeta)\subset\Omega$ と $\{\sigma_p(\alpha)\,;\,\alpha \in \mathrm{Q}_p^\times\}$ の（閉じかつ開いた）指数有限な部分群とが一対一に対応する．その部分群を具体的に求めよ.

6·2·3　有理数体の場合　基礎体として有理数体 Q をとり，Q にすべての1のベキ根を添加して得られる体を Ω^a として，$G(\Omega^a/\mathrm{Q})$ を記述しよう．Q のイデール群 J_Q は，$J_\mathrm{Q}=(\prod_p{}^*\mathrm{Q}_p^\times)\times\mathrm{R}^\times$ である．(ただし $\prod^*\mathrm{Q}_p$ は，それに属す元は p 成分の中で単数でないものは有限個ということを示す)．$U_\mathrm{Q}=(\prod_p \mathfrak{u}_p)\times\mathrm{R}^+$ ($\mathfrak{u}_p$ は Q_p の単数群，$\mathrm{R}^+=\{a\in\mathrm{R}\,;\,a>0\}$) とおくと

$$J_\mathrm{Q}=P_\mathrm{Q}\times U_\mathrm{Q} \tag{6·5}$$

である．実際に $J_\mathrm{Q}\ni\mathfrak{a}=\{\alpha_p\}$ (ただし $\alpha_{p\infty}\in\mathrm{R}$) に対して，$a=(\mathrm{sign}\,\alpha_{p\infty})\prod_p p^{\mathrm{ord}_p(\alpha_p)}\in\mathrm{Q}^\times$ とおくと，$\mathfrak{a}=(a)\mathfrak{b}$, $\mathfrak{b}\in U_\mathrm{Q}$ と表わされる．しかも $P_\mathrm{Q}\cap U_\mathrm{Q}=\{1\}$ である．よって (6·5) の直積分解を得る．したがって

$$C_\mathrm{Q}=J_\mathrm{Q}/P_\mathrm{Q}\cong U_\mathrm{Q} \tag{6·6}$$

である．さて $\mathfrak{a}=(a)\mathfrak{b}^{-1}$ ($\mathfrak{b}\in U_Q$) に対して $\sigma(\mathfrak{a})=\sigma_0(\mathfrak{b})\in G(\Omega^a/\mathrm{Q})$ を次のように定義する．1の n ベキ根 ζ に対して，$\mathfrak{b}\equiv m \pmod{n}$ に $m\in \mathrm{Z}$ をとる．（すなわち，すべての素数 p ($\neq p_\infty$) に対して $\mathrm{ord}_p(\beta_p-m)\geqq \mathrm{ord}_p n$, $\mathfrak{b}=\{\beta_p\}$ にとる)．実際にこのような m が存在して，$(m,n)=1$ であり，かつ m は $\bmod n$ に関して一意に定まる．そのとき

$$\zeta^{\sigma(\mathfrak{a})}=\zeta^m \tag{6·7}$$

と定義する．定義より明らかなように，$\sigma(\mathfrak{a})$ はイデール類 $\mathfrak{a}P_Q$ に対して定まる．これに対して局所数体の場合と同様に

（I）　$\sigma(\mathfrak{a})$ は Ω^a/Q の自己同型である．

（II）　$\sigma(\mathfrak{a}_1\mathfrak{a}_2)=\sigma(\mathfrak{a}_1)\sigma(\mathfrak{a}_2)$　($\mathfrak{a}_1,\mathfrak{a}_2\in J_Q$)

(III)　主イデール (α) に対して $\sigma((\alpha))=1$ である．一般に $\sigma(\mathfrak{a})=1$ となるのは，，$\mathfrak{a}=(a)\mathfrak{b}_\infty$ の形の場合に限る．ここに $\mathfrak{b}_\infty$ は，p_∞ 成分以外はすべて1となる U_Q の元を表わす．

(IV)　すべての $\mathfrak{a}\in J_Q$ に対して $\lambda^{\sigma(\mathfrak{a})}=\lambda$ ($\lambda\in\Omega^a$) となるのは，$\lambda\in\mathrm{Q}$ の場合に限る．

（V）　$J_Q\ni\mathfrak{a}\to\sigma(\mathfrak{a})\in G(\Omega^a/\mathrm{Q})$ は連続である．

さて (IV) より $\sigma(\mathfrak{a})$ の全体は $G(\Omega^a/\mathrm{Q})$ の中で至る所稠密である．さらに (III) によって $\mathfrak{a}\to\sigma(\mathfrak{a})$ の核で J_Q を割れば $\prod_{p\neq p_\infty}\mathfrak{u}_p$ ($\mathfrak{u}_p$ は Q_p の単数群）と同型でこれはコンパクト群である．故に (V) と合わせて，その像はコンパクト，したがって $G(\Omega^a/\mathrm{Q})$ 全体と一致する．以上より

定理 6·4　有理数体 Q にすべての1のベキ根を添加して得られる体を Ω^a とする．$G(\Omega^a/\mathrm{Q})$ のすべての元は $\sigma(\mathfrak{a})$ ($\mathfrak{a}\in J_Q$) として得られる．この対応 $\mathfrak{a}\to\sigma(\mathfrak{a})$ によって，（代数的にもかつ位相に関しても）

$$G(\Omega^a/\mathrm{Q})\cong\prod_{p\neq p_\infty}\mathfrak{u}_p \tag{6·8}$$

である ($\mathfrak{u}_p$ は Q_p の単数群)．

以上の結果と局所数体の場合の結果を比べてみよう．いま $\alpha_p\in\mathrm{Q}_p{}^\times$ に対して $\alpha_p=(1,\cdots,1,\alpha_p,1,\cdots)\in J_Q$（すなわち p 成分以外はすべて1，p 成分が α_p となるイデール）を対応させる．$\alpha_p=p^\nu\gamma_p,\gamma_p\in\mathfrak{u}_p$ とすれば

$$\alpha_p=(p^\nu)\mathfrak{b}^{-1},\quad \mathfrak{b}=(p^\nu,\cdots,p^\nu,\gamma_p{}^{-1},p^\nu,\cdots)\in U_Q$$

と分解される．故に１の n ベキ根 ζ に対して $\zeta^{\sigma(\alpha_p)}=\zeta^{\sigma_0(\mathfrak{b})}=\zeta_r^{p^\nu}\zeta_{p^s}^{\gamma_p{}^{-1}}$（ただし，$(r,p)=1, n=rp^s$）となる．よって (6·4) 式と比べて

$$\sigma(\alpha_p)=\sigma_p(\alpha_p) \tag{6·9}$$

を得た．ただし $\sigma_p(\alpha_p)$ は $G(\Omega_p/\mathbf{Q}_p)$ の元であるが，自然な対応によって $G(\Omega/\mathbf{Q})$ の元とみなすのである．$p=p_\infty$ の場合には，$\alpha_{p\infty}\in R^\times$ に対して

$$\zeta^{\sigma_\infty(\alpha_{p_\infty})}=\zeta^{\mathrm{sign}(\alpha_{p\infty})} \tag{6·10}$$

と定義すれば，$\sigma(\alpha_\infty)=\sigma_\infty(\alpha_\infty)$ となる．以上より

定理 6·5　$\mathfrak{a}=\{\alpha_p\}\in J_Q$ に対して

$$\sigma(\mathfrak{a})=\prod_p \sigma_p(\alpha_p) \tag{6·11}$$

が成り立つ．ただし右辺では，任意の $\lambda\in\Omega^a$ に対して $\lambda^{\sigma_p(\alpha_p)}\neq\lambda$ となるのは高々有限個である．とくに $a\in\mathbf{Q}^\times$ に対して

$$\prod_p \sigma_p(a)=1 \tag{6·12}$$

が成り立つ．((6·11), (6·12) の $\prod_p$ で，p はすべての有限素因子および p_∞ を動く)．

第 7 章　抽象的類体論

数体および局所数体における類体論に共通な一般的理論をいくつかの公理の上に組立てることを目標とする．実際にそれらの公理が数体および局所数体の場合に成り立つことは第8，9章で証明する．

7·1 類構造

7·1·1 定義　Fを定まった基礎体，ΩをFの定まった無限次代数的 Galois 拡大とする．Ωに含まれるFの有限次拡大の全体を$\mathfrak{K}$とする：$\mathfrak{K}=\{K\,;\,F\subset K\subset\Omega, [K:F]<+\infty\}$．今後考える体 $k, l, K, L, \cdots$は，とくに断らない限りすべて$\mathfrak{K}$に属するものとする．

いま各 $K\in\mathfrak{K}$ に Abel 群 $E(K)$ が対応づけられていて，次の諸性質を満足するとき，$\{E(K)\,;\,K\in\mathfrak{K}\}$ を**類構造** (class formation) という．

CI　$k\subset K$ であれば，$E(k)$ より $E(K)$ の中への同型（単射）$\varphi_{k\to K}: E(k)\to E(K)$ が定義されている．

CII　$k\subset l\subset K$ ならば，$\varphi_{l\to K}\cdot\varphi_{k\to l}=\varphi_{k\to K}$.

CIII　$k\subset K, K/k$ が Galois 拡大，その Galois 群を $G=G(K/k)$ とする．各 $\sigma\in G$ に対して $\sigma: E(K)\to E(K)$ なる自己同型が定義されて，$E(K)$ は G を作用群とする Abel 群となる．かつ

$$E(K)^G=\varphi_{k\to K}E(k)^{1)} \tag{7·1}$$

CIV　$k\subset K\subset L, K/k$ と L/k は Galois 拡大で，$G=G(L/k), G'=G(K/k)$, $\lambda: G\to G'$ を標準的全射とする．そのとき $\sigma\in G, \alpha\in E(K)$ に対して $(\varphi_{K\to L}(\alpha))^\sigma=\varphi_{K\to L}(\alpha^{\lambda(\sigma)})$ が成り立つ．

---

1)　$\sigma\in G, \alpha\in E(K)$ に対して α^σ と書く．したがって $\alpha^{\tau\sigma}=(\alpha^\sigma)^\tau$ である．また $N_G\alpha=\prod_{\sigma\in G}\alpha^\sigma$ である．

CV $k \subset K$, K/k を Galois 拡大, $G = G(K/k)$ とする. $E(K)$ は G を作用群とする Abel 群であるから, $E(K)$ を係数とする G のコホモロジー群 $H^r(G, E(K))$ が定義される. それに対して

(i) $\quad H^1(G, E(K)) = \{1\}$ $\hfill (7 \cdot 2)$

(ii) $\quad H^2(G, E(K_1)) \cong Z/nZ$ (加群)[1] $(n = [K:k] = [G:1])$ $\hfill (7 \cdot 3)$

が成り立つ.

注意 $E(K) \, (K \in \mathfrak{K})$ を互に共通元をもたない集合と考えて, それらの合併集合 $\mathfrak{E} = \bigcup_{K \in \mathfrak{K}} E(K)$ をつくる. $\mathfrak{E}$ において, $\varphi_{k \to K}(\alpha) = \beta$ のとき, $\alpha \sim \beta$ と表わして $\sim$ の関係にあるものを同一視する. かくして得られた集合を $E(\Omega)^*$ とおく. $\alpha (\in E(K))$ を含む類を α^* とおくと, $E(K)$ と $E(K)^*$ とは一対一に対応し, $E(\Omega)^* = \bigcup_{K \in \mathfrak{K}} E(K)^*$ しかも $k \subset K$ ならば, $E(k)^* \subset E(K)^*$ である. これから $E(\Omega)^*$ も Abel 群となる. CIV において $E(k)^* \subset E(K)^* \subset E(L)^*$ であって, $\sigma \in G(L/k)$ を $E(K)^*$ で考えることは, $\lambda(\sigma)$ と一致する. これに基いて, $G(\Omega/k) \ni \sigma^*$ の $E(\Omega)^*$ への作用が定義される. しかも $G(\Omega/k)$ と $E(\Omega)^*$ との間に, §6·1 の無限次 Galois 拡大の理論と同様な理論が成立する. 例えば, $\mathfrak{H} = G(\Omega/K)$ とすると, $\mathfrak{H}$ の各元 σ によって不変な $E(\Omega)^*$ の元の全体が $E(K)^*$ となる.

以上は抽象的な類構造の定義であるが, 二つの具体的な場合を挙げよう.

(I) 基礎体として, p 進数体 $\mathbf{Q}_p$ をとり, Ω として $\mathbf{Q}_p$ の代数的閉拡大をとる. 各 $K \in \mathfrak{K}$ に対して

$$E(K) = K^\times \quad \text{(体 } K \text{ の乗法群)}$$

とし, $\varphi_{k \to K}$ を $k^\times \to K^\times$ の標準的単射とする. CI, CII, CIII, CIV が成り立つことは殆んど自明である. CV (i) は定理 5·1 である. CV (ii) は第 8 章, 定理 8·7 で証明する. したがって第 7 章の理論はすべて局所数体に対して適用される.

(II) 基礎体として有理数体 $\mathbf{Q}$ をとり, Ω として $\mathbf{Q}$ の代数的閉拡大をと

---

[1] $E(K)$ が乗法的 Abel 群であるから $H^r(G, E(K))$ も乗法群となる. 一般に乗法群 A と加群 B とが $\varphi: A \cong B$ であるとは, φ は一対一対応で $\varphi(a_1 a_2) = \varphi(a_1) + \varphi(a_2)$ を満足することを表わすものと約束する.

る．各 $K \in \mathfrak{K}$ に対して

$$E(K)=C_K \qquad (K\text{ のイデール類群}) \tag{7·5}$$

にとる．$\varphi_{k\to K}$ としては，定理 5·30 の写像 $\varphi_{k\to K}$ をとる．CI, CII, CIII は定理 5·30 よりわかる．CIV も殆んど自明である．CV は第9章，定理 9·8 および定理 9·17 で証明する．したがって数体に対して第7章の理論が適用される．

7·1·2 同型定理 CV によって Tate の定理 4·8 が適用できる．すなわち

定理 7·1 類構造 $\{E(K)\,;\,K \in \mathfrak{K}\}$ にて，K/k を Galois 拡大，$G=G(K/k)$ とするとき

$$H^r(G, E(K)) \cong H^{r-2}(G, \mathrm{Z}) \qquad (r \in \mathrm{Z}) \tag{7·6}$$

である．とくに ξ^2 を $H^2(G, E(K))$ の一つの生成元とするとき，$\zeta^{r-2} \in H^{r-2}(G, \mathrm{Z})$ に対して

$$\Phi_\xi : \zeta^{r-2} \to \xi^2 \cup \zeta^{r-2} \tag{7·7}$$

と対応させることによって (7·6) の同型が得られる．

とくに $r=0$ の場合に適用すると，系 4·9 の結果を用いて，抽象的類体論におけるはじめの基本定理が導かれる．

定理 7·2 Galois 拡大 K/k の Galois 群を $G=G(K/k)$ とする．巡回群 $H^2(G, E(K))$ の一つの生成元を ξ とし，コホモロジー類 ξ に属す任意の双対輪体を $f[\sigma, \tau]$ $(\sigma, \tau \in G)$ とする．そのとき

$$\sigma \bmod^{\times} [G, G] \to \Big(\prod_{\tau \in G} f[\tau, \sigma]\Big)^{-1} \bmod^{\times} N_G E(K) \tag{7·8}$$

によって，同型

$$G/[G, G] \cong E(K)^G/N_G E(K) \tag{7·9}$$

を得る．

記号 $E(K) \to E(k)$ の準同型 $N_{K/k}$ を

$$N_{K/k} = \varphi_{k\to K}^{-1} \cdot N_G \tag{7·10}$$

によって定義する．実際 $N_G : E(K) \to E(K)^G = \varphi_{k\to K} E(k)$ より (7·10) の

右辺は意味をもつ．K/k が Galois 拡大でない場合にも $k\subset K\subset L, L/k$ を Galois 拡大とし，$G(L/k)=G, G(L/K)=H, G=\bigcup_i \tau_i H$ とし

$$N_{K/k}=\overset{-1}{\varphi}_{k\to L}\cdot N_{G/H}\cdot\varphi_{K\to L} \tag{7·10$'$}$$

によって定義される．この定義は L/k のとり方によらない．

(I)　$k\subset K\subset L$ ならば，　$N_{L/k}=N_{K/k}\cdot N_{L/K}$　(7·11)

(II)　$k\subset K\subset L$ ならば，　$N_{L/k}E(L)\subset N_{K/k}E(K)$　(7·12)

である．さてこの記号によれば，(7·9) の右辺に $\overset{-1}{\varphi}_{k\to K}$ を施すことにより

$$\Psi:\ G/[G,G]\cong E(k)/N_{K/k}E(K) \tag{7·9$'$}$$

が成り立つ．

系 7·3　K/k が Abel 拡大であれば，$G=G(K/k)$ に対して

$$\Psi\ :\ G\cong E(k)/N_{K/k}E(K) \tag{7·9$''$}$$

が成り立つ．**[同型定理]**[1)]

定理 7·4　$k\subset l$ を任意の拡大とする．$k\subset K\subset l, K/k$ が Abel 拡大であるような最大の K をとる．そのとき

$$N_{l/k}E(l)=N_{K/k}E(K). \tag{7·13}$$

(とくに l/k が Galois 拡大，$G=G(l/k)$ であれば，K は $[G,G]$ に対応する部分体である)．**[終結定理]**[2)]

(証明)　ここでは l/k が Galois 拡大の場合に証明する．一般の場合の証明は §7·3 にゆずる．さて G の部分群 $[G,G]$ に対応する l/k の中間体を K とすると，(7·12) より $N_{l/k}E(l)\subset N_{K/k}E(K)$ である．一方 $G(K/k)=G/[G,G]$ より，(7·9)$'$ および (7·9)$''$ を用いて，$[E(k):N_{l/k}E(l)]=[E(k):N_{K/k}E(K)]=[G:[G,G]]$ である．よって (7·13) を得る．(終)

7·1·3　標準的コホモロジー類，2 コホモロジー類の不変数　$\{E(K)\,;\,K\in\mathfrak{K}\}$を類構造とする．すでに見たように Galois 拡大 K/k, Galois 群 $G=G(K/k)$に対して巡回群 $H^2(G,E(K))$ の生成元 $\xi_{K/k}$ が重要な役目をもつが，ξ は一意に定まるのではない．K や k を動かすとき，相互に都合よく関係するよう

1)　高木 [15]，209 頁参照．
2)　高木 [15]，263 頁参照．

に適当な $\xi_{K/k}$ を選ぶという問題を考えよう．いくつかの体の組合せとして，次の四つの型を考える．

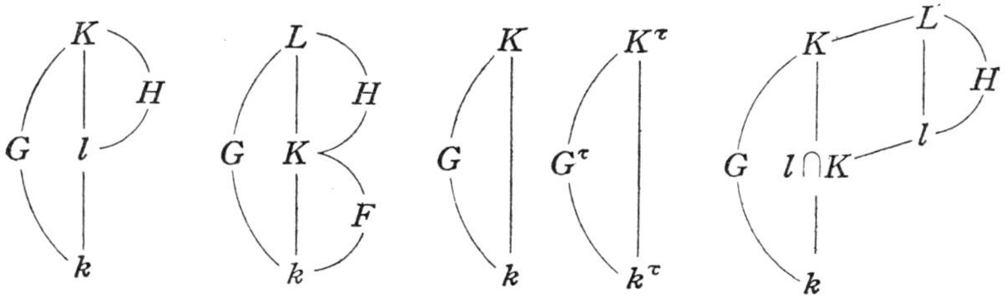

SI　　　SII　　　SIII　　　SIV

SI.　$k\subset l\subset K$, K/k は Galois 拡大の場合．$G=G(K/k)$，$H=G(K/l)$ とおく．$H\subset G$ である．

SII.　$k\subset K\subset L$, K/k, L/k 共に Galois 拡大の場合．　$G=G(L/k)$，$H=G(L/K)$, $F=G(K/k)$ とおく．$H\subset G$, $F\cong G/H$ である．

SIII.　K/k が Galois 拡大で $G=G(K/k)$ とする．τ を Ω/F の自己同型とすると，K^τ/k^τ も Galois 拡大である．$G(K^\tau/k^\tau)=G^\tau$ とおく．

SIV　K/k は Galois 拡大，$G=G(K/k)$ とする．別に $k\subset l$, $L=Kl$ とおく．L/l も Galois 拡大となり，その Galois 群を $H=G(L/l)$ とすると，$\tau\in H$ は K/k の自己同型を生じ，（それを同一文字で表わせば）$H=G(K/(K\cap l))$ である．したがって $H\subset G$.

補題 7·5　(I) SI の場合には

$$\mathrm{Res}_{G/H}: H^2(G, E(K))\to H^2(H, E(K))\quad（全射）\qquad(7\cdot14)$$

$$\mathrm{Inj}_{G/H}: H^2(H, E(K))\to H^2(G, E(K))\quad（単射）\qquad(7\cdot15)$$

である．

(II)　SII の場合には

$$\{1\}\longrightarrow H^2(F, E(K))\xrightarrow{\mathrm{Inf}^*} H^2(G, E(L))\xrightarrow{\mathrm{Res}} H^2(H, E(L))\ \text{(exact)}\qquad(7\cdot16)$$

である．ただし $\mathrm{Inf}^*{}_{F/G}=\mathrm{Inf}_{F/G}\cdot\varphi_{K\to L}{}^\#$ とする．

（証明）(I)　37 頁 (V) により $\mathrm{Inj}_{H/G}\cdot\mathrm{Res}_{G/H}(\xi)=\xi^{[G:H]}$ ($\xi\in H^2(G, E(K))$) が成り立つ．いま ξ が $H^2(G, E(K))\cong \mathrm{Z}/[G:1]\mathrm{Z}$ を動けば，

$\xi^{[G:H]}$ は $Z/[H:1]Z$ の全体を動く．一方 $\mathrm{Inj}^{H/G}(\mathrm{Res}_{G/H}\xi) \in \mathrm{Inj}_{H/G}H^2(H, E(K))$ であるから，以上により (i) $\mathrm{Inj}_{H/G}$ が単射であること，(ii) $\mathrm{Res}_{G/H}$ は全射であることの両者が成り立たねばならない． (II) $H^1(H, E(L))=\{1\}$ により，定理 3·5, $n=2$ の場合を適用すればよい． ただし $\varphi_{K\to L}: E(K) \cong E(L)^H$ を用いる．(終)

次の定理は以下の考察に対して基本的である．

定理 7·6 任意の Galois 拡大 K/k とその Galois 群 $G=G(K/k)$ に対して，$[G:1]$位巡回群である 2 コホモロジー群 $H^2(G, E(K))$ の生成元 $\xi_{K/k}$ を，次のように選ぶことができる．

DI. SI の場合に

$$\mathrm{Res}_{G/H}\xi_{K/k}=\xi_{K/l} \qquad (7\cdot17)$$

DII. SII の場合に

$$\mathrm{Inf}^*_{F/G}\xi_{K/k}=\xi^m_{L/k} \qquad (m=[L:K]) \qquad (7\cdot18)$$

(証明) まず $\mathfrak{K}$ の中より

$$F\subset L_1\subset L_2\subset\cdots\subset L_n\subset\cdots \qquad (7\cdot19)$$

なる列をとり (i) L_n/F は Galois 拡大，(ii) 任意の $K\in\mathfrak{K}$ に対して，ある L_n をとると，$[L_n:F]$ が $[K:F]$ の倍数であるようにとっておくことができる．以下 $\xi_{K/k}$ を特別の場合から順に定めていこう．

(i) 補題 7·5 (II) によって $\xi_{L_1/F}, \xi_{L_2/F}, \cdots$を順に選んで

$$\mathrm{Inf}^*\xi_{L_{n-1}/F}=\xi_{L_n/F}{}^{[L_n:L_{n-1}]} \qquad (n=2,3,\cdots) \qquad (7\cdot20)$$

ならしめることができる．(このような $\xi_{L_n/F}$ のとりかたは一意的ではない)．42 頁 (III) によって $\mathrm{Inf}^*\xi_{L_m/F}=\xi_{L_n/F}{}^{[L_n:L_m]}$ $(m<n)$ が成り立つ．

(ii) 任意の Galois 拡大 K/F に対して，$[L_n:F]=s[K:F]$ に L_n をとる．$G=G(L_nK/F), H=G(L_n/F), N=G(K/F)$ とおく．補題 7·5 (II) によって $\mathrm{Inf}^*_{H/G}(\xi^s_{L_n/F})$ は $H^2(G, E(L_nK))$ の中でも位数 $[K:F]$ の元となる．同じ公式より

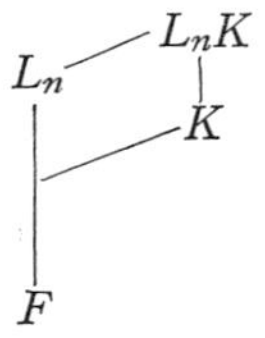

$\mathrm{Inf}^*_{N/G}(\xi_{K/F})=\mathrm{Inf}^*_{H/G}(\xi^s_{L_n/F})$ となる $\xi_{K/F}\in H^2(N, E(K))$ が

ただ一つ定まる．このように $\xi_{K/F}$ を定める．もしも L_n の代りに L_m ($n<m$) をとったとしても，(7·20) によって $\xi_{K/F}$ は変らない．

$F\subset K\subset L, L/F, K/F$ 共に Galois 拡大であるときに，$[L_n:F]$ が $[L:F]$ の倍数であるように L_n をとって，$\xi_{L_n/F}$ より $\xi_{K/F}$ および $\xi_{L/F}$ を定義すれば，$\mathrm{Inf}^*\xi_{K/F}=\xi_{L/F}{}^{[L:K]}$ が成り立つことが，同じく 42 頁 (III) より導かれる．

(iii) $F\subset k\subset K, K/F$ が Galois 拡大の場合に，$\xi_{K/k}=\mathrm{Res}\,\xi_{K/F}$ によって，$\xi_{K/k}$ を定義する．一般に $F\subset k\subset l\subset K, K/F$ が Galois 拡大であれば，$\mathrm{Res}\,\xi_{K/k}=\xi_{K/l}$ の成り立つことは，37 頁 (III) によってわかる．また $F\subset k\subset K\subset L, L/F, K/F$ 共に Galois 拡大であるときに，42 頁 (IV), (3·30)″ を用いれば，$\mathrm{Inf}^*\xi_{K/k}=\xi_{L/k}{}^{[L:K]}$ が $\mathrm{Inf}^*\xi_{K/F}=\xi_{L/F}{}^{[L:K]}$ より導かれる．

(iv) $F\subset k\subset K\subset L, L/F$ および K/k が Galois 拡大の場合に，$\mathrm{Inf}^*\xi_{K/k}=\xi_{L/k}{}^{[L:K]}$ によって $\xi_{K/k}$ を定義する．L の代りに $L\subset L', L'/F$ が Galois 拡大であるのを用いても，実際に同一の $\xi_{K/L}$ が定義されることは，$\mathrm{Inf}^*\xi_{L/k}=\xi_{L'/k}{}^{[L':L]}$ より，42 頁 (III) を用いて証明される．したがって，$F\subset k\subset K\subset L_1, L_1/F$ が Galois 拡大であるように L_1 をとって $\xi_{L_1/k}$ より $\xi_{K/k}$ を定義する場合にも，$LL_1=L'$ を仲だちとして考えれば，同一の $\xi_{K/k}$ が得られることがわかる．

以上によって，一般の Galois 拡大 K/k に対する $\xi_{K/k}$ が定義された．次に (I) $F\subset k\subset l\subset K\subset L, L/F, K/k$ が Galois 拡大とする．$\mathrm{Res}\,\xi_{K/k}=\xi_{K/l}$ が成り立つことは，再び 42 頁，(IV)，(3·30)″ を用いれば，$\mathrm{Res}\,\xi_{L/k}{}^{[L:K]}=\xi_{L/l}{}^{[L:K]}$ より導かれる．

(II) $F\subset k\subset K\subset L\subset M, M/F, L/k, K/k$ が Galois 拡大のとき，$\mathrm{Inf}^*\xi_{K/k}=\xi_{L/k}{}^{[L:K]}$ が成り立つことは，補題 7·5, (II) と，42 頁 (III) によって容易に証明される．(終)

定理 7·6 に次の追加をする．

定理 7·7 DI, DII を満足する $\{\xi_{K/k}\}$ は，さらに次の DI′, DII, DIII を満足する：

DI′. SI の場合に

$$\mathrm{Inj}_{H/G}\xi_{K/l}=\xi_{K/k}{}^{[l:k]} \tag{7·20}$$

DIII. SIII の場合に，同型写像 $\tau: E(K)\to E(K^\tau)$ と合わせて $I_\tau: H^2(G,E(K))\to H^2(G^\tau, E(K^\tau))$ を生じる[1]．そのとき

$$I_\tau\xi_{K/k}=\xi_{K^\tau/k^\tau} \tag{7·21}$$

DIV. SIV の場合に

$$\mathrm{Res}^*{}_{G/H}\xi_{K/k}=\xi_{L/l}{}^{[l:l\cap K]} \tag{7·22}$$

ただし $\mathrm{Res}^*=\varphi_{K\to L}{}^{\#}\cdot\mathrm{Res}$ とする．

（証明） DI′．(7·17) の両辺の $\mathrm{Inj}_{H/G}$ をとれば，37 頁 (V) によって，(7·20) を得る．DIII．$\xi_{K/k}$ と ξ_{K^τ/k^τ} の定めかたによって，40頁，(IV)および 42 頁，(iv)，(3·29) より証明される．DIV．$k\subset L\subset M$, M/k が Galois 拡大に M をとる．$G=G(M/k)$, $H_1=G(M/l)$, $H_2=G(M/K)$ とおいて，53 頁，追加 (3·56)′ を $\xi_{K/k}$ にほどこせば，DI, DI′ より $\mathrm{Res}_{G/H_1}\cdot\mathrm{Inf}_{(G/H_2)/G}\xi_{K/k}=\mathrm{Inf}_{(H_1/H_1\cap H_2)/H_1}\ \xi_{L/l}{}^{[l:l\cap K]}$ と $\mathrm{Inf}_{(H/H_1\cap H_2)/H_1}\cdot\varphi^{\#}\cdot\theta\cdot\mathrm{Res}_{(G/H_2)/(H_1H_2/H_2)}\xi_{K/k}=\mathrm{Inf}_{(H_1/H_1\cap H_2)/H_1}(\mathrm{Res}^*{}_{G/H}\xi_{K/k})$ とは等しい．ここで $\mathrm{Inf}_{(H_1/H_1\cap H_2)/H_1}$ が単射であることを用いれば，(7·22) を得る．

注意　定理 7·6 における $\{\xi_{K/k}\}$ の選びかたは一意的でない．例えば，その証明の中で，(7·20) のような $\{\xi_{L_n/F}\}$ を任意にとることができる．一般に $\eta_{K/k}=\xi_{K/k}{}^{r(K/k)}$ がやはり DI, DII を満足するためには，(i) $r(K/k)$ は $[K:k]$ と互に素，(ii) SI の場合には $r(K/l)\equiv r(K/k)\pmod{[K:l]}$，(iii) SII の場合には $r(K/k)\equiv r(L/k)\pmod{[K:k]}$ となることが，必要かつ十分である．

今後は，定理 7·6 を成立せしめる $\{\xi_{K/k}\}$ を一組定めておく．そしてこれを**標準的コホモロジー類** (canonical cohomology class) という．また標準的コホモロジー類 $\xi_{K/k}$ より任意に 2 双対輪体 $f_{K/k}$ を定めておいて，これを**標準的双対輪体**とよぶことにする．

標準的コホモロジー類に基いて，2 コホモロジー類 ($\in H^2(G,E(K))$) の

---

1) $k\subset K\subset L$, L/F を Galois 拡大とすれば $\varphi_{K\to L}$, $\varphi_{K^\tau\to L}$ によって $E(K)$, $E(K^\tau)$ 共に $E(L)$ の部分群と見なすことができる．§ 3·1·2 の定義は適当に変形すればこの場合に適用できる．

不変数(invariant) を次のように定義する．すなわち K/k を Galois 拡大，$G=G(K/k)$ とし，$\eta_{K/k}\in H^2(G, E(K))$ に対して，$\eta_{K/k}=\xi_{K/k}{}^r$ とするとき

$$\mathrm{inv}_{K/k}(\eta_{K/k})=r/[K:k] \qquad (\mathrm{mod}\,\mathrm{Z}) \tag{7·24}$$

と定義する．定理 7·6 および 7·7 より直ちに次の結果が導かれる：

定理 7·8 (i) $\mathrm{inv}_{K/k}(\eta_{K/k})$ の値は $[K:k]$ を分母とする (mod Z の) 有理数である．(ii) $\mathrm{inv}_{K/k}(\eta_{K/k})\equiv 0$ (mod Z) は，$\eta_{K/k}=1$ の場合に限る．(iii) $\mathrm{inv}_{K/k}(\eta_{K/k}\eta'_{K/k})\equiv\mathrm{inv}_{K/k}(\eta_{K/k})+\mathrm{inv}_{K/k}(\eta'_{K/k})$ (mod Z)

(iv) SI の場合には

$$\mathrm{inv}_{K/l}(\mathrm{Res}_{G/H}\eta_{K/k})\equiv[l:k]\mathrm{inv}_{K/k}(\eta_{K/k}) \ (\mathrm{mod}\,\mathrm{Z}) \tag{7·25}$$

$$\mathrm{inv}_{K/k}(\mathrm{Inj}_{H/G}\eta_{K/l})\equiv\mathrm{inv}_{K/l}(\eta_{K/l}) \ (\mathrm{mod}\,\mathrm{Z}) \tag{7·25$'$}$$

(v) SII の場合には

$$\mathrm{inv}_{L/k}(\mathrm{Inf}_{F/G}\eta_{K/k})=\mathrm{inv}_{K/k}(\eta_{K/k}) \ (\mathrm{mod}\,\mathrm{Z}) \tag{7·26}$$

(vi) SIII の場合には

$$\mathrm{inv}_{K^\tau/k^\tau}(\eta^\tau_{K/k})=\mathrm{inv}_{K/k}(\eta_{K/k}) \ (\mathrm{mod}\,\mathrm{Z}) \tag{7·27}$$

(vii) SIV の場合には

$$\mathrm{inv}_{L/l}(\mathrm{Res}^*_{G/H}\eta_{K/k})=[l:k]\mathrm{inv}_{K/k}(\eta_{K/k}) \ (\mathrm{mod}\,\mathrm{Z}) \tag{7·28}$$

注意 もしはじめに $\mathrm{inv}_{K/k}$ が与えられるならば $\mathrm{inv}_{K/k}(\xi_{K/k})\equiv 1/[K:k]$ (mod Z) となる $\xi_{K/k}$ が標準的コホモロジー類となる．(附録II参照)

7·2 ノルム剰余記号

7·2·1 定義 定理 7·2 において得られた同型対応 (7·8) について，考察をすすめよう．K/k を Galois 拡大，$G=G(K/k)$ を Galois 群，$f_{K/k}$ を標準的 2 双対輪体とするとき

$$\left(\frac{K/k}{\sigma}\right)\equiv\varphi^{-1}_{k\to K}\Big(\prod_{\tau\in G}f_{K/k}[\tau,\sigma]^{-1}\Big) \quad \mathrm{mod}^\times N_{K/k}E(K) \tag{7·29}$$

とおく．すなわち $\sigma\to\left(\dfrac{K/k}{\sigma}\right)$ によって，同型

$$G/[G,G]\cong E(k)/N_{K/k}E(K) \tag{7·30}$$

を得る．これに関して

定理 7·9 (i) SI の場合に

$$N_{l/k}\left(\frac{K/l}{\sigma}\right)\equiv\left(\frac{K/k}{\sigma}\right) \bmod \overset{\times}{N}_{K/k}E(K) \qquad (\sigma\in H=G(K/l)) \qquad (7\cdot31)$$

$$\varphi_{k\to l}\left(\frac{K/k}{\sigma}\right)\equiv\left(\frac{K/l}{V_{G\to H}\sigma}\right) \bmod \overset{\times}{N}_{K/l}E(K) \qquad (\sigma\in G=G(K/k)) \qquad (7\cdot31)'$$

ただし $V_{G\to H}$ は Verlagerung を表わす (44 頁参照).

(ii) SII の場合には

$$\left(\frac{L/k}{\sigma}\right)\equiv\left(\frac{K/k}{\psi(\sigma)}\right) \bmod \overset{\times}{N}_{K/k}E(K) \qquad (\sigma\in G=G(L/k)) \qquad (7\cdot32)$$

ここに $\psi: G\to F$ は標準的全射を表わす.

(iii) SIII の場合には

$$\left(\frac{K/k}{\sigma}\right)^{\tau}\equiv\left(\frac{K^{\tau}/k^{\tau}}{\tau\sigma\tau^{-1}}\right) \bmod \overset{\times}{N}_{K^{\tau}/k^{\tau}}E(K^{\tau}) \qquad (\sigma\in G=G(K/k)) \qquad (7\cdot33)$$

(iv) SIV の場合には

$$N_{l/k}\left(\frac{L/l}{\sigma}\right)\equiv\left(\frac{K/k}{\sigma}\right) \bmod \overset{\times}{N}_{K/k}E(K) \qquad (\sigma\in H=G(L/l)) \qquad (7\cdot34)$$

$$\varphi_{k\to l}\left(\frac{K/k}{\sigma}\right)\equiv\left(\frac{L/l}{V_{G\to H}\sigma}\right)^{[l:l\cap K]} \bmod \overset{\times}{N}_{L/l}E(L) \qquad (\sigma\in G=G(K/k))$$

$$(7\cdot34)'$$

(証明) 標準的2双対輪体の計算から導かれるのであるが[1]，ここでは cup 積の公式をできるだけ利用することにする．(i) $\zeta'\in H^{-2}(H,Z)$ に対して 64 頁 § 4·3·1 (I) (i) をあてはめると

$$\mathrm{Inj}_{H/G}(\mathrm{Res}_{G/H}\xi_{K/k}\cup\zeta')=\xi_{K/k}\cup\mathrm{Inj}_{H/G}\zeta'$$

である．定理 7·6, DI より $\mathrm{Res}_{G/H}\xi_{K/k}=\xi_{K/l}$ かつ $\zeta'=\{\sigma \bmod [H,H]\}$ $(\sigma\in H)$ に対して $\mathrm{Inj}_{H/G}\zeta'=\{\sigma \bmod [G,G]\}$ (44 頁, § 3·2·1 問 3·3)．さらに $\mathrm{Inj}_{H/G}: E(K)^H/N_HE(K)\to E(K)^G/N_GE(K)$ は $N_{G/H}$ (44 頁, § 3·2·1 (3·39)′) であった．これらを上の式に代入して，(7·31) を得る．次に $\zeta\in H^{-2}(G,Z)$ に対して，64 頁 § 4·3·1, (I), (ii) をあてはめると

1) 例えば Artin [1] 参照

$$\mathrm{Res}_{G/H}(\xi_{K/k}\cup\zeta)=\mathrm{Res}_{G/H}\xi_{K/k}\cup\mathrm{Res}_{G/H}\zeta$$

である．ここで上と同じく $\mathrm{Res}_{G/H}\xi_{K/k}=\xi_{K/l}$；かつ $\zeta=\{\sigma \bmod [G,G]\}$ に対して $\mathrm{Res}_{G/H}\zeta=\{V_{G\to H}\sigma \bmod [H,H]\}$ （44 頁，(3·40)′）；および $\mathrm{Res}_{G/H}$: $E(K)^G/N_GE(K)\to E(K)^H/N_HE(K)$ は単なる $\alpha\to\alpha$ の対応であった（44 頁，(3·38)′）．以上を上の式に代入して (7·31)′ を得る．

(ii) $\zeta\in H^{-2}(G,Z)$ に対して，65 頁，(II), (iv) をあてはめると

$$\mathrm{Def}_{G/F}(\mathrm{Inf}_{F/G}\xi_{K/k}\cup\zeta)=\xi_{K/k}\cup\mathrm{Def}_{G/F}\zeta$$

である．ここに定理 7·6, DII より $\mathrm{Inf}_{F/G}\xi_{K/k}=\xi_{L/k}^{m}$ $(m=[L:K])$；かつ $\zeta=\{\sigma \bmod [G,G]\}$ に対して，$\mathrm{Def}_{G/F}\zeta=\{\sigma^m \bmod [F,F]\}$；および $\mathrm{Def}_{G/F}: E(k)/N_{L/k}E(L)\to E(k)/N_{K/k}E(K)$ は，対応 $\alpha\to\alpha$ $(\alpha\in E(k))$ である（45 頁，(3·43)，(3·44)′）．これらを上の式に代入すると，(7·32) の両辺の m ベキした等式を得る．したがつて (7·32) はこの方法では証明されない．後に §7·2·2 で cup 積による証明を与えるが，ここでは双対輪体の直接計算を行うことにする．$G=\bigcup_{i=1}^{r}H\tau_i$ $(r=[G:H])$，H は G の不変部分群，$\overline{\rho\tau_i}=\tau_i$ $(\rho\in H)$ とおく．$f=f_{L/k}$ とおくと，$E(K)$ において

$$f[\sigma,\tau]^{\rho}f[\rho\sigma,\tau]^{-1}f[\rho,\sigma\tau]f[\rho,\sigma]^{-1}=1^{1)} \tag{7·35}$$

である．ρ と σ を入れかえ，τ の代りに $\bar\tau$ とおき，$\rho\in H$ についてかけ合わせると

$$f[H,\bar\tau]^{\sigma}f[\sigma H,\bar\tau]^{-1}f[\sigma,H\bar\tau]f[\sigma,H]^{-1}=1^{1)} \tag{7·36}$$

また (ρ,σ,τ) を (σ,τ,ρ) と入れかえ，$\rho\in H$ についてかけ合わせると

$$f[\tau,H]^{\sigma}f[\sigma\tau,H]^{-1}f[\sigma,\tau H]f[\sigma,\tau]^{-m}=1 \tag{7·37}$$

そこで $g[\sigma]=f[H,\bar\sigma]f[\sigma,H]^{-1}$ とおいて，(7·36)，(7·37) および $f[\sigma,H\bar\tau]=f[\sigma,\tau H]$ を用いて計算すれば

$$(\delta g)[\sigma,\tau]=\frac{g[\sigma]g[\tau]^{\sigma}}{g[\sigma\tau]}=\frac{f[H,\bar\sigma]f[H,\bar\tau]^{\sigma}f[\sigma\tau,H]}{f[\sigma,H]f[\tau,H]^{\sigma}f[H,\overline{\sigma\tau}]}$$

$$=\frac{f[H,\bar\sigma]}{f[\sigma,H]}\frac{f[\sigma H,\bar\tau]f[\sigma,H]}{f[\sigma,H\bar\tau]}\frac{f[\sigma,\tau H]}{f[\sigma\tau,H]f[\sigma,\tau]^{m}}\frac{f[\sigma\tau,H]}{f[H,\overline{\sigma\tau}]}$$

$$=f[H,\bar\sigma]f[H,\overline{\sigma\tau}]^{-1}f[H\bar\sigma,\bar\tau]f[\sigma,\tau]^{-m}$$

1) $f[\sigma,\tau]$ の代りに $f_1[\sigma,\tau]=f[\sigma,\tau](\delta h)[\sigma,\tau]$，$h[\sigma]=f[\sigma,1]$ とおくと，$f_1[1,1]=1$ である．故にあらかじめ $f[1,1]=1$ と仮定しておく．このとき (7·35) より $f[\rho,1]=f[1,\tau]=1$ が一般に成り立つ．

2) $A\subset G$ に対して $f(A,\sigma)=\prod_{\tau\in A}f(\tau,\sigma)$ 等の記号を用いる．

故に $f[\sigma,\tau]^m(\delta g)[\sigma\ \tau]=f[H,\bar{\sigma}]f[H,]\overline{\tau\sigma}^{-1}f[H\bar{\sigma},\bar{\tau}]$ となる．この右辺は $H\sigma$, $H\tau$ の函数である．したがって $f_{K/k}[H\sigma, H\tau]=f_{L/k}[\sigma,\tau]^m(\delta g)[\sigma,\tau]$ とおくと，$\mathrm{Inf}_{F/G}f_{K/k}\sim f_{L/k}^m$ が成り立つ．$f_{L/k}[1,1]=1$ であるから，$f_{K/k}[H,H]=1$ および $f_{K/k}[H,H\sigma]=1$ である．したがって (7·35) の関係式より，$f[H\sigma,H\tau]^\rho=f[H\sigma,H\tau]$ ($\rho\in H$) が導かれる．よって $f_{K/k}[H\sigma,H\tau]\in E(L)^H=\varphi_{K\to L}E(K)$ である．しかるに

$$\prod_{i=1}^{r}f_{K/k}[H\tau_i,H\sigma]=\left(\prod_{i=1}^{r}f_{L/k}[H,\bar{\tau}_i]f_{L/k}[H,\overline{\tau_i\sigma}]^{-1}\right)\prod_{i=1}^{r}f_{L/k}[H\tau_i,\bar{\sigma}]=f_{L/k}[G,\bar{\sigma}]$$

である． 故に（あらかじめ $\sigma=\bar{\sigma}$ にとっておけば）(7·29) の定義によって (7·32) の成り立つことが証明された．

(iii) $\zeta'\in H^{-2}(H,\mathrm{Z})$ に対して 64 頁，(I), (iii) をあてはめると

$$I_\tau(\xi_{K/k}\cup\zeta')=(I_\tau\xi_{K/k})\cup(I_\tau\zeta')$$

である．ここで $I_\tau\xi_{K/k}=\xi_{K^\tau/k^\tau}$；また $\zeta'=\{\sigma\bmod[H,H]\}$ に対して $I_\tau\zeta'=\{\tau\sigma\tau^{-1}\bmod[H^\tau,H^\tau]\}$； および $I_\tau: E(k)/N_{K/k}E(K)\to E(k)/N_{K^\tau/k^\tau}E(K^\tau)$ が $\alpha\to\alpha^\tau$ で与えられることを用いれば (7·33) を得る．

(iv) $k\subset l\subset L\subset M$, M/k を Galois 拡大にとる．$\sigma\in H$ に対して，$\sigma^*\in G(M/k)$ が L/l および K/k で σ をひきおこすものとする．そのとき，$\sigma^*\in G(M/l)$ である．(i), (ii) によって

$$\left(\frac{K/k}{\sigma}\right)\equiv\left(\frac{M/k}{\sigma}\right)\qquad(\overset{\times}{\mathrm{mod}}\,N_{K/k}E(K)),$$

$$\left(\frac{M/k}{\sigma^*}\right)\equiv N_{l/k}\left(\frac{M/l}{\sigma^*}\right)\qquad(\overset{\times}{\mathrm{mod}}\,N_{M/k}E(M))$$

$$\left(\frac{M/l}{\sigma^*}\right)\equiv\left(\frac{L/l}{\sigma}\right)\qquad(\overset{\times}{\mathrm{mod}}\,N_{L/l}E(L))$$

である．第三式の両辺の $N_{l/k}$ をとり，$N_{M/k}E(M)\subset N_{K/k}E(K)$ および $N_{l/k}\cdot N_{L/l}E(L)=N_{L/k}E(L)\subset N_{K/k}E(K)$ を用いれば，三つの式合わせて (7·34) を得る．次に (7·34)′ の証明は (7·31)′ の証明と全く同様である．ただし (7·17) の代りに，(7·22) を用いなくてはならない．(終)

$\sigma\to\left(\dfrac{K/k}{\sigma}\right)$ による同型 $G/[G,G]\to E(k)/N_{K/k}E(K)$ の逆写像として，**ノルム剰余記号** (norm-residue symbol) $(\alpha, K/k)$ が定義される．すなわち

$\alpha \in E(k)$ $(\bmod^{\times} N_{K/k}E(K))$ に対して

$$\alpha \to \sigma = (\alpha, K/k) \in G/[G,G] \tag{7·38}$$

を，関係式

$$\left(\left(\frac{K/k}{\sigma}\right), K/k\right) \equiv \sigma(\bmod^{\times}[G,G]), \left(\frac{K/k}{(\alpha, K/k)}\right) \equiv \alpha(\bmod^{\times} N_{K/k}E(K)) \tag{7·38$'$}$$

によって定める．定理 7·9 より直ちに次の結果が導かれる．

定理 7·10 写像 $E(k) \ni \alpha \to (\alpha, K/k) \in G/[G,G]$ によって，同型 $E(k)/N_{K/k}E(K) \cong G/[G,G]$ が与えられる．すなわち $\alpha, \beta \in E(k)$ に対して

$$(\alpha, K/k) \equiv 1 \ (\bmod^{\times}[G,G]) \Leftrightarrow \alpha \in N_{K/k}E(K) \tag{7·39}$$

$$(\alpha\beta, K/k) = (\alpha, K/k)(\beta, K/k) \tag{7·40}$$

が成り立つ．また

SI の場合には

$$(\alpha, K/l) \equiv (N_{l/k}\alpha, K/k) \ (\bmod^{\times}[G,G]) \quad (\alpha \in E(l)) \tag{7·41}$$

$$V_{G\to H}(\alpha, K/k) \equiv (\varphi_{k\to l}\alpha, K/l) \ (\bmod^{\times}[G,G]) \quad (\alpha \in E(k)) \tag{7·41$'$}$$

SII の場合には

$$\psi(\alpha, L/k) \equiv (\alpha, K/k) \ (\bmod^{\times}[F,F]) \quad (\alpha \in E(k)) \tag{7·42}$$

SIII の場合には

$$\tau(\alpha, K/k)\tau^{-1} \equiv (\alpha^{\tau}, K^{\tau}/k^{\tau}) \ (\bmod^{\times}[H^{\tau}, H^{\tau}]) \quad (\alpha \in E(k)) \tag{7·43}$$

SIV の場合には

$$(\alpha, L/l) \equiv (N_{l/k}\alpha, K/k) \ (\bmod^{\times}[G,G]) \quad (\alpha \in E(l)) \tag{7·44}$$

証明は，例えば SI においては，$\left(\frac{K/l}{\sigma}\right) \equiv \alpha \bmod^{\times} N_{K/l}E(K)$ とおくとき定理 7·9 (i) より $\left(\frac{K/k}{\sigma}\right) \equiv N_{l/k}\alpha(\bmod^{\times} N_{K/k}E(K))$ である．故に $(N_{l/k}\alpha, K/k) = \sigma = (\alpha, K/l)$ $(\bmod^{\times}[G,G])$となる．以下同様である．

7·2·2 巡回拡大の場合

$\Gamma = \mathrm{Q}/\mathrm{Z}$ とおいて

$$0 \longrightarrow \mathrm{Z} \xrightarrow{i} \mathrm{Q} \xrightarrow{j} \Gamma \longrightarrow 0 \quad (\text{exact})$$

なる完全系列を考える．いま G を任意の有限群とし，G は，Z, Q および Γ

に対して単純に作用するものとする．したがって，$H^1(G,\Gamma)\cong Z^1(G,\Gamma)\cong \mathrm{Hom}(G,\Gamma)\cong \mathrm{Hom}(G/[G,G],\Gamma)$ である．また，上の完全系列と，$H^r(G,\mathrm{Q})=0$ $(r\in \mathrm{Z})$ より $\delta^{\#}: H^1(G,\Gamma)\cong H^2(G,\mathrm{Z})$ となる．実際に，$\chi\in \mathrm{Hom}(G,\Gamma)$ に対して

$$(\delta\chi)[\sigma,\tau]=\chi^*[\sigma]+\chi^*[\tau]-\chi^*[\sigma\tau] \tag{7·45}$$

によって，この同型が導かれる．(ただし $\chi[\sigma]\in\Gamma$ に対して $\chi^*[\sigma]\in[0,1)$ を対応させるものとする)．次に G を作用群とする Abel 群を A とし $\alpha\in A^G$ に対して

$$f_\alpha[\sigma,\tau]=\alpha^{\delta\chi[\sigma,\tau]} \tag{9·46}$$

とおくと，f_α は G の A を係数とす2双対輪体である．これを $f_\alpha=\alpha^{\delta\chi}$ と表わす．cup 積を用いれば，$(\alpha,n)\to\alpha^n$ なる重線型写像 $\lambda: A\times \mathrm{Z}\to A$ により

$$\cup_\lambda : H^0(G,A)\times H^2(G,\mathrm{Z})\to H^2(G,A)$$
$$\alpha\cup_\lambda\delta\chi=\alpha^{\delta\chi} \tag{7·46)$'$}$$

によって定義される G の A を係数とする2双対輪体である．明らかに

$$(\alpha\beta)^{\delta\chi}=(\alpha^{\delta\chi})(\beta^{\delta\chi}),\qquad \alpha^{\delta(\chi+\chi')}=(\alpha^{\delta\chi})(\alpha^{\delta\chi'})$$

$(\alpha,\beta\in A^G,\chi,\chi'\in \mathrm{Hom}(G,\Gamma))$ である．

とくに G が巡回群の場合を考える．$\chi\in\mathrm{Hom}(G,\Gamma)$ を G の Γ への単射とする．

補題 7·11　$\alpha\in A^G \bmod^\times N_G A$ に $\alpha^{\delta\chi}$ を対応させることによって

$$\Phi: H^0(G,A)\cong H^2(G,A) \tag{7·47}$$

なる同型を得る[1)]．

(証明)　$G=\{1,\sigma,\sigma^2,\cdots,\sigma^{n-1}\},\sigma^n=1$ とし，$\chi(\sigma^i)\equiv i/n \pmod{\mathrm{Z}}$ とすると，$\delta\chi$ は

$$\delta\chi[\sigma^i,\sigma^j]=\begin{cases}0 & i+j<n\\ 1 & i+j\geqq n\end{cases} \tag{7·48}$$

で与えられる．一方 G の Z を係数とする -2 双対輪体 g_0 を $g_0[\sigma]^\wedge=1$,

1)　全く同様に $\alpha\in H^r(G,A)$ に対して $\alpha\cup_\lambda\delta\chi$ を対応させれば，$H^r(G,A)\cong H^{r+2}(G,A)$ を得る．

$g_0[\sigma^i]^\wedge=0$ $(i=1,2,\cdots,n-1)$ とおくと，63 頁の公式 (b)′ によって $g_0\cup\delta\chi=\delta\chi\cup g_0=0$ である．さて G の A を係数とする 2 双対輪体 $f[\sigma^i,\sigma^j]$ に対して

$$\Psi: f\to f\cup_\lambda g_0 \tag{7・49}$$

なる (G の A を係数とする) 0 双対輪体を対応させれば，$H^2(G,A)\to H^0(G,A)$ なる準同型を得る．$\Psi\cdot\Phi(\alpha)=(\alpha\cup\delta\chi)\cup g_0\sim\alpha\cup(\delta\chi\cup g_0)\sim\alpha$，および $\Phi\cdot\Psi(f)=(f\cup g_0)\cup\delta\chi\sim f\cup(g_0\cup\delta\chi)\sim f$ であるから，Φ (および Ψ) は $H^0(G,A)\cong H^2(G,A)$ を与えることがわかる．(終)

問 7・1　直接の双対輪体の計算で以上をたしかめよ．すなわち $\alpha^{\delta\chi}[\sigma^i,\sigma^j]=1$ $(i+j<n)$；$=\alpha$ $(i+j\geqq n)$ で与えられ，$\alpha^{\delta\chi}=\beta^{\delta\chi}\delta g$ $(\alpha,\beta\in A^G)$ なるためには ($g[\sigma]=\gamma\in A$ とおくと $g[\sigma^i]=\prod_{j=0}^{i-1}\gamma^{\sigma^j}$，したがって) $\alpha=\beta N_G\gamma$ が必要十分である．逆に Ψ は 2 双対輪体 $f[\sigma^i,\sigma^j]$ に対して $\alpha=\prod_{i=1}^{n-1}f[\sigma^i,\sigma]\in A^G$ を対応させることによって与えられる．

以上を類構造の場合にあてはめてみよう．

補題 7・12　(I)　SI の場合には

$$\mathrm{Res}_{G/H}(\alpha^{\delta\chi})\sim\alpha^{\delta\mathrm{Res}\chi}\quad(\alpha\in E(k),\chi\in\mathrm{Hom}(G,\Gamma)) \tag{7・50}$$

$$\mathrm{Inj}_{H/G}(\alpha^{\delta\mathrm{Res}\chi})\sim(N_{l/k}\alpha)^{\delta\chi}\quad(\alpha\in E(l),\chi\in\mathrm{Hom}(G,\Gamma)) \tag{7・50$'$}$$

(II)　SII の場合には

$$\mathrm{Inf}_{F/G}(\alpha^{\delta\chi})\sim\alpha^{\delta\mathrm{Inf}\chi}\quad(\alpha\in E(k),\chi\in\mathrm{Hom}(F,\Gamma)) \tag{7・51}$$

(III)　SIII の場合には

$$I_\tau(\alpha^{\delta\chi})\sim(\alpha^\tau)^{\delta\chi^\tau}\quad(\alpha\in E(k),\chi\in\mathrm{Hom}(G,\Gamma)) \tag{7・52}$$

(IV)　SIV の場合には

$$\mathrm{Res}^*_{G/H}(\alpha^{\delta\chi})\sim(\varphi_{k\to l}\alpha)^{\delta\mathrm{Res}\chi}\quad(\alpha\in E(k),\chi\in\mathrm{Hom}(G,\Gamma)) \tag{7・53}$$

$$\mathrm{Inj}_{H/G}\cdot N^\#_{l/l\cap K}(\alpha^{\delta\mathrm{Res}\chi})\sim(N_{l/k}\alpha)^{\delta\chi}\quad(\alpha\in E(l),\chi\in\mathrm{Hom}(H,\Gamma)) \tag{7・53$'$}$$

(証明)　(I) 64 頁 (I)(ii)，37 頁，(36) および 44 頁 (3・38)′ によって $\mathrm{Res}(\alpha^{\delta\chi})=\mathrm{Res}(\alpha\cup\delta\chi)\sim(\mathrm{Res}\,\alpha)\cup(\mathrm{Res}\,\delta\chi)=(\alpha)\cup(\delta\,\mathrm{Res}\,\chi)=\alpha^{\delta\mathrm{Res}\chi}$ であ

る．同じく 64 頁 (I) (i)，37 頁 (36) および 44 頁 (3·38)′ により，$\mathrm{Inj}(\alpha^{\cup}\delta\,\mathrm{Res}\,\chi)\sim(\mathrm{Inj}\alpha)^{\cup}\delta\chi=(N_{G/H}\alpha)^{\cup}\delta\chi$ である．(II) 65 頁 (II)(iii)，45 頁 (3·44)′ によって $\mathrm{Inf}(\mathrm{Def}\alpha^{\cup}\delta\chi)\sim\alpha^{\cup}(\mathrm{Inf}\,\delta\chi)=\alpha^{\cup}\delta\,\mathrm{Inf}\,\chi$ である．(III) $I_\tau(\alpha^{\cup}\delta\chi)\sim\alpha^{\tau\cup}\delta\chi^{\tau}$．(IV) 第一式は (I) と同様に $\varphi\cdot\mathrm{Res}(\alpha^{\cup}\delta\chi)\sim\varphi(\alpha^{\cup}\delta\,\mathrm{Res}\,\chi)=(\varphi\alpha)^{\cup}\delta\,\mathrm{Res}\,\chi$ である．第二式は補題 4·7 を用いて，$\mathrm{Inj}\cdot N^{\#}_{l/l\cap K}(\alpha_{\cap}\delta\,\mathrm{Res}\chi)=\mathrm{Inj}(N_{l/l\cap K}\alpha_{\cap}\delta\,\mathrm{Res}\,\chi)\sim N_{l\cap K/k}\cdot N_{l/l\cap K}\alpha_{\cap}\delta\chi=N_{l/k}\alpha_{\cap}\delta\chi$ を得る．(終)

定理 7·13 Galois 拡大 K/k，Galois 群 $G=G(K/k)$ とする．$\alpha\in E(k)$，$\chi\in\mathrm{Hom}(G,\Gamma)$ に対して

$$\chi(\alpha,K/k)=-\mathrm{inv}_{K/k}(\alpha^{\delta\chi}) \tag{7·54}$$

が成り立つ．

(証明) χ に対して，$G_\chi=\{\sigma\,;\,\chi(\sigma)=0\}$ とおく．G_χ に対応する K/k の中間体を K_χ とすると，$Z_\chi=G(K_\chi/k)\cong G/G_\chi$ は巡回群で，$\chi\in\mathrm{Hom}(Z_\chi,\Gamma)$ は $Z_\chi\to\Gamma$ の単射である．

$\beta^{\delta\chi}$ を K_χ/k の標準的2双対輪体とする：$\mathrm{inv}_{K\chi/k}(\beta^{\delta\chi})=1/n$ ($n=[K_\chi:k]$)．$\tau\in G$ に対して τ^* を $Z_\chi=G/G_\chi$ への標準的全射による像とするとき，定義によって

$$\left(\frac{K_\chi/k}{\tau^*}\right)=\prod_{\rho\in Z\chi}\beta^{\delta\chi}[\rho,\tau^*]^{-1}\cdot N_{K\chi/k}E(K_\chi)$$
$$=\prod_{\rho}[\beta^{\chi^*(\rho)+\chi^*(\tau^*)-\chi^*(\rho\tau^*)}]^{-1}N_{K\chi/k}(EK_\chi)$$
$$=[\beta^{n\chi^*(\tau^*)}]^{-1}N_{K\chi/k}E(K_\chi)\qquad(\chi^*(\tau^*)=\chi^*(\tau))$$

である．とくに $\tau=(\alpha,K/k)$ $(\mathrm{mod}^{\times}[G,G])$ とおけば，定義によって $\alpha N_{K\chi/k}E(K_\chi)=[\beta^{n\chi^*(\tau)}]^{-1}N_{K\chi/k}E(K_\chi)$ となる．したがって

$$\alpha^{\delta\chi}=(\beta^{n\chi^*(\tau)})^{-\delta\chi}=(\beta^{\delta\chi})^{-n\chi^*(\tau)}$$

よって両辺の $\mathrm{inv}_{K/k}$ をとれば，$\mathrm{inv}_{K/k}(\alpha^{\delta\chi})\equiv\mathrm{inv}_{K/k}(\beta^{\delta\chi})^{-n\chi^*(\tau)}\equiv-n\chi^*(\tau)\cdot1/n\equiv-\chi(\tau)$ $(\mathrm{mod}\,Z)$ を得る．(終)

公式 (7·54) と補題 7·12 を用いれば，定理 7·10 の別証明を与えることが

できる.

(I) SI の場合に (7·48) と, 定理 7·8 を用いれば, $\alpha \in E(k), \chi \in \mathrm{Hom}(G, \Gamma), \chi_0 = \mathrm{Res}\,\chi$ に対し $\chi_0(\alpha, K/l) = -\mathrm{inv}_{K/l}(\alpha^{\delta\chi_0}) = -\mathrm{inv}_{K/l}(\mathrm{Res}_{G/H}\alpha^{\delta\chi}) = -[l:k]\mathrm{inv}_{K/k}(\alpha^{\delta\chi}) = [l:k]\chi(\alpha, K/k)$ である. 一方 $\chi \in H^1(G, \Gamma), \sigma \in H^{-2}(G, Z)$ に対して $\chi(\sigma) = \chi \cup \sigma \in H^1(G, \Gamma) \cup H^{-2}(G, Z) \subset H^{-1}(G, \Gamma)$ と見て $[G:H]\chi(\sigma)^{-1} = \mathrm{Res}(\chi \cup \sigma) = (\mathrm{Res}\,\chi) \cup \mathrm{Res}\,\sigma = \chi_0(V_{G\to H}\sigma)^{-1}$ となる. (68 頁, 44 頁 (3·38)′ および (3·40) を参照). したがって, $[l:k]\chi(\alpha, K/k) = \chi_0(V_{G\to H}(\alpha, K/k))$, これらがすべての $\chi_0 \in \mathrm{Hom}(H, \Gamma)$ に対して成立するから, (7·41) を得る.

また, $\alpha \in E(l), \chi \in \mathrm{Hom}(G, \Gamma)$ に対して $\chi(\alpha, K/l) = \chi_0(\alpha, K/l) = \mathrm{inv}_{K/l}(\alpha^{\delta\chi_0}) = \mathrm{inv}_{K/k}(\mathrm{Inj}_{H/G}\alpha^{\delta\chi_0}) = \mathrm{inv}_{K/k}(N_{l/k}\alpha)^{\delta\chi} = \chi(N_{l/k}\alpha, K/k)$ である. したがって(7·41)′を得る. (III), (IV)についても同様である.

(II) SII の場合には, $\alpha \in E(k), \chi \in \mathrm{Hom}(F, \Gamma)$ に対して, $\chi \cdot \psi(\alpha, L/k) = (\mathrm{Inf}\,\chi)(\alpha, L/k) = \mathrm{inv}_{L/k}(\alpha^{\delta \mathrm{Inf}\chi}) = \mathrm{inv}_{L/k}(\mathrm{Inf}(\alpha^{\delta\chi})) = \mathrm{inv}_{K/k}(\alpha^{\delta\chi}) = \chi(\alpha, K/k)$, したがって $(\alpha, K/k) = \psi(\alpha, L/k)$ を得る. (終)

7·3 Abel 拡大の理論

$k \in \mathfrak{K}$ を定め, k の Abel 拡大 $K(\subset \Omega)$ の全体を考えて, これを

$$\mathfrak{K}^a(k) = \{K \in \mathfrak{K} ; K/k \text{ は Abel 拡大}\} \tag{7·55}$$

とおく. $K \in \mathfrak{K}^a(k)$ に対して,

$$A(K/k) = N_{K/k}E(K) \quad (\subset E(k)) \tag{7·56}$$

とおいて, **K/k に対応する群**ということにする.

定理 7·14 (i) Abel 拡大 K/k $(\in \mathfrak{K}^a(k))$ に対して

$$E(k)/A(K/k) \cong G(K/k) \tag{7·57}$$

かつこの同型対応は $a(\in E(k)) \to (a, K/k)$ によって与えられる. [**相互律**]

(ii) $A(K/k) \subset A_1 \subset E(k)$ なる部分群 A_1 に対して, $H = \{(\alpha, K/k) ; \alpha \in A_1\}$ とおくと, $H \cong A_1/A(K/k)$ である. そのとき H に対応する K/k の中間体を K_1 とすると

$$A_1 = A(K_1/k) \tag{7·58}$$

---

1) 高木 [15], 210 頁参照 (ただし同対対応の形は見かけ上は異なっている)

である.

（証明） (i) は系 7·3 そのままである. (ii) 定理 7·10, (7·42) より, $\alpha\in A_1$ に対して $(\alpha, K_1/k)=(\alpha, K/k)H=H$, すなわち $\alpha\in A(K_1/k)$ である. 故に $A_1\subset A(K_1/k)$ となる. 一方 $[E(k):A(K_1/k)]=[K_1:k]=[G:H]=[G:1]/[H:1]=[E(k):A(K/k)]/[A_1:A(K/k)]=[E(k):A_1]$. 故に $A_1=A(K_1/k)$ となる. (終)

定理 7·15 (i) $K_1, K_2(\in\mathfrak{K})$ が k の Abel 拡大であれば, K_1K_2 および $K_1\cap K_2$ も k の Abel 拡大であって

$$A(K_1K_2/k)=A(K_1/k)\cap A(K_2/k) \tag{7·59}$$

$$A(K_1\cap K_2/k)=A(K_1/k)A(K_2/k) \tag{7·60}$$

が成り立つ. **[結合定理]**

(ii) $K_1, K_2(\in\mathfrak{K})$ が k の Abel 拡大であるとき, $K_1\subset K_2$ であるためには $A(K_1/k)\supset A(K_2/k)$ であることが必要かつ十分である. **[順序定理]**

(iii) K_1, K_2 が k の Abel 拡大であるとき, $K_1=K_2$ であるためには, $A(K_1/k)=A(K_2/k)$ であることが必要かつ十分である. **[一意性の定理]**[1)]

（証明） (i) $\alpha\in A(K_1K_2/k)$ であるためには, $(\alpha, K_1K_2/k)=1$ が必要かつ十分である. 定理 7·10 (7·42) より $(\alpha, K_1K_2/k)=1$ ならば $(\alpha, K_i/k)=1$ となり, したがって $a\in A(K_i/k)$ $(i=1,2)$ となる. 故に $A(K_1K_2/k)\subset A(K_1/k)\cap A(K_2/k)$ を得た. 逆に $\alpha\in A(K_1/k)\cap A(K_2/k)$ ならば, $(\alpha, K_i/k)=1$ $(i=1,2)$ である. 故に (7·42) より $\sigma=(\alpha, K_1K_2/k)$ は, K_i/k $(i=1,2)$ の上で恒等変換となるから, $\sigma=1$ である. 故に $A(K_1/k)\cap A(K_2/k)\subset A(K_1K_2/k)$ となった. (ii) は (i) の特別の場合であり, (iii) は (ii) の特別の場合である. (終)

定理 7·16 $k\subset l$ および K/k を Abel 拡大とする $(k, l, K\in\mathfrak{K})$. そのとき $L=Kl$ は l の Abel 拡大で, かつ

$$A(L/l)=\{\alpha\in E(l)\ ;\ N_{l/k}\alpha\in A(K/k)\} \tag{7·61}$$

である. **[推進定理]**[2)]

---

1) 高木 [15], 204 頁の定理, 205 頁の定理 1, 206 頁の定理 2 参照
2) 高木 [15], 211 頁参照

（証明） $A(L/l)=\{\alpha\,;\,(\alpha, L/l)=1\}$ $\alpha\in A(L/l)$ は定理 7・10 (7・44) を用いると，$(\alpha, L/l)=(N_{l/k}\alpha, K/k)=1$，すなわち $N_{l/k}\alpha\in A(K/k)$ によって特徴づけられる．（終）

ここで定理 7・4（終結定理）の一般の場合の証明を与えておこう．まず $k\subset K\subset l, K/k$ が Abel 拡大であれば，$N_{K/k}E(K)\supset N_{l/k}E(l)$ である．このような K の合併を考えて，K/k を l に含まれる最大の Abel 拡大とする．次に $k\subset l\subset L, L/k$ を Galois 拡大とし L/k に含まれる最大の Abel 拡大を L'/k とする．すでに証明した部分により $N_{L'/k}E(L')=N_{L/k}E(L)\subset N_{l/k}E(l)$ である．$G=G(L'/k)$ の部分群 $H=\{(\alpha, L'/k)\,;\,\alpha\in N_{l/k}E(l)\}$ に対応する L'/k の中間体を K_1 とすると，定理 7・11 (ii) によって $N_{l/k}E(l)=N_{K_1/k}E(K_1)$ となる．そこで $K_1\subset l$ をいえば，$K=K_1$ となって証明を終る．そのために推進定理 7・16 を用いる．すなわち K_1l/l に対応する群は $A(K_1l/l)=\{\alpha\in E(l)\,;\,N_{l/k}\alpha\in A(K_1/l)=N_{l/k}E(l)\}=E(l)$ であるから，一意性定理 7・15 (iii) によって，$K_1l=l$ となる．したがって $K_1\subset l$ である．（終）

以上の諸定理は，Abel 拡大の理論としての類体論における基本定理である．具体的な場合に類体論としては，まだこの他に重要な問題が残っているが，その一つは，存在定理である．すなわち“$E(k)$ のどんな部分群 A に対して，$A=A(K/k)$ となる Abel 拡大が存在するか”という問題である．これに対しては，以下の章で解決を与えることとする．

7・4 無限次拡大のノルム剰余記号

7・4・1 定義 $\mathfrak{G}=G(\Omega/F)$ に，第6章のように位相を定義して，Gをコンパクト位相群とする．$\mathfrak{G}$ の交換子群 $\mathfrak{G}'$ とは，代数的な交換子群 $[\mathfrak{G},\mathfrak{G}]$ の閉包とする．一方 $F\subset K\subset\Omega, K/F$ が有限 Abel 拡大であるような中間体 K 全体の合併体を $A(F)$ とおく．$A(F)$ を，(Ω に含まれる) F の**最大 Abel 拡大**という．定義より $A(F)$ に対する $\mathfrak{G}$ の部分群は，K/k に対する部分群全体の共通部分で，それは $\mathfrak{G}'$ と一致する．同様に $F\subset k\subset\Omega$, $\mathfrak{H}=G(\Omega/k)$ とすると，$A(k)$ に対応する部分群は $\mathfrak{H}'$ である．

$$\mathfrak{G}^a(k)=\mathfrak{H}/\mathfrak{H}'$$

とおくと，$\mathfrak{G}^a(k)=G(A(k)/k)$ である．いま

$$A(k)=\bigcup_{n=1}^{\infty}K_n,\ \ k\subset K_1\subset K_2\subset\cdots,\ \ [K_n:k]<+\infty^{1)}$$

とし，$\mathfrak{H}_n=G(A(k)/K_n)$ とおく．$\mathfrak{H}_1\supset\mathfrak{H}_2\supset\cdots$，かつ $\bigcap_{n=1}^{\infty}\mathfrak{H}_n=\{1\}$ である．

さて $\alpha\in E(k)$ に対して $(\alpha, K_n/k)\in\mathfrak{G}^a/\mathfrak{H}_n=G(K_n/k)$ が定まる．定理7·10 (7·42) によって $(\alpha, K_n/k)\mathfrak{H}_n\supset(\alpha, K_{n+1}/k)\mathfrak{H}_{n+1}$ $(n=1,2,\cdots)$ である．$\mathfrak{G}^a$ はコンパクトかつ $\mathfrak{H}_n$ は閉じた集合であるから，$\bigcap_{n=1}^{\infty}(\alpha, K_n/k)\mathfrak{H}_n=\{\sigma\}\in G^a(k)$ となる．このとき $\sigma=(\alpha, k)$ とおいて，（拡張された意味での）**ノルム剰余記号**という．

定理 7·17 (i) 写像 $E(k)\ni\alpha\to(\alpha, k)\in\mathfrak{G}^a(k)$ は $E(k)$ より $\mathfrak{G}^a(k)$ の中への準同型である．(ii)

$$\mathfrak{J}(k)=\{(\alpha, k)\ ;\ \alpha\in E(k)\}\tag{7·62}$$

は，$\mathfrak{G}^a(k)$ の中で至る所稠密である．

（証明） (i) は $(\alpha, K_n/k)$ $(n=1,2,\cdots)$ が準同型であることより導かれる．(ii) は § 6·1 の結果より，$\mathfrak{J}(k)\mathfrak{H}_n=\mathfrak{G}^a(k)$ $(n=1,2,\cdots)$ および $\mathfrak{H}_n$ $(n=1,2,\cdots)$ は $\mathfrak{G}^a(k)$ 中単位元の近傍系の基底をつくることから導かれる．

（終）

$$\mathfrak{K}(k)=\{\alpha\in E(k)\ ;\ (\alpha, k)=1\}\tag{7·63}$$

とおくと，

$$E(k)/\mathfrak{K}(k)=\mathfrak{J}(k)\subset\mathfrak{G}^a(k)$$

である．

後に見るように (i) 局所類体論においては $\mathfrak{K}(k)=1, \mathfrak{J}(k)\neq\mathfrak{G}^a(k)$ であり，(ii) 類体論では $\mathfrak{K}(k)\neq\{1\}, \mathfrak{J}(k)=\mathfrak{G}^a(k)$ となっている．

定理 7·18 $k\subset l$ とすると

$$(\alpha, l)=(N_{k/l}\alpha, k)\qquad(\alpha\in E(l))\tag{7·64}$$

---

1) この仮定は必要でない．しかし具体的の場合には成り立っているので，便宜上この形で述べる．

$$V(\alpha, k) = (\varphi_{k\to l}\alpha, l) \qquad (\alpha \in E(k)) \tag{7・65}$$

ただし V は $G(\Omega/k)$ から $G(\Omega/l)$ への Verlagerung を表わす．

証明は定理 7・10，(7・41)′ において，K を $\bigcup_{n=1}^{\infty} K_n = A(l)$ となる K_n について考えて，それらの極限（集合でいえば共通部分）をとればよい．

7・4・2 Šafarevič の定理

はじめに群の拡大に関する結果を簡単に述べておく．いまある群 $\mathfrak{G}$ とその不変部分群 $\mathfrak{H}$ とに関して (i) $[\mathfrak{G}:\mathfrak{H}] = m < +\infty$, (ii) $\mathfrak{H}$ は Abel 群とする．$\Gamma = \mathfrak{G}/\mathfrak{H}$ とし，$\mathfrak{G} = \bigcup_{\sigma\in\Gamma} \mathfrak{H}u_\sigma$ と分解する．そこで，$\sigma, \tau \in \Gamma$ に対して

$$u_\sigma u_\tau = \rho_{\sigma,\tau} u_{\sigma\tau}, \quad u_\sigma \rho = \rho^{\sigma} u_\sigma \quad (\rho \in \mathfrak{H}) \tag{7・66}$$

とおく．$\mathfrak{G}$ の構造は，$\mathfrak{H}, \Gamma$ および $\{\rho_{\sigma,\tau}\}$，$\{\rho \to \rho^{\sigma}\}$ によって定まる．

$$(\rho^\tau)^\sigma = u_\sigma(u_\tau \rho u_\tau^{-1})u_\sigma^{-1} = (u_\sigma u_\tau)\rho(u_\sigma u_\tau)^{-1} = u_{\sigma\tau}\rho u_{\sigma\tau}^{-1} = \rho^{\sigma\tau}$$

および $(u_\sigma u_\tau)u_\mu = u_\sigma(u_\tau u_\mu)$ を計算して

$$\rho_{\sigma,\tau}\rho_{\sigma\tau,\mu} = \rho_{\tau,\mu}^{\sigma}\rho_{\sigma,\tau\mu} \tag{7・67}$$

を得る．よって $\mathfrak{H}$ を Γ を作用群とする Abel 群とみるとき，$\rho_{\sigma,\tau}$ は Γ の $\mathfrak{H}$ における 2 双対輪体である．次に，剰余類 $\mathfrak{H}u_\sigma$ の代表として，u_σ の代りに $\eta_\sigma u_\sigma$ $(\eta_\sigma \in \mathfrak{H})$ をとる．$(\eta_\sigma u_\sigma)(\eta_\tau u_\tau) = (\eta_\sigma \eta_\tau^{\sigma} \eta_{\sigma\tau}^{-1})\rho_{\sigma,\tau}(\eta_{\sigma\tau}u_{\sigma\tau})$ により，新しい 2 双対輪体は $\rho'_{\sigma,\tau} = \rho_{\sigma,\tau}(\eta_\sigma \eta_\tau^{\sigma} \eta_{\sigma\tau}^{-1})$ である．これは $\{\rho_{\sigma,\tau}\}$ とコホモローグである．よって $\{\rho_{\sigma,\tau}\}$ の定める Γ の $\mathfrak{H}$ における 2 コホモロジー類を，群拡大 $(\mathfrak{G}, \mathfrak{H}, \Gamma)$ の 2 コホモロジー類という．

さて有限 Galois 拡大 K/k に対して，$A(K)$ は k の Galois 拡大となる．$\mathfrak{G} = G(A(K)/k), \mathfrak{H} = \mathfrak{G}^a(K) = G(A(K)/K), \Gamma = G(K/k)$ とおくと，$\mathfrak{G}/\mathfrak{H} \cong \Gamma$ となっていて群の拡大 $(\mathfrak{G}, \mathfrak{H}, \Gamma)$ が得られる．

定理 7・19 Galois 拡大 K/k に対して，$f_{K/k}[\sigma,\tau] \in E(K)$ を標準的 2 双対輪体とする．それに対して，ノルム剰余記号

$$\rho_{\sigma,\tau} = (f_{K/k}[\sigma,\tau], K) \in \mathfrak{G}^a(K) \qquad (\sigma, \tau \in \Gamma) \tag{7・68}$$

をつくると，$\{\rho_{\sigma,\tau}\}$ は群拡大 $(\mathfrak{G}, \mathfrak{H}, \Gamma)$ の 2 コホモロジー類に属す．

[Šafarevič の定理][1)]

（証明） $k \subset K \subset L \subset A(K), L/k$ を Galois 拡大にとる．L に対応する部分

1) Šafarevič が証明したのは局所数体の場合である．一般の形では 中山–Hochschild [35] で述べられた．

群を $\mathfrak{H}_L=G(A(K)/L)$ とすると $G=G(L/k)=\mathfrak{G}/\mathfrak{H}_L$ と表わされる．また $G^*=G(L/K)$，$H^*=G(L/K)$ とおくと，$G^*/H^*\cong\Gamma$ で群拡張 (G^*, H^*, Γ) が得られる．$G^*=\bigcup_{\sigma\in\Gamma}H^*\sigma^*$ (σ^* は σ の代表元) と表わす．Galois 拡大 L/k の標準双対輪体 $f_{L/k}$ より

$$f^*_{K/k}[\sigma,\tau]=f_{L/k}[H^*,\sigma^*]f_{L/k}[H^*,(\sigma\tau)^*]^{-1}f_{L/k}[H^*\sigma^*,\tau^*]\in E(K)$$

をつくると，$f^*_{K/k}[\sigma,\tau]\sim f_{K/k}[\sigma,\tau]$ であった．(定理 7·9 の証明参照)．よって，ある $g[\sigma]\in E(K)$ によって $f_{K/k}[\sigma,\tau]=f^*_{K/k}[\sigma,\tau](g[\tau]^\sigma g[\sigma]g[\sigma\tau]^{-1})$ と表わされる．

$f_{L/k}=f$ とおいて，(7·35) を $\rho\in H^*$ についてかけ合わせ $(\sigma,\tau)\to(\sigma^*,\tau^*)$ とおくと

$$f[\sigma^*,\tau^*]^{H^*}f[H^*\sigma^*,\tau^*]^{-1}f[H^*,\sigma^*\tau^*]f[H^*,\sigma^*]^{-1}=1.$$

ここで σ^* の代りに $\gamma=\sigma^*\tau^*(\sigma\tau)^{*-1}\in H^*$，$\tau^*$ の代りに $(\sigma\tau)^*$ とおくと

$$f[\gamma,(\sigma\tau)^*]^{H^*}f[H^*,(\sigma\tau)^*]^{-1}f[H^*,\sigma^*\tau^*]f[H^*,\gamma]^{-1}=1$$

となる．以上を用いると

$$f^*_{K/k}[\sigma,\tau]=f_{L/k}[H^*,\gamma]f_{L/k}[\sigma^*,\tau^*]^{H^*}(f[\gamma,(\sigma\tau)^*]^{H^*})^{-1}$$

と変形される．さて定理 7·6, (7·17) によって $\mathrm{Res}\, f_{L/k}=f_{L/K}$ である．故にノルム剰余記号の定義にさかのぼって

$$\left(\frac{L/K}{\gamma}\right)\equiv f_{L/k}[H^*,\gamma]\equiv f^*_{K/k}[\sigma,\tau]\bmod{}^{\times}N_{L/K}E(L)$$

したがって $(f^*_{K/k}[\sigma,\tau], L/K)=\sigma^*\tau^*(\sigma\tau)^{*-1}\in H^*$ となる．故に $\rho^*_\sigma=(g[\sigma], L/K)\in H^*$ とおくと，

$$(f_{K/k}[\sigma,\tau],L/K)=(f^*_{K/k}[\sigma,\tau],L/K)\,\rho^*_\sigma\rho^{*\sigma}_\tau\rho^{*-1}_{\sigma\tau}$$

$$=(\rho^*_\sigma\sigma^*)(\rho^*_\tau\tau^*)(\rho^*_{\sigma\tau}(\sigma\tau)^*)^{-1}$$

と表わされる．これは，$G^*=\bigcup_{\sigma\in\Gamma}H^*\sigma'$ の代表系 $\{\sigma'\}$ を適当にとると，

$$(f_{K/k}[\sigma,\tau],\ L/K)=\sigma'\tau'(\sigma\tau)'^{-1}\in H^*$$

と表わされることを示している．あるいは $\mathfrak{H}_L$ に関する剰余類の形で表わせば

$$(f_{K/k}[\sigma,\tau],L/K)=(\mathfrak{H}_L\sigma'_L)(\mathfrak{H}_L\sigma'_L)(\mathfrak{H}_L(\sigma\tau)'_L)^{-1}\in\mathfrak{G}/\mathfrak{H}_l \tag{7·69}$$

である．さて $\mathfrak{G}=\bigcup_{j=1}^{m}\mathfrak{H}\tau_i$ として，直積集合 $\mathfrak{H}\tau_1\times\cdots\times\mathfrak{H}\tau_m=X$ を考えると

X はコンパクトである．各 $K \subset L \subset A(K)$ （L/k は Galois 拡大）に対して $\{\mathfrak{H}_L \tau_i{}'_L\,;\, i=1, \cdots, m\}$ を (7·69) を満足するようにとる．その組の全体を X_L とおく：$X_L \subset X$. 定理 7·6 によって $L \subset L'$ ならば $X_{L'} \subset X_L$ である．X_L は X の閉じた部分集合であるから $\bigcap_L X_L \neq \emptyset$ である．その中より $(\bar{\tau}_1, \cdots, \bar{\tau}_m)$ を一つとると，$(f_{K/k}[\sigma, \tau], K)$ の定義によって

$$(f_{K/k}[\sigma, \tau], K) = \overline{\sigma\tau}\,\overline{\sigma}\,\overline{\tau}^{-1}$$

を得る．すなわち，この右辺が群拡大 $(\mathfrak{G}, \mathfrak{H}, \Gamma)$ に対する $\rho_{\sigma,\tau}$ である．(終)

7·5 主イデアル定理[1)]

$k \subset K \subset L$, L/k と K/k は共に Galois 拡大で K が L/k に含まれる最大の Abel 拡大とする．すなわち $G=G(L/k)$, $H=G(L/K)$ とするとき，$H=[G, G]$ である．

定理 7·20 以上の仮定のもとに

$$\mathrm{Res}_{G/H} H^0(G, E(L)) = \{1\} \tag{7·70}$$

44 頁 (3·38)′ を用いれば (7·70) は

$$\varphi_{k \to K} E(k) \subset N_{L/K} E(L) \tag{7·71}$$

と同値である．また標準的コホモロジー類 $\xi_{L/k} \in H^2(G, E(L))$, $\xi_{L/K} \in H^2(H, E(L))$ によって

$$\Psi_{L/k} : \eta_{L/k} \in H^{-2}(G, Z) \to \xi_{L/k} \cup \eta_{L/k} \in H^0(G, E(L))$$

$$\Psi_{L/K} : \eta_{L/K} \in H^{-2}(H, Z) \to \xi_{L/K} \cup \eta_{L/K} \in H^0(H, E(L))$$

なる同型を考えて，$\mathrm{Res}_{G/H}(\xi_{L/k} \cup \eta_{L/k}) = \xi_{L/K} \cup \eta_{L/K}$ とおくと，$\mathrm{Res}_{G/H} \xi_{L/k} = \xi_{L/K}$ および 64 頁 (I), (ii) によって $\mathrm{Res}_{G/H} \eta_{L/k} = \eta_{L/K}$ となる．よって (7·70) は "$H=[G, G]$ であれば

$$\mathrm{Res}_{G/H} H^{-2}(G, Z) = \{0\}\text{"} \tag{7·72}$$

という命題と同値である．$H^{-2}(G, Z) \cong G/[G, G]$, $H^{-2}(H, Z) \cong H/[H, H]$ および $\mathrm{Res}_{G/H}(\sigma \bmod [G, G]) = V_{G \to H} \sigma \bmod [H, H]$ (44 頁) を用いると，(7·72) は，"$H=[G, G]$ であれば

$$V_{G \to H} G \subset [H, H]\text{"} \tag{7·73}$$

という全く群論的な命題と同値になる．さて G 加群と G 準同型に関する完全系列

1) 主イデアル定理（単項化定理）の整数論的な内容およびその歴史については，淡中 [16]，第 10 章および弥永昌吉，単項化の問題（岩波数学講座）を参照されたい．

$$0 \longrightarrow I_G[G] \xrightarrow{\ i\ } \mathrm{Z}[G] \xrightarrow{\ S\ } \mathrm{Z} \longrightarrow 0 \quad \text{(exact)}$$

を考える．ここに $I_G[G]=\sum_{\sigma\in G}\mathrm{Z}(\sigma-1)$, $S(\sum_\sigma a_\sigma\sigma)=\sum_\sigma a_\sigma \in \mathrm{Z}$ によって

$$\delta_G{}^{\#}: H^{-2}(G,\mathrm{Z})\cong H^{-1}(G, I_G[G])\cong I_G[G]/I_GI_G[G]$$

$$\delta_H{}^{\#}: H^{-2}(H,\mathrm{Z})\cong H^{-1}(H, I_G[G])\cong_{N_H} I_G[G]/I_HI_G[G]$$

および $\delta_H{}^{\#}\cdot \mathrm{Res}_{G/H}=\mathrm{Res}_{G/H}\cdot\delta_G{}^{\#}$ を用いれば，(7·73) は

$$\mathrm{Res}_{G/H}I_G[G]/I_GI_G[G]\subset I_HI_G[G] \tag{7·74}$$

と同値である．44 頁 (3·38)′ によると，$G=\bigcup_{j=1}^m H\tau_j$, $m=[G:H]$ に対して

$$\mathrm{Res}_{G/H}(\sum a_\sigma(\sigma-1)\,\mathrm{mod}\,I_GI_G[G])=\sum_{j=1}^m\sum_\sigma a_\sigma\tau_j(\sigma-1)\,\mathrm{mod}\,I_HI_G[G] \quad (a_\sigma\in Z)$$

であった．よって，(7·74) は，任意の $\sigma\in G$ に対して

$$\sum_{i=1}^m \tau_j(\sigma-1)\in I_HI_G[G] \tag{7·75}$$

と同値である．以下 (7·75) の証明をしよう[1]．

(i) $\sigma\in G$ に対して $\sigma-1=\delta\sigma$ とおく．$\delta(\sigma\tau)=\delta\sigma\delta\tau+\delta\sigma+\delta\tau$, $\delta(\sigma^{-1})=-\delta\sigma-\delta\sigma\delta\sigma^{-1}$. 一般に，帰納法によって $\delta(\sigma_1{}^{n_1}\sigma_2{}^{n_2}\cdot\cdots\cdot\sigma_r{}^{n_r})=\sum_{i=1}^r x_i\delta\sigma_i$, $x_i\in\mathrm{Z}[G]$, $S(x_i)=n_i$ $(i=1,\cdots,r)$ が成り立つ．

(ii) $\sigma\in G$ に対して，$\tau_j\sigma=\rho_j\tau_{j'}$ $(\rho_j\in H)$ とおくとき $\delta(\tau_j\sigma)=\delta\rho_j\delta\tau_{j'}+\delta\rho_j+\delta\tau_{j'}$. 故に $\sum_j\tau_j\delta\sigma=\sum_j(\delta\tau_j\delta\sigma+\delta\sigma)=\sum_j(\delta(\tau_j\sigma)-\delta\tau_j)=\sum_j\delta\rho_j+\sum_j\delta\tau_{j'}-\sum_j\delta\tau_j \bmod I_HI_G[G]$ である．しかるに $j=1,\cdots,m$ を動けば j' も全体として $1,\cdots,m$ を動く．よって $\sum_{j=1}^m\tau_j\delta\sigma\equiv\sum_{j=1}^m\delta\rho_j \bmod I_HI_G[G]$ となる．

(iii) $x\in\mathrm{Z}[G]$ がある $r\in Z$ によって $x\equiv r\sum_{j=1}^m\tau_j \pmod{I_H[G]}$ であることと，すべての $\sigma\in G$ に対して $x\delta\sigma\equiv 0 \pmod{I_H[G]}$ となることと同値である．

(証明) 必要なことは(ii)である．十分なこと：$I_H[G]=\sum_{\rho\in H}(\rho-1)Z[G]=\sum_{j=1}^m I_H[H]\tau_j$ (直和)である．さて $x=\sum_{j=1}^m(\sum_{\rho\in H}a_{\rho j}\rho)\tau_j$ $(a_{\rho j}\in\mathrm{Z})$ とおくとき $x\delta\sigma=\sum_j(\sum_\rho a_{\rho j}\rho)(\tau_j\sigma-\tau_j)=\sum_{j'}(\sum_\rho a_{\rho j}\rho\rho_j-\sum_\rho a_{\rho j'}\rho)\tau_{j'}\equiv 0 \pmod{I_H[G]}$ となるのは $\tau_{j'}$ の係数が $I_H[H]$ に属すこと，すなわち，その S による像が 0 となることが必要十分である．すなわち (σ を

1) 以下の証明は Witt [45] による．

いろいろかえると，j と j' は独立に変るので）$\sum_{\rho\in H} a_{\rho j}=r$（$j=1,\cdots,m$）が必要十分である．よって $x\equiv r\sum\tau_j(\bmod I_H[G])$ と表わされる．（$\sigma\in G$ をすべてをとる代りに，G の生成元 $\sigma_1,\cdots,\sigma_s$ についていえれば十分である）．

(iv)（7·75）が成り立つためには，ある $x\in Z[G], S(x)=m$ で，すべての $\sigma\in G$ に対して $x\delta\sigma\equiv 0$（$\bmod I_HI_G[G]$）となるものが存在することが必要十分である．

（証明） 必要なことは $x=\sum_{j=1}^{m}\tau_j$ とおくことによってわかる．十分なことは，$I_HI_G[G]\subset I_H[G]$ であるから，(iii) によって $x\equiv r\sum_{j=1}^{m}\tau_j \bmod I_H[G]$ なと表わされる．$S(x)=S(r\sum\tau_j)=rm$ より $r=1$ である．よって $\sum_j\tau_j\delta\sigma\equiv x\delta\sigma\equiv 0$（$\bmod I_HI_G[G]$）となる．（ここでも，すべての $\sigma\in G$ の代りに，G の生成元 $\sigma_1,\cdots,\sigma_s$ についていえれば十分である）．

(v) $[H,H]=1$ と仮定してよい．G の生成元 $\sigma_1,\cdots,\sigma_N$ を

$$\prod_k \sigma_k{}^{m_{ik}}\cdot\varphi_i=1\ (i=1,\cdots,N),\quad m_{ik}\in Z$$

（ただし $\varphi_i\in H=[G,G]$，$\det(m_{ik})=m$）が基本関係式であるように取ることができる．準同形 $\delta: G/H\to I(G)$ をこれらの基本関係式にほどこせば

$$\sum_{k=1}^{N}\mu_{ik}\delta\sigma_k=0\qquad(i=1,\cdots,N),\ \mu_{ik}\in Z[G]$$

かつ $S(\mu_{ik})=m_{ik}$ となる．$Z[G]$ の元の $Z[G/H]$ における像を$\bar{\ }$をつけて表わせば，$\bar{\lambda}=\det(\bar{\mu}_{ik})\in Z[G/H]$ が (iv) における x の役割をはたす．何となれば，$Z[G/H]$ における $\bar{\mu}_{ik}$ の余因子を $\bar{\lambda}_{ik}$ とすると，$0=\sum_{k,i}\bar{\lambda}_{hi}\,\bar{\mu}_{ik}\,\delta\sigma_k\equiv\det(\bar{\mu}_{ik})\delta\sigma_h \bmod I_HI_G[G]$（$h=1,\cdots,N$）かつ $S(\det(\bar{\mu}_{ik}))=\det(m_{ik})=m$ となって，$\bar{\lambda}$ が求める性質をもつことがわかる，（終）．

第 8 章　局 所 類 体 論

8·1　局所数体における類構造

8·1·1　主定理の証明　基礎体として p 進数体 $\mathbf{Q}_p$ をとり $\mathbf{Q}_p$ の代数的閉拡大を Ω とする．すなわち $\mathfrak{K}$ は，$\mathbf{Q}_p$ の任意の有限拡大 k の全体である．

定理 8·1　各 $k \in \mathfrak{K}$ に対して

$$E(k) = k^{\times} \tag{8·1}$$

（k から 0 をとり除いた乗法群）とし，$k \subset K$ に対して，$\varphi_{k \to K} : k^{\times} \to K^{\times}$ を標準的単射とするとき，$\{E(k)\,;\,k \in \mathfrak{K}\}$ は類構造をなす．

実際 $\{E(k)\,;\,k \in \mathfrak{K}\}$ が，類構造の性質 CI, CII, CIII, CIV および CV, (i) を満足することは，§ 7·1·1 ですでに注意した．よって，K/k を Galois 拡大，$G = G(K/k)$ をその Galois 群とするとき，

$$H^2(G, K^{\times}) \cong \mathbf{Z}/n\mathbf{Z}, \qquad n = [K : k] = [G : 1] \tag{8·2}$$

の証明を目標とする．まず

補題 8·2　G が巡回群であれば，$H^2(G, K^{\times})$ の位数は $n = [G : 1]$ に等しい．

（証明）　G が巡回群であれば，$H^2(G, K^{\times}) = H^0(G, K^{\times})$ である．かつすでに $H^1(G, K^{\times}) = 1$ を知っているから，Herbrand の商

$$h_{0/1}(G, K^{\times}) = n \tag{8·3}$$

を証明すればよい．さて $K^{\times} \supset \mathfrak{U} \supset \mathfrak{U}_m$（$\mathfrak{U}$ は $K^{\times}$ の単数全体の群，$\mathfrak{U}_m = \{\alpha\,;\,\alpha \equiv 1\ (\mathfrak{P}^m)\}$ とすると $K^{\times}/\mathfrak{U} \cong \mathbf{Z}$（ただし左辺は乗法群，右辺は加群），かつ $\mathfrak{U}/\mathfrak{U}_m$ は有限群である．なお G は $K^{\times}/\mathfrak{U}$ に単純に作用する．したがって $[H^0(G, K^{\times}/\mathfrak{U})] = n$, $[H^1(G, K^{\times}/\mathfrak{U})] = 1$（22 頁，(2·25), (2·26)）である．これらより，補題 2·15 を用いて

$$h_{0/1}(G, K^{\times}) = h_{0/1}(G, \mathfrak{U}_m)h_{0/1}(G, \mathfrak{U}/\mathfrak{U}_m)h_{0/1}(G, K^{\times}/\mathfrak{U}) = n \cdot h_{0/1}(G, \mathfrak{U}_m)$$

である．しかるに補題 5·11 によって，m を十分大きくすれば乗法群 $\mathfrak{U}_m$ と

加法群 $\mathfrak{P}^m$ とは（G を作用群として）同型である．また $\mathfrak{P}^{e\mu}=p^{\mu}\mathfrak{O}\cong\mathfrak{O}$ である．ただし $\mathfrak{O}$ は K の付値環，$\mathrm{ord}(p)=e$ とする．そこで $m=e\mu$ を十分大にとっておく．そうすれば，結局 $h_{0/1}(G,\mathfrak{U}_m)=h_{0/1}(G,\mathfrak{P}^m)=h_{0/1}(G,\mathfrak{O})$ となる．いま K/k の正規基底 $\{\theta^{\sigma_1},\cdots,\theta^{\sigma_n}\}$ $(G=\{\sigma_1,\cdots,\sigma_n\})$ をとる．θ に適当な p^{ν} をかけておけば $\theta\in\mathfrak{O}$ にとることができる．$M=\sum_{\sigma\in\mathfrak{G}}\mathfrak{o}\theta^{\sigma}$（ここに $\mathfrak{o}$ は k の付値環）とおく．$M\subset\mathfrak{O}$，かつ十分大きい m に対して $\mathfrak{P}^m\subset M$ となるから $[\mathfrak{O}:M]\leqq[\mathfrak{O}:\mathfrak{P}^m]<+\infty$．しかも M は G 正則である．故に $H^r(G,M)=\{1\}$ $(r\in\mathrm{Z})$，とくに $h_{0/1}(G,M)=1$ である．故に $h_{0/1}(G,\mathfrak{O})=h_{0/1}(G,M)h_{0/1}(G,\mathfrak{O}/M)=1$ となる．以上合わせて，(8・3) が証明された．

（終）

定理 8・3 K/k が巡回拡大で，$e(K/k)$ をその分岐指数，$\mathfrak{U}$ を K の単数群とする．そのとき $H^r(G,\mathfrak{U})$ $(r\in\mathrm{Z})$ の位数はすべて e である．とくに不分岐拡大 K/k に対しては $H^r(G,\mathfrak{U})=\{1\}$ $(r\in\mathrm{Z})$ である．

（証明） 完全系列

$$1\longrightarrow\mathfrak{U}\xrightarrow{\ i\ }K\xrightarrow{\ j\ }\mathrm{Z}\longrightarrow 0\quad(\text{exact})\tag{8・4}$$

ただし，Z は加群，i は標準的単射，$j(\alpha)=\mathrm{ord}(\alpha)\in\mathrm{Z}$ とする．これより

$$0=H^{-1}(\mathrm{Z})\xrightarrow{\ \delta^{\#}\ }H^0(\mathfrak{U})\xrightarrow{\ i^{\#}\ }H^0(K^{\times})\xrightarrow{\ j^{\#}\ }H^0(\mathrm{Z})\longrightarrow\cdots\ (\text{exact})\tag{8・5}$$

を得る．ここに $[H^0(\mathrm{Z})]=n$ $(n=[K:k])$，$[H^0(K^{\times})]\cong[k^{\times}:N_{K/k}K^{\times}]=n$（補題 8・2）である．かつ分岐指数 e の定義より，$j(k^{\times})=e\mathrm{Z}$, $j(N_{K/k}K^{\times})=n\mathrm{Z}$．故に $j^{\#}(H^0(K^{\times}))=e\mathrm{Z}/n\mathrm{Z}$ が成り立つ．$n=ef$ とおくと $e\mathrm{Z}/n\mathrm{Z}$ は f 次巡回群である．故に完全系列 (8・5) において $n=[H^0(K^{\times})]=[j^{\#}H^0(K^{\times})][i^{\#}H^0(\mathfrak{U})]=f[H^0(\mathfrak{U})]$ である．よって $[H^0(\mathfrak{U})]=e$ がわかった．一方 Herbrand の商を考えれば，補題 8・2 の証明において $h_{0/1}(\mathfrak{U})=1$ であった．故に $[H^1(\mathfrak{U})]=[H^0(\mathfrak{U})]=e$ となる．G は巡回群であるから，定理 2・14 によって，すべての $r\in\mathrm{Z}$ に対して $[H^r(\mathfrak{U})]=e$ が導かれる．（終）

定理 8・4 K/k が n 次不分岐拡大であれば，$G=G(K/k)$ は巡回群であっ

た．そのとき $H^2(G, K^\times)$ は n 次巡回群となる．

（証明） 完全系列 (8·4) より

$$\cdots \longrightarrow H^2(\mathfrak{U}) \xrightarrow{i^\#} H^2(K^\times) \xrightarrow{j^\#} H^2(\mathrm{Z}) \xrightarrow{\delta^\#} H^3(\mathfrak{U}) \longrightarrow \cdots \quad \text{(exact)} \tag{8·6}$$

を得る．K/k は巡回拡大であるから，定理 8·3 が適用される．不分岐拡大であるから $[H^r(\mathfrak{U})]=e=1$ ($r \in \mathrm{Z}$)．したがって (8·6) より $j^\# : H^2(K^\times) \cong H^2(\mathrm{Z}) = \mathrm{Z}/n\mathrm{Z}$ となる．（終）

系 8·5 n 次不分岐拡大 K/k においては，写像 $j(\alpha)=\mathrm{ord}(\alpha)$ によって

$$H^0(G, K^\times) = k^\times / N_{K/k}K^\times \overset{j^\#}{\cong} \mathrm{Z}/n\mathrm{Z} \tag{8·7}$$

である．すなわち $\alpha \in k^\times$ が $N_{K/k}K^\times$ に属すためには，$\mathrm{ord}(\alpha)$ が n の倍数であることが必要十分である．

補題 8·6 任意の Galois 拡大 K/k，Galois 群 $G=G(K/k)$ に対して

$$[H^2(G, K^\times)] \leqq [G:1] \tag{8·8}$$

［第二基本不等式］

（証明） 位数 $[G]=[G:1]$ についての数学的帰納法によって証明する．

(i) $[G]$ が素数であれば，G は巡回群となり，補題 8·2 によって，(8·8) で等号が成り立つ．

(ii) もしも G が不変部分群 H ($1 \neq H \neq G$) をもつとする．$H^1(H, K^\times)=1$ より，完全系列

$$1 \longrightarrow H^2(G/H, K^{\times H}) \xrightarrow{\mathrm{Inf}} H^2(G, K^\times) \xrightarrow{\mathrm{Res}} H^2(H, K^\times) \quad \text{(exact)}$$

が成り立つ．H および G/H については，数学的帰納法の仮定より $[H^2(G/H, K^{\times H})] \leqq [G:H]$，および $[H^2(H, K^\times)] \leqq [H]$ である．故に $[H^2(G, K^\times)] \leqq [H^2(G/H, K^{\times H})][H^2(H, K^\times)] \leqq [G:H][H]=[G]$ が成り立つ．とくに G が位数が素数 p のベキであれば，必ず不変部分群 H ($\neq 1, \neq G$) をもつから，(8·8) が成り立つ．

(iii) 一般の群 G に対して，$n=[G]$ が素数ベキでないならば，$n=\Pi p^\nu$

とし各 p に対して p Sylow 群 H_p を一つずつとると，帰納法の仮定および定理 3·1 により

$$[H^2(G, K^\times)] = \prod_p [H^2(G, K^\times)]_p \leqq \prod_p [H^2(H_p, K^\times)] \leqq \prod_p [H_p] = [G]$$

を得る．（終）

以上を準備として，目標の定理が導かれる：

定理 8·7 任意の Galois 拡大 K/k とその Galois 群 $G=G(K/k)$ に対して $H^2(G, K^\times)$ は位数 $n=[K:k]$ の巡回群である．

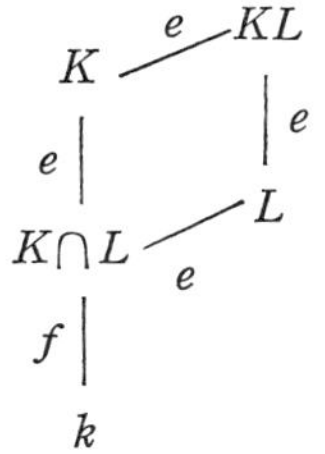

（証明） L/k を n 次の不分岐拡大とする． $Z=G(L/k)$ は巡回群である． $K\cap L$ は K に含まれる最大の不分岐拡大である．（なんとなれば K に含まれる不分岐拡大の次数 d は n の約数となり，L に含まれるから）．したがって，K/k の分岐指数を e, $n=ef$ とすると $[K\cap L:k]=f$ である．そのとき $K/K\cap L$ および KL/L に対しては分岐指数は e であり，KL/K および $L/K\cap L$ は e 次の不分岐拡大である．また $G(KL/k)=G^*$, $G(KL/K)=H^*$, $G(KL/L)=N^*$ とおくと，$G\cong G^*/H^*$, $Z=G^*/N^*$, $H^*\cap N^*=\{1\}$, $G(KL/K\cap L)=H^*N^*$ である． 53 頁 (3·56) において $A=(KL)^\times$, $\theta: H^*N^*/N^*\cong H^*$ とおくと

$$\mathrm{Res}_{G^*/H^*}\cdot\mathrm{Inf}_{(G^*/N^*)/G^*}=\iota^\#\cdot\theta\cdot\mathrm{Res}_{(G^*/N^*)/(H^*N^*/N^*)}$$

を得る．両辺共に $H^2(Z, L^\times)\to H^2(H^*, (KL)^\times)$ なる準同型である．ここに Z および H^* は共に巡回群で，θ^{-1} によって H^* は Z の部分群と同型である． $\eta\in H^2(Z, L^\times)\cong H^0(Z, L^\times)\cong k^\times/N_{L/k}L^\times$ によって，η と $k^\times(\mathrm{mod}\, N_{L/k}L^\times)$ の元 α とが対応する．また $\iota^\#\cdot\theta\cdot\mathrm{Res}: H^2(Z, L^\times)\to H^2(H^*, (KL)^\times)\cong K^\times/N_{KL/K}(KL)^\times$ によって η に対応する元は再び同一の $\alpha\in k^\times\subset K^\times$ に対応する．（このことの証明は44 頁の (3·38)′ に帰着される．）さて $\alpha\in k^\times$ に対して，これを $K^\times$ の元とみれば $\mathrm{ord}(\alpha)$ は e の倍数である．一方系 8·5 によって，不分岐拡大 KL/K において，このような α は $N_{KL/K}(KL)^\times$ に属す．故に $\iota^\#\cdot\theta\cdot\mathrm{Res}(\eta)=1$ となる．よって

$$\mathrm{Res}_{G^*/H^*}\cdot\mathrm{Inf}_{Z/G^*}(\eta)=1 \tag{8·9}$$

がすべての $\eta \in H^2(Z, L^\times)$ に対して成立する．一方完全系列

$$1 \longrightarrow H^2(G, K^\times) \xrightarrow{\text{Inf}} H^2(G^*, (KL)^\times) \xrightarrow{\text{Res}} H^2(H^*, (KL)^\times) \quad (\text{exact})$$

において，(8·9) であれば，ある $\xi \in H^2(G, K^\times)$ によって

$$\text{Inf}_{Z/G^*}(\eta) = \text{Inf}_{G/G^*}(\xi)$$

と表わされる．ここで両辺の Inf は共に $H^2(Z, L^\times) \to H^2(G^*, (KL)^\times)$ および $H^2(G, K^\times) \to H^2(G^*, (KL)^\times)$ の単射であるので，$\eta \to \xi$ の対応によって，$H^2(Z, L^\times) \to H^2(G, K^\times)$ の単射準同型を得る．さて $[H^2(Z, L^\times)] = n$,（補題 8·2）および $[H^2(G, K^\times)] \leqq n$（補題 8·6）であったから，$\eta \to \xi$ の対応によって $H^2(Z, L^\times) \cong H^2(G, K^\times)$ なる同型を得る．定理 8·4 によってこれらは位数 n の巡回群である．（終）

以上によって定理 8·1，すなわち $\{k^\times ; k \in \mathfrak{K}\}$ が類構造であることが確定し，したがって第7章の結果がすべて適用されることがわかった．とくに k の Abel 拡大 K に対応する群は

$$A(K/k) = N_{K/k}K^\times \quad (\subset k^\times) \tag{8·10}$$

である．以上の諸定理より導かれる次の結果も重要である．

定理 8·8 Abel 拡大 K/k が不分岐拡大であるためには，$A(K/k) = N_{K/k}K^\times$ が $k^\times$ の単数群 $\mathfrak{u}$ を含むことが必要十分である．

（証明）(i) $k^\times \supset A \supset \mathfrak{u}$ なる部分群は，ある $n \in \mathrm{Z}^+$ により $A = \{\alpha ; \mathrm{ord}(\alpha) \in n\mathrm{Z}\}$ と表わされる．一方 n 次不分岐拡大 K_n/k に対しては，系 8·5 によって $A(K_n/k) = \{\alpha ; \mathrm{ord}(\alpha) \in n\mathrm{Z}\}$ である．故に一意性の定理 7·15 によって，$\mathrm{A}(K/k) \supset \mathfrak{u}$ ならばある n に対して $K = K_n$ となる．（終）

注意 一般の n 次 Abel 拡大 K/k の分岐指数を $e, n = ef$ とする．そのとき $\{\mathrm{ord}(\alpha) ; \alpha \in A(K/k)\} = fZ$ となる．

一般に分岐する Abel 拡大 K/k に対して $A(K/k)$ が $\mathfrak{u}_m$ は含むが $\mathfrak{u}_{m-1}$ は含まないとき，$\mathfrak{p}^m$ を $A(K/k)$ の**導手**（conductor）という．この m の値を Hilbert の分岐群の理論を用いて正確に求めることは，ここでは紙数が許さない．これについては淡中 [16]，第 10 章を参照されたい．

8·1·2 ノルム剰余記号 基礎体 $\mathbf{Q}_p$ の上の不分岐拡大 Z_n ($n=1,2,\cdots$, $n=[Z_n:F]$) なる列をつくる．m が n の倍数であれば $\mathbf{Q}_p\subset Z_n\subset Z_m$ であって，$\{Z_n\}$ の全体が (7·19) の列に相当する．(もしも必要ならば，$n_1, n_2, \cdots, n_k, \cdots$ なる部分列を選んで，$\mathbf{Q}_p\subset Z_{n_1}\subset Z_{n_2}\subset\cdots$，かつ $\bigcup_{m=1}^{\infty} Z_m=\bigcup_{k=1}^{\infty} Z_{n_k}$ にすることができる)．各巡回拡大 $Z_n/\mathbf{Q}_p$ に対して，標準的2双対輪体 $f_n=f_{Z_n/\mathbf{Q}_p}$ を次のように定める．

$G_n=G(Z_n/\mathbf{Q}_p)$ は位数 n の巡回群で，Frobenius 置換 ϕ_n：

$$\alpha^{\phi_n}\equiv\alpha^p \pmod{\mathfrak{p}_n} \qquad (\alpha\in\mathfrak{o}_n)$$

より生成された．(ただし Z_n の付値環を $\mathfrak{o}_n$，素イデヤルを $\mathfrak{p}_n$ とおく)．(定理 5·8 参照)．すなわち $G_n=\{1,\phi_n,\phi_n^2,\cdots,\phi_n^{n-1}\}$ $(\phi_n^n=1)$ である．いま G_n の $Z_n^\times$ を係数とする2双対輪体 f_n を

$$f_n[\phi^i,\phi^j]=\begin{cases}1 & (i+j<n)\\ p & (i+j\geqq n)\end{cases} \tag{8·11}$$

とおく．すなわち $\chi_n(\phi^i)\equiv i/n \pmod{Z}$ に対して

$$f_n=p^{\delta\chi_n} \tag{8·11$'$}$$

と定める．系 8·5 より $N_{Z_n/\mathbf{Q}_p}Z_n^\times=\{p^{nr}\mathfrak{u}\,;\,r\in\mathbf{Z}\}$ であるから p は $\mathbf{Q}_p^\times/N_{Z_n/\mathbf{Q}_p}Z_n^\times$ の中で位数 n である．よって f_n は $H^2(G_n,Z_n^\times)$ の生成元である．(補題 7·11 参照)．

次に m が n の倍数であれば，$\psi:G_m\to G_n$ を標準的全射とするとき，$Z_m/\mathbf{Q}_p$ および $Z_n/\mathbf{Q}_p$ の Frobenius 置換 ϕ_m および ϕ_n に関して $\psi(\phi_m)=\phi_n$ である．かつ f_m, f_n に対して

$$\mathrm{Inf}_{G_n/G_m}f_n=f_m^{m/n} \tag{8·12}$$

が成立する．なんとなれば G_m, G_n の指標 χ_m,χ_n に関して $\mathrm{Inf}\,\chi_n=(m/n)\chi_m$ であるから，補題 7·12，(7·51) によって $\mathrm{Inf}(f_n)=\mathrm{Inf}(p^{\delta\chi_n})\sim p^{\delta\,\mathrm{Inf}\,\chi_n}=(p^{\delta\chi_m})^{m/n}=f_m^{m/n}$ であるから．

したがって f_n を含むコホモロジー類を $\xi_{Z_n/\mathbf{Q}_p}$ とするとき，定理 7·6 の証明の方針にしたがってこれが標準的2コホモロジー類になるように一意的に定めることができる．

さて，対応するノルム剰余記号をしらべてみよう．不分岐拡大 $Z_n/\mathbf{Q}_p$ に対しては，

$$\left(\frac{Z_n/\mathbf{Q}_p}{\phi_n}\right)=\prod_{i=0}^{n-1} f_n[\phi_n^i, \phi_n]^{-1}=p^{-1}$$

したがって，$(p, Z_n/\mathbf{Q}_p)=\phi_n^{-1}$ となる．$N_{Z_n/\mathbf{Q}_p}Z_n^{\times}\supseteqq\mathfrak{U}$ を用いれば，一般に $\alpha\in\mathbf{Q}_p$ に対して

$$(\alpha, Z_n/\mathbf{Q}_p)=\phi_n^{-\mathrm{ord}(\alpha)} \tag{8·13}$$

を得る．(ただし ϕ_n は $Z_n/\mathbf{Q}_p$ の Frobenius 置換とする)．

8·2 存在定理

以上によってノルム剰余記号 $k^{\times}\ni\alpha\to(\alpha, k)\in G(A(k)/k)$ が定まる．これに関して

定理 8·9 (I) 写像 $\alpha\to(\alpha, k)$ は，$k^{\times}$ から $G(A(k)/k)$ の中への連続写像である．(II) 写像 $\alpha\to(\alpha, k)$ は単射である．すなわち $(\alpha, k)=1$ となるのは，$\alpha=1$ に限る．したがって

$$\mathfrak{K}(k)=\{\alpha\in k^{\times}\,;\,(\alpha, k)=1\}=\{1\} \tag{8·14}$$

である．

(証明) (I) 準同型 $\Phi:\alpha\to(\alpha, k)$ が連続であることをいうには，$\mathfrak{G}=G(A(k)/k)$ の単位元の開近傍の基底 $\{\mathfrak{H}_\lambda\}$ に対して $\Phi^{-1}(\mathfrak{H}_\lambda)$ が $k^{\times}$ の中で開いた集合であることをいえばよい．$\mathfrak{G}_\lambda$ は $\mathfrak{G}$ の中で $[\mathfrak{G}:\mathfrak{H}_\lambda]=n_\lambda<+\infty$ であるから $\Phi^{-1}(\mathfrak{H}_\lambda)\supset(k^{\times})^{n_\lambda}$ となる．しかるに $(k^{\times})^{n_\lambda}$ は $k^{\times}$ の指数有限の開いた部分群であった (定理 5·12)．よって $\Phi^{-1}(\mathfrak{H}_\lambda)$ も開いた部分群となる．

(II) $(\alpha, k)=1$ なる α をとる．(i) まず α は単数である．なんとなれば k の n 次不分岐拡大 L_n をとれば，$(\alpha, L_n/k)=1$ より $\mathrm{ord}(\alpha)\in nZ$ となる．これがすべての n に対して成立するから，$\mathrm{ord}(\alpha)=0$ である．

(ii) “任意の素数 q に対して $\alpha=\beta^q$ なる $\beta\in k^{\times}$ が存在する” ことを証明しよう．$k_1=k(\zeta)$，ζ を1の q ベキ根とする．$(\alpha, k_1/k)=1$ より $\alpha=N_{k_1/k}\alpha_1$，$\alpha_1\in k_1$ と表わされ，かつ 定理 7·18 より，$(\alpha, k)=(\alpha_1, k_1)$ である．故に

$\alpha_1=\beta_1^q$ ならば $\alpha=(N_{k_1/k}\beta_1)^q$ となる．したがつてはじめから $k\ni\zeta$ の場合に証明すればよい．

いま γ を $k^\times$ の任意の元とするとき，γ は拡大 $k(\sqrt[q]{-\gamma})/k$ に関するノルムとなっていることを見よう．これは $\sqrt[q]{-\gamma}\in k$ ならば問題にならないから，$\Gamma=\sqrt[q]{-\gamma}\notin k$ とする．Γ は k における既約方程式 $X^q+\gamma=0$ の根である．$q=2$ ならば，$\gamma=N\Gamma$ である．q が奇数ならば $\gamma=N(-\Gamma)$ である．

全く同様に $\alpha\gamma$ は拡大 $k(\sqrt[q]{-\alpha\gamma})/k$ に関してノルムである．一方 $(\alpha,k)=1$ より，α はこの拡大に関してノルムである．故に γ は拡大 $k(\sqrt[q]{-\alpha\gamma})/k$ に関してノルムとなる．結合定理 7・15 によって γ は $k(\sqrt[q]{-\alpha\gamma},\sqrt[q]{-\gamma})/k$ に関するノルムとなり，したがって（その部分体）$k(\sqrt[q]{\alpha})/k$ に関するノルムとなる．γ は $k^\times$ の任意の元であるから，Abel 拡大 $K=k(\sqrt[q]{\alpha})$ に対して $N_{K/k}K^\times=k^\times$ が成り立つ．故に一意性の定理 7・15 によって，$K=k$ となり $\sqrt[q]{\alpha}\in k$ を得た．

数体における類体論の場合の存在定理の証明にも利用されるので，次のことを補題としてあげておく．

補題 8・10 各 $k\in\mathfrak{K}$ に対して $E(k)$ は位相群であって，(i) $\varphi_{k\to K}:E(k)\to E(K)$ および $N_{K/k}:E(K)\to E(k)$ は連続である．(ii) 任意の $\alpha\in E(k)$ に対して $N_{K/k}^{-1}\alpha(\subset E(K))$ はコンパクト集合である．(iii) $E(k)$ において $\{1^{1/q}\}=\{\alpha\,;\,\alpha^q=1\}$ はコンパクト集合である．(iv) $N_{K/k}E(K)$ は $E(k)$ の閉集合である．いま $\alpha\in E(k)$ が任意の有限拡大 K/k に対して $\alpha\in N_{K/k}E(K)$ であるとき，α を**普遍ノルム**という．(v) k に対して適当な有限拡大 K をとると，$E(K)$ の普遍ノルム A は，任意の素数 q に対して $A=B^q$ $(B\in E(K))$ と表わされるものとする．そのとき

(I) $\alpha\in E(k)$ が普遍ノルムであれば，任意の有限拡大 $K\supset k$ に対して

$$\alpha=N_{K/k}A,\quad A\in E(K) \tag{8・15}$$

しかも A は $E(K)$ の普遍ノルムであるようにとれる．

(II) $E(k)$ の任意の普遍ノルム α および任意の $m\in Z$ に対して

$$\alpha=\gamma^m,\quad \gamma\in E(k) \tag{8・16}$$

しかも γ は $E(k)$ の普遍ノルムであるように表わすことができる．

(証明) (I) L/K を任意の有限拡大とすると普遍ノルム α は $\alpha=N_{L/k}\beta=N_{K/k}(N_{L/K}\beta)$ $(\beta\in E(L))$ と表わされる．故に $N_{L/K}(N_{L/k}^{-1}\alpha)\subset N_{K/k}^{-1}\alpha$ である．このことから容易に $\{N_{L/K}(N_{L/k}^{-1}\alpha)\ ;\ K\subset L\}$ は有限交叉性をもつことがわかる．仮定 (ii) より，これらは $E(K)$ 内のコンパクトな集合であるので，それらすべてに共通な元 $A\in E(K)$ がある．そのとき (8·15) が成り立つ． (II) (I) によって $E(k)$ の普遍ノルムは $\alpha=N_{K/k}A$, A は $E(K)$ の普遍ノルムと表わされる．仮定 (v) により $A=B^q$ とすれば $\alpha=(N_{K/k}B)^q$ となる．すなわち (v) の性質は，$E(k)$ においても成り立つ．さて $\alpha\in E(k)$ を普遍ノルムとし，L/k を任意の拡大とする．$\alpha=\beta^q, \beta\in E(k), \alpha=N_{L/k}A$, A は $E(L)$ の普遍ノルム，$A=B^q, B\in E(L)$ とする．$\beta^q=(N_{L/k}B)^q$ より $\beta\cdot\{1^{1/q}\}\cap N_{L/k}E(L)\neq\emptyset$ である．仮定 (iii), (iv) および $\{\beta\cdot\{1^{1/q}\}\cap N_{L/k}E(L)\ ;\ L\supset k\}$ が有限交叉性をもつことから，これらすべてに共通な元 γ が存在して $\alpha=\gamma^q$ となる．γ も普遍ノルムであるから，α の代りに γ をとって，この操作をつづければ，任意の m に対して (8·16) が成り立つことがわかる．(終)

定理 8·9 の証明に戻ろう．(iii) この補題 8·10 によって，$(\alpha, k)=1$ ならば，任意の m に対して $\alpha=\beta^m$ と表わされる．故に $\alpha\in\bigcap_{i=1}^{\infty}(k^\times)^m\subset\bigcap_{i=1}^{\infty}\mathfrak{U}_i=\{1\}$ となる．(終)

この定理より，次の存在定理が導かれる

定理 8·11　$k^\times$ の有限指数の任意の閉部分群 A に対して

$$A=A(K/k) \tag{8·17}$$

となる有限次 Abel 拡大 K/k が存在する．[**存在定理**]

(証明) $k^\times$ に二通りの位相を定義する．(i) k の有限 Abel 拡大 K/k に対応する群 $A(K/k)$ の全体を $k^\times$ の単位元の近傍系とする．これは $\varPhi:\alpha\to(\alpha, k)$ による写像 $k^\times\to G(A(k)/k)$ によって，$G(A(k)/k)$ の位相より導入された位相と一致する．定理 8·9 (II) によって，k は (Hausdorff) 位相群となる．(ii) $k^\times$ の有限指数の開かつ閉じた部分群の全体を $k^\times$ の単位元の近傍系とする．これは定理 8·9 (I) によって，(i) の位相よりも強い位相で，かつ全有界 (Hausdorff) 位相群となる，(i) の位相群を $(k^\times, \mathfrak{T}_1)$, (ii) の位相群を $(k^\times, \mathfrak{T}_2)$ とし，$\iota:\alpha\to\alpha$ なる写像 $(k^\times, \mathfrak{T}_2)\to(k^\times, \mathfrak{T}_1)$ を考える．定理

8·9 (I) により ι は一様連続である．ι は一対一，一様連続，かつ $(k^\times, \mathfrak{T}_2)$ の全有界なことから，逆写像も一様連続となる．これは二つの位相の一致を示している．すなわち，$k^\times$ の任意の指数有限の開かつ閉じた部分群 A は，ある有限 Abel 拡大 K/k によって，$A=A(K/k)$ と表わされる．（終）

8·3　実数体と複素数体

実数体 R の上の2次の拡大 C に対しても，同様な考察ができる．

(I)
$$\mathrm{R}^\times/N_{\mathrm{C/R}}\mathrm{C}^\times \cong \mathrm{Z}/2\mathrm{Z} \cong G(\mathrm{C/R})$$

これは $N_{\mathrm{C/R}}\mathrm{C}^\times$ は正の実数全体となることよりわかる．

(II)　2次の巡回拡大 C/R の標準2双対輪体として

$$f[1,1]=f[1,\sigma]=f[\sigma,1]=1, \quad f[\sigma,\sigma]=-1 \quad (\sigma \neq 1)$$

をとり，f を含むコホモロジー類を ξ とする．$H^0(G,\mathrm{C}^\times)=\{1,\xi\}$, $\xi^2=1$ である．G は巡回群であるから

$$H^{2r}(G,\mathrm{C}^\times) \cong \mathrm{Z}/2\mathrm{Z}, \text{（加群）} H^{2r+1}(G,\mathrm{C}^\times)=\{1\} \qquad (r \in \mathrm{Z})$$

である．

第9章 類　体　論

9・1 数体における類構造

9・1・1 イデール群を係数とするコホモロジー群 有理数体 Q を基礎体とし，Qの代数的閉拡大を Ω とする．したがって $\mathfrak{K}=\{k\,;\,\mathrm{Q}\subset k\subset\Omega,\,[k:\mathrm{Q}]<+\infty\}$ は数体全体の集合である．

定理 9・1 各 $k\in\mathfrak{K}$ に対して，k のイデール類群 C_k を

$$E(k)=C_k \tag{9・1}$$

にとり，$k\subset K$ に対して $\varphi_{k\to K}:C_k\to C_K$ を(5・39)のように定める．そのとき $\{E(k)\,;\,k\in\mathfrak{K}\}$ は類構造をなす．

CI, CII, CIII, CIV が成り立つことは，すでに注意した（§7・1・1）．よって K/k を Galois 拡大，$G=G(K/k)$ をその Galois 群とするとき

$$H^1(G,C_K)=\{1\} \tag{9・2}$$

$$H^2(G,C_K)\cong \mathrm{Z}/n\mathrm{Z}\ (\text{加群}),\qquad n=[K:k] \tag{9・3}$$

が成り立つことを以下に証明しよう．この証明は簡単ではないので，かなりの紙数を要する．まず，イデール群 J_K と K の乗法群 $K^\times$ とより

$$1\longrightarrow K^\times\xrightarrow{\ i\ }J_K\xrightarrow{\ j\ }C_K\longrightarrow 1\quad(\text{exact}) \tag{9・4}$$

なる完全系列をつくる．したがって（G を省いて）

$$\longrightarrow H^1(K^\times)\xrightarrow{i\#}H^1(J_K)\xrightarrow{j\#}H^1(C_K)\xrightarrow{\delta\#}H^2(K^\times)\xrightarrow{i\#}H^2(J_K)$$
$$\xrightarrow{j\#}H^2(C_K)\xrightarrow{\delta\#}H^3(K)\xrightarrow{i\#}H^3(J_K)\xrightarrow{j\#}H^3(C_K)\longrightarrow\cdots$$
$$(\text{exact}) \tag{9・5}$$

なる完全系列を得る．この中でまず $H^1(K^\times)=\{1\}$（定理 5・1）である．次に

定理 9・2 (I) $\mathfrak{N}$ を k の素因子の全体とするとき，一般の Galois 拡大 K/k に対して

$$H^r(G, J_K) \cong \sum_{\mathfrak{p}\in\mathfrak{N}} H^r(G_{\mathfrak{P}}, K_{\mathfrak{P}}) \quad (\text{直和}) \tag{9·6}$$

ただし各 $\mathfrak{p}\in\mathfrak{N}$ に対して $\mathfrak{p}$ の上にある K の素因子 $\mathfrak{P}$ を一つずつ定めておき，$G_{\mathfrak{P}}$ は $\mathfrak{P}$ の分解群とする．

(II)　r が奇数であれば $H^r(G, J_K)$ は有限群，r が偶数ならば，$H^r(G, J_K)$ は無限群である．

（証明）　$\mathfrak{p}$ の上にある K の素因子を $\mathfrak{P}_1, \cdots, \mathfrak{P}_g$ $(\mathfrak{P}_1=\mathfrak{P})$ とする．$\mathfrak{P}$ の分解群を $G_{\mathfrak{P}}$, $G=\bigcup_{i=1}^{g}\tau_i G_{\mathfrak{P}}$ とすると $G_{\mathfrak{P}}=G(K_{\mathfrak{P}}/k_{\mathfrak{p}})$ および $\prod_{i=1}^{g} K_{\mathfrak{P}_i}^{\times}=\prod_{i=1}^{g}(K_{\mathfrak{P}}^{\times})^{\tau_i}$ である．故に半局所理論（38 頁 VI）によって，$H^r\left(G, \prod_{i=1}^{g} K_{\mathfrak{P}_i}^{\times}\right)\cong H^r(G_{\mathfrak{P}}, K_{\mathfrak{P}}^{\times})$ を得る．いま $J_K=\Pi^* K_{\mathfrak{P}}^{\times}=\prod_{\mathfrak{p}\in\mathfrak{N}}{}^*(\prod_{\mathfrak{p}\subset\mathfrak{P}} K_{\mathfrak{P}}^{\times})$（ただし Π^* は，その成分中有限個を除いて単数であることを示すものとする）．さて定理 8·3 によって，有限な $\mathfrak{p}$ が K/k で分岐しないならば，単数を係数とする r 双対輪体は r 双対境界輪体となる．よって J_K の元を係数とする r 双対輪体をその成分にわければ有限個の成分以外は r 境界輪体である．よって

$$H^r(G, J_K)=\sum_{\mathfrak{p}\in\mathfrak{N}}(H^r(G, \prod_{\mathfrak{p}\in\mathfrak{P}} K_{\mathfrak{P}}))=\sum_{\mathfrak{p}\in\mathfrak{N}} H^r(G_{\mathfrak{P}}, K_{\mathfrak{P}}) \quad (\text{直和})$$

を得る．(II)　$H^r(G_{\mathfrak{P}}, K_{\mathfrak{P}})\cong H^{r-2}(G_{\mathfrak{P}}, Z)$ である．K/k で分岐する有限個の $\mathfrak{P}/\mathfrak{p}$ を除けば，$G_{\mathfrak{P}}$ は $f_{\mathfrak{P}/\mathfrak{p}}$ 次巡回群，したがって r が奇数ならば $H^r(G_{\mathfrak{P}}, K_{\mathfrak{P}})=\{1\}$，偶数ならば $[H^r(G_{\mathfrak{P}}, K_{\mathfrak{P}})]=[G_{\mathfrak{P}}:1]$ となる．故に (9·6) より直ちに (II) が導かれる．（終）

例えば $H^1(G_{\mathfrak{P}}, K_{\mathfrak{P}}^{\times})=H^3(G_{\mathfrak{P}}, K_{\mathfrak{P}}^{\times})=\{1\}$, $H^2(G_{\mathfrak{P}}, K_{\mathfrak{P}}^{\times})\cong \mathrm{Z}/[K_{\mathfrak{P}}:k_{\mathfrak{P}}]\mathrm{Z}$ より

$$H^1(G, J_K)=H^3(G, J_K)=\{1\},\ H^2(G, J_K)\cong\sum_{\mathfrak{p}\in\mathfrak{N}}\mathrm{Z}/[K_{\mathfrak{P}}:k_{\mathfrak{p}}]\mathrm{Z} \quad (\text{直和}) \tag{9·7}$$

である．故に (9·5) に代入して

$$0\longrightarrow H^1(C_K)\xrightarrow{\delta\#} H^2(K^{\times})\xrightarrow{i\#} H^2(J_K)\xrightarrow{j\#} H^2(C_K)\xrightarrow{\delta\#} H^3(K^{\times})\longrightarrow 0 \tag{9·5$'$}$$

となる．(9·5)′ より，直ちに

(I)* $H^1(C_K)=\{1\}$ であるためには，$i^{\#}: H^2(K^{\times})\to H^2(J_K)$ が単射であることが，必要かつ十分である．また後に

(II)* $$j^{\#}: H^2(J_K)\to H^2(C_K)$$

を $\mathrm{inv}_{K/k}$ 用いて具体的に与えよう．

9·1·2 第一基本不等式

定理 9·3 $G=G(K/k)$ が巡回群であるとき，Herbrand の商は
$$h_{0/1}(G, C_K)=[K:k] \tag{9·8}$$
である．

これから $H^2(G, C_K)\cong H^0(G, C_K)$ を用いれば
$$[H^0(G, C_K)]=[H^2(G, C_K)]=[H^1(G, C_K)]\cdot[K:k]\geqq[K:k]$$
となる．しかるに $[H^0(G, C_K)]=[C_k: N_{K/k}C_K]=[J_k: P_kN_{K/k}J_K]$ である．故に
$$[J_k: P_kN_{K/k}J_K]\geqq[K:k] \tag{9·9}$$
を得る．これを**第一基本不等式**という[1]．

（証明） kの素因子全体を $\mathfrak{N}$，有限素因子全体を $\mathfrak{M}$，無限素因子の全体を $\mathfrak{S}$ とする．K の無限素因子の全体も同じく $\mathfrak{S}$ とおくが混乱はしないであろう．各 $\mathfrak{p}\in\mathfrak{M}$ に対して $\mathfrak{p}\subset\mathfrak{P}$ なる K の素因子を一つ定め $G_{\mathfrak{P}}=G(K_{\mathfrak{P}}/k_{\mathfrak{p}})$ とし，$n=[K:k]$，$n_{\mathfrak{p}}=[K_{\mathfrak{P}}:k_{\mathfrak{p}}]$ とおく．

(i) $$h_{0/1}(J_K^{\mathfrak{S}})=\prod_{\mathfrak{p}\in\mathfrak{S}} n_{\mathfrak{p}} \tag{9·10}$$

をまず証明しよう．
$$J_K^{\mathfrak{S}}=\prod_{\mathfrak{p}\in\mathfrak{S}}\Big(\prod_{\mathfrak{p}\subset\mathfrak{P}} K_{\mathfrak{P}}^{\times}\Big)\times\prod_{\mathfrak{p}\bar{\in}\mathfrak{S}}\Big(\prod_{\mathfrak{p}\subset\mathfrak{P}}\mathfrak{U}_{\mathfrak{P}}\Big)$$
であるから定理 9·2 の場合と同じく
$$h_{0/1}(G, J_K^{\mathfrak{S}})=\prod_{\mathfrak{p}\in\mathfrak{S}} h_{0/1}(G_{\mathfrak{P}}, K_{\mathfrak{P}}^{\times})\cdot\prod_{\mathfrak{p}\bar{\in}\mathfrak{S}} h_{0/1}(G_{\mathfrak{P}}, \mathfrak{U}_{\mathfrak{P}}).$$
しかるに定理 8·3 によって $h_{0/1}(G_{\mathfrak{P}}, \mathfrak{U}_{\mathfrak{P}})=1$ であり，また局所類体論より

1) 高木 [15] 188 頁第一行，$h\geqq n$ である．以下の証明とそこの証明を比較せよ

$h_{0/1}(G_{\mathfrak{P}}, K_{\mathfrak{P}}^{\times})=n_{\mathfrak{p}}$ である．よってこれらを代入して (9·10) を得る．

(ii)　定理 5·25 より $J_K/J_K^{\mathfrak{S}}P_K$ は有限群である．したがって，G に関して

$$h_{0/1}(C_K)=h_{0/1}(J_K/P_K)=h_{0/1}(J_K/J_K^{\mathfrak{S}}P_K)h_{0/1}(J_K^{\mathfrak{S}}P_K/P_K)$$
$$=h_{0/1}(J_K^{\mathfrak{S}}P_K/P_K)=h_{0/1}(J_K^{\mathfrak{S}}/J_K^{\mathfrak{S}}\cap P_K)=h_{0/1}(J_K^{\mathfrak{S}}/P_K^{\mathfrak{S}})$$
$$=h_{0/1}(J_K^{\mathfrak{S}})/h_{0/1}(P_K{}^{\mathfrak{S}})$$

である．故に (9·8) を証明するためには，(9·10) によって

$$h_{0/1}(P_K{}^{\mathfrak{S}})=(\prod_{\mathfrak{p}\in\mathfrak{S}}n_{\mathfrak{p}})/n \qquad (9\cdot 11)^{1)}$$

をいえばよい．

(iii)　$\mathfrak{S}$ に属す K の素因子 $\mathfrak{P}$ の個数を r とする．r 次元ユークリッド空間を $\mathrm{R}^{(r)}$ とし，R 上の基底 $\{\eta_{\mathfrak{P}}\}$ をとる．$\mathfrak{a}=\{\alpha_{\mathfrak{P}}\}\in J_K^{\mathfrak{S}}$ に対して，定理 5·26 の証明と同じく

$$\varphi(\mathfrak{a})=\sum_{\mathfrak{P}\in\mathfrak{S}}\log w_{\mathfrak{P}}(\alpha_{\mathfrak{P}})\eta_{\mathfrak{P}}$$

とおく．$\sigma\in G$ に対して

$$\varphi(\mathfrak{a}^{\sigma})=\sum\log w_{\mathfrak{P}}((\mathfrak{a}^{\sigma})_{\mathfrak{P}})\eta_{\mathfrak{P}}=\sum\log w_{\mathfrak{P}}(\alpha_{\mathfrak{P}})\eta_{\mathfrak{P}^{\sigma}}$$

したがって $\mathrm{R}^{(r)}$ での線型写像 $\sigma: \eta_{\mathfrak{P}}\to\eta_{\mathfrak{P}}^{\sigma}=\eta_{\mathfrak{P}^{\sigma}}$ を定義すれば，$\varphi(\mathfrak{a}^{\sigma})=\varphi(\mathfrak{a})^{\sigma}$ となる．かくして $\mathrm{R}^{(r)}$ を G を作用群とする加群とみれば，φ は G 準同型となった．$L=\varphi(K^{\mathfrak{S}})$ は，$\mathrm{R}^{(r-1)}=\{\sum_{\mathfrak{P}}x_{\mathfrak{P}}\eta_{\mathfrak{P}};\ x_{\mathfrak{P}}\in\mathrm{R}, \sum_{\mathfrak{P}}x_{\mathfrak{P}}=0\}$ なる超平面の上にあって，かつ $\mathrm{R}^{(r-1)}$ を張る．しかも $\varphi: K^{\mathfrak{S}}\to\varphi(K^{\mathfrak{S}})=L$ の核は有限であるから $h_{0/1}(K^{\mathfrak{S}})=h_{0/1}(\varphi(K^{\mathfrak{S}}))$ である．いま

$$M=\{\mathfrak{v}+m\sum\eta_{\mathfrak{P}};m\in\mathrm{Z},\ \mathfrak{v}\in L\}$$

なる集合を考える．M は実際に $\mathrm{R}^{(r)}$ 全体を張り，かつ G に対して不変である．しかも $M/L\cong\mathrm{Z}$ で，G は M/L に単純に作用する．よって $h_{0/1}(L)=h_{0/1}(M)/h_{0/1}(Z)=h_{0/1}(M)/n$ となる．したがって

$$h_{0/1}(M)=\prod_{\mathfrak{p}\in\mathfrak{S}}n_{\mathfrak{p}} \qquad (9\cdot 12)$$

を証明すれば，これから (9·11) が導かれる．

---

1)　高木 [15]，194 頁 (I) の証明と比較せよ．

(iv) M を $\mathrm{R}^{(r)}$ の中のある格子点のつくる加群で，その階数を r とし，かつ G に対して不変とする．そのとき (9·12) が成り立つことを見よう．

(イ) $M=\sum \mathrm{Z}\eta_{\mathfrak{P}}$ の場合．$M=\sum_{\mathfrak{p}} M_{\mathfrak{p}}, M_{\mathfrak{p}}=\sum_{\mathfrak{p}\subset\mathfrak{P}} \mathrm{Z}\eta_{\mathfrak{P}}$ と分解すれば，半局所理論を用いることによって $h_{0/1}(G, M)=\prod h_{0/1}(G, M_{\mathfrak{p}})=\prod_{\mathfrak{p}} h_{0/1}(G_{\mathfrak{P}}, Z)=\prod_{\mathfrak{p}} n_{\mathfrak{p}}$ となる．

(ロ) 一般の場合．$M\supset M'=\{\sum a_{\mathfrak{P}}\xi_{\mathfrak{P}}\,;\, a_{\mathfrak{P}}\in \mathrm{Z},\ \xi_{\mathfrak{P}}^{\sigma}=\xi_{\mathfrak{P}^{\sigma}}\}$ かつ $[M:M']<+\infty$ となる M' を見出せば，(i) を用いて $h_{0/1}(M)=h_{0/1}(M')h_{0/1}(M/M')=h_{0/1}(M')=\prod_{\mathfrak{p}} n_{\mathfrak{p}}$ を得る．さて $\mathrm{R}^{(r)}$ において $|\sum a_{\mathfrak{P}}\eta_{\mathfrak{P}}|=\max_{\mathfrak{P}}(|a_{\mathfrak{P}}|)$ ($a_{\mathfrak{P}}\in\mathrm{R}$) とおく．またある定数 $c>0$ をとって，任意の $\eta\in\mathrm{R}^{(r)}$ に対して，ある $\xi\in M$ で $|\xi-\eta|<c$ となるものが存在するようにする．各 $\mathfrak{p}\in\mathfrak{S}$ に対して $\mathfrak{p}\subset\mathfrak{P}$ なる K の素因子 $\mathfrak{P}$ を一つ選んで $\mathfrak{P}=\mathfrak{p}^*$ とおく．そして $\xi_{\mathfrak{p}}=c\eta_{\mathfrak{p}^*}+\beta_{\mathfrak{p}}$, $\xi_{\mathfrak{p}}\in M, |\beta_{\mathfrak{p}}|<c$ なる $\xi_{\mathfrak{p}}$ を一つとる．次に $\mathfrak{p}\subset\mathfrak{P}$ に対して $\xi_{\mathfrak{P}}=\sum_{\sigma}'\xi_{\mathfrak{p}}^{\sigma}$ (ただし $\sum_{\sigma}'$ は $\mathfrak{p}^{*\sigma}=\mathfrak{P}$ となる σ 全体についての和を示す)とおく．$\xi_{\mathfrak{P}}\in M$ であり，かつ

$$\xi_{\mathfrak{P}}^{\tau}=\sum_{\mathfrak{p}^{*\sigma}=\mathfrak{P}}\xi_{\mathfrak{p}}^{\tau\sigma}=\sum_{\mathfrak{p}^{*\tau^{-1}\sigma}=\mathfrak{P}}\xi_{\mathfrak{p}}^{\sigma}=\sum_{\mathfrak{p}^{*\sigma}=\mathfrak{P}^{\tau}}\xi_{\mathfrak{p}}^{\sigma}=\xi_{\mathfrak{P}^{\tau}}$$

である．また

$$\xi_{\mathfrak{P}}=\sum_{\mathfrak{p}^{*\sigma}=\mathfrak{P}} c\eta_{\mathfrak{p}^*}^{\sigma}+\beta_{\mathfrak{p}}^{\sigma}=cn_{\mathfrak{p}}\eta_{\mathfrak{P}}+\gamma_{\mathfrak{P}},\qquad |\gamma_{\mathfrak{P}}|<cn_{\mathfrak{p}}$$

である．故に $\sum_{\mathfrak{P}} x_{\mathfrak{P}}\xi_{\mathfrak{P}}=0$ ($x_{\mathfrak{P}}\in\mathrm{R}$) ならば $\sum(x_{\mathfrak{P}}n_{\mathfrak{p}}c\eta_{\mathfrak{P}}+x_{\mathfrak{P}}\gamma_{\mathfrak{P}})=0$, したがって $\eta_{\mathfrak{P}}$ の係数 $x_{\mathfrak{P}}n_{\mathfrak{p}}c+\alpha=0$ (ここに $x_{\mathfrak{P}}\neq 0$ ならば $|\alpha|<x_{\mathfrak{P}}cn_{\mathfrak{p}}$) であるから，各 $x_{\mathfrak{P}}=0$ でなければならない．故に $\{\xi_{\mathfrak{P}}\,;\,\mathfrak{P}\in\mathfrak{S}\}$ は一次独立となる．したがって $M'=\sum \mathrm{Z}\xi_{\mathfrak{p}}$ は求める部分加群となる．(終)

定理 9·3 の直接の応用を挙げよう．

定理 9·4 K/k が巡回拡大で，k の素因子が，たかだか有限個の例外を除いて，すべて K/k で完全分解するならば，実は $K=k$ でなくてはならない．

(証明) 上の仮定のもとに，任意の $\mathfrak{a}\in J_k$ が $\mathfrak{a}=(\alpha)N\mathfrak{A}$, $\alpha\in k^{\times}, \mathfrak{A}\in J_K$ と表わされることを証明しよう．そうすれば第一基本不等式より $[K:k]\leqq[J_k:P_kN_{K/k}J_K]=1$, すなわち，$K=k$ となる． さて例外の $\mathfrak{p}$ の集合を $\mathfrak{S}$ とし，$\mathfrak{a}=\{\alpha_{\mathfrak{p}}\}\in J_k$ に対して

$\alpha\in k^\times$, $w_\mathfrak{p}(\alpha-\alpha_\mathfrak{p})<\varepsilon$ ($\mathfrak{p}\in\mathfrak{S}$) に α をとることができる(定理 5·3). ここで $\varepsilon>0$を十分小さくとれば，各有限 $\mathfrak{p}\in\mathfrak{S}$ に対して $\alpha_\mathfrak{p}\alpha^{-1}\in\mathfrak{u}_m$ (m は十分大)，したがって局所類体論より $\alpha_\mathfrak{p}\alpha^{-1}\in N_{K_\mathfrak{P}/k_\mathfrak{p}}K_\mathfrak{P}^\times$ となる．各無限 $\mathfrak{p}\in\mathfrak{S}$ に対しても同様である．さて，定理の仮定より，$\mathfrak{p}\notin\mathfrak{S}$ では $K_\mathfrak{P}=k_\mathfrak{P}$ ($\mathfrak{p}\subset\mathfrak{P}$) である．故に $(\alpha)^{-1}\mathfrak{a}$ は $\mathfrak{A}\in J_K$ を適当にとることによって $(\alpha)^{-1}\mathfrak{a}=N_{K/k}\mathfrak{A}$ と表わすことができる．(すなわち $\mathfrak{A}=\{A_\mathfrak{P}\}$ とするとき $\mathfrak{p}\subset\mathfrak{P}$ を一つずつ定め $N_{K_\mathfrak{P}/k_\mathfrak{p}}\ A_\mathfrak{P}=\alpha^{-1}\alpha_\mathfrak{p}$, $\mathfrak{p}\subset\mathfrak{P}'$ なる他の$\mathfrak{P}'$ に対しては $A_{\mathfrak{P}'}=1$ にとればよい)．(終)

この定理より導かれる次の結果はそれぞれ後に用いられる．

補題 9·5 (I) K/k が p^r 次の巡回拡大であるとする (p は素数)．そのとき，K/k で全く分解しない k の素因子 $\mathfrak{p}$ (すなわち分解群 $G_\mathfrak{p}$ か $G(K/k)$ と一致する $\mathfrak{p}$) が無限に多く存在する．

(II) 一般に $n=\prod_i p_i^{\nu_i}$ 次の巡回拡大 K/k に対して，k の素因子 $\mathfrak{p}_i$ でその分解群 $G_{\mathfrak{p}_i}$ の位数が $p_i^{\nu_i}$ の倍数であるものが無限に多く存在する．

(III) p^r 次の Abel 拡大 K/k が，r 個の p 次の巡回拡大 $K_1/k,\cdots,K_r/k$ の合成体であるとする．そのとき，K_i/k では全く分解しないで，$K_j/k\,(j=1,2\cdots,i-1,i+1,\cdots,r)$ では完全分解するような k の素因子 $\mathfrak{p}$ が無限に多く存在する．

(証明) (I) K/k はただ一つの p 次の拡大 K_p/k ($[K_p:k]=p$) を含む．故に k の素因子 $\mathfrak{p}$ の分解体 k_Z が K_p を含まないならば，$\mathfrak{p}$ は K/k で全く分解しない．故に定理 9·4 によって K_p/k で分解しない $\mathfrak{p}$ (そのような $\mathfrak{p}$ は無限にある) をとれば，K/k で全く分解しない．(II) $K\supset K_i\supset k$, $[K:K_i]=p_i^{\nu_i}$ とし K_i の素因子 $\mathfrak{P}_i$ で K/K_i で全く分解しないものをとり，$\mathfrak{p}\subset\mathfrak{P}_i$ なる k の素因子 $\mathfrak{p}$ をとればよい．(III) ($i=1$ とする). k の素因子 $\mathfrak{p}$が K/k で分岐しなければ $\mathfrak{p}$ の分解群は巡回群である． さて $G(K/k)=H_1\times\cdots\times H_r$, ($H_i$ は $K_1\cdots K_{i-1}K_{i+1}\cdots K_r$ に対応する部分群) と p 次巡回群の直積に分解される．$K/K_2K_3\cdots K_r$ で分解しない $K_2\cdots K_r$ の素因子 $\mathfrak{P}_1$ をとり k の素因子 $\mathfrak{p}\subset\mathfrak{P}_1$ をとれば，$\mathfrak{p}$ の分解群は H_1 となる．この $\mathfrak{p}$ が求めるものである．(問 5·3 参照) (終)

9·1·3 第二基本不等式

ここでのわれわれの目標は巡回拡大 K/k に対して $[J_k:P_kN_{K/k}J_K]\leqq[K:k]$ なる不等式を証明することである．そのために Kummer 拡大の理論を利用する．よってはじめに Kummer 拡大に関する一般的な性質を挙げておく．

補題 9·6　k は1の n べキ根 ζ を含むものとし，$k^\times$ のある部分群 Γ に対して $K=k(\Gamma^{1/n})$ とする．(I)　k の有限素因子 $\mathfrak{p}$ が K/k で完全分解するためには，$\Gamma\subset k_\mathfrak{p}{}^n$ であることが必要かつ十分である．(II)　有限素因子 $\mathfrak{p}$ が n を割らない（すなわち $(w_\mathfrak{p}(n)=1)$ とする．もしも $\alpha\in k^\times$ が $w_\mathfrak{p}(\alpha)=1$ であれば，$\mathfrak{p}$ は $K=k(\sqrt[n]{\alpha})$ で不分岐である[1]．

（証明）(I) $\mathfrak{p}$ が K/k で完全分解することと，$k_\mathfrak{p}(\Gamma^{1/n})=k_\mathfrak{p}$ とは同値である．したがって $\Gamma\subset k_\mathfrak{p}{}^n$ と同値である．(II) $\alpha^r\in k^n$ となるのは r が n の倍数に限る場合にのみ証明すればよい．$w_\mathfrak{p}(\alpha)=1$ であるから $X^n-\alpha=0$ なる方程式を mod $\mathfrak{p}$ で考えるとき，$n(\sqrt[n]{\alpha})^{n-1}$ は $K_\mathfrak{p}$ の単数であるから，重根をもたない．故に $k_\mathfrak{p}[X]$ において $X^n-\alpha=\prod_{i=1}^{g} f_i(X)$ と既約因子に分解されたとすれば，mod $\mathfrak{p}$ で考えても同じ個数の既約因子に分解される．したがって $\mathfrak{p}$ の上に K の素因子 $\mathfrak{P}_1,\cdots,\mathfrak{P}_g$ があるとすれば，それらについて $e_{\mathfrak{P}_i/\mathfrak{p}}=1,\ n=\sum_{i=1}^{g} f_{\mathfrak{P}_i/\mathfrak{p}}$ となる．（終）

さて k は1の n べキ根を含むものとする．k の素因子の有限集合 $\mathfrak{S}$ を，(i)　無限素因子はすべて含み，(ii) $w_\mathfrak{p}(n)>1$ なる有限素因子も全部含み，(iii) かつ $J_k=P_kJ_k^\mathfrak{S}$（系 5·26）が成り立つようにとっておく．

$\mathfrak{S}=\mathfrak{S}_1\cup\mathfrak{S}_2,\ \mathfrak{S}_1\cap\mathfrak{S}_2=\emptyset$（ただし $\mathfrak{S}_i=\emptyset$ でもよい）と任意に分解する．それに対して I_i $(i=1,2)$ を，次の性質をもつ J_k の元 $\mathfrak{a}=\{\alpha_\mathfrak{p}\}$ の全体とする：

（i）　$\mathfrak{p}\in\mathfrak{S}_i$ に対して $\alpha_\mathfrak{p}\in k_\mathfrak{p}^n$

（ii）　$\mathfrak{p}\in\mathfrak{S}-\mathfrak{S}_i$ に対しては $\alpha_\mathfrak{p}$ は任意

（iii）　$\mathfrak{p}\notin\mathfrak{S}$ に対しては $w_\mathfrak{p}(\alpha_\mathfrak{p})=1$

そして，$\Gamma_i=I_i\cap P_k$ とし $K_i=k(\Gamma_i{}^{1/n})$ $(i=1,2)$ とおく．そのとき

$$I_1\subset P_kN_{K_2/k}J_{K_2},\qquad I_2\subset P_kN_{K_1/k}J_{K_1}\tag{9·13}$$

が成り立つ．なんとなれば I_1 の定義より $\mathfrak{a}\in I_1$ は $\mathfrak{a}=\mathfrak{b}^n\mathfrak{c},\ \mathfrak{b},\mathfrak{c}\in J_k$ かつ $\mathfrak{c}=\{\gamma_\mathfrak{p}\},\gamma_\mathfrak{p}=1$ $(\mathfrak{p}\in\mathfrak{S}_1)$，$w_\mathfrak{p}(\gamma_\mathfrak{p})=1$ $(\mathfrak{p}\notin\mathfrak{S})$ と表わされる．まず $\mathfrak{b}^n\in N_{K_2/k}J_{K_2}$ である．これは $G(K_2/k)$ は exponent n の Abel 群，したがって，局所類体論によって，各素因子 $\mathfrak{p}$ に対して $k_\mathfrak{p}/NK_{2\mathfrak{P}}\cong G(K_2/k)$ も exponent n である．よって $\mathfrak{b}^n$ の各 $\mathfrak{p}$ 成分 $\beta_\mathfrak{p}^n\in NK_{2\mathfrak{P}}$ となる．故に，イデールとして $\mathfrak{b}^n\in$

1)　高木 [15] 235, 236 頁，定理 1, 2 参照

$N_{K_2/k}J_{K_2}$ を得る．次に $\mathfrak{c}=\{\gamma_\mathfrak{p}\}$ については，$\mathfrak{p}\notin\mathfrak{S}$ は（補題 9·6 (II) によって）K_2/k で不分岐，したがって $w_\mathfrak{p}(\gamma_\mathfrak{p})=1$ なる $\gamma_\mathfrak{p}$ は $K_{2\mathfrak{P}}/k_\mathfrak{p}$ でのノルムになっている．また $\mathfrak{p}\in\mathfrak{S}_1$ に対しては $\gamma_\mathfrak{p}=1$ で問題ないが，$\mathfrak{p}\in\mathfrak{S}_2$ に対しては（補題 9·6 (I) によって）$K_{2\mathfrak{P}}=k_\mathfrak{p}$，したがって $\gamma_\mathfrak{p}\in NK_{2\mathfrak{P}}$ と考えられる．以上合わせて $\mathfrak{c}\in N_{K_2/k}J_{K_2}$ となる．よって (9·13) の第一式が証明された．第二式も同様．さて定理 5·13 を用いれば，

$$[J_k:P_kI_1]=[P_kJ_k^{\mathfrak{S}}:P_kI_1]=[J_k^{\mathfrak{S}}:I_1]/[J_k^{\mathfrak{S}}\cap P_k:I_1\cap P_k]^{1)}$$

$$=\prod_{\mathfrak{p}\in\mathfrak{S}_1}[k_\mathfrak{p}^\times:k_\mathfrak{p}^{\times n}]/[k^{\mathfrak{S}}:\Gamma_1]=\prod_{\mathfrak{p}\in\mathfrak{S}_1}(n^2/w_\mathfrak{p}(n))\cdot[\Gamma_1:(k^{\mathfrak{S}})^n]/[k^{\mathfrak{S}}:(k^{\mathfrak{S}})^n]$$

である．$\mathfrak{S}$ の含む素因子の個数を s とする．k は 1 の n ベキ根をすべて含むから定理 5·26 によって $[k^{\mathfrak{S}}:(k^{\mathfrak{S}})^n]=n\cdot n^{s-1}=n^s$ である．また Kummer 拡大の理論 § 5·1·2 より $[K_1:k]=[\Gamma_1k^{\times n}:k^{\times n}]=[\Gamma_1:\Gamma_1\cap k^{\times n}]=[\Gamma_1:(k^{\mathfrak{S}})^n]$ となる．これらを上の式に代入すれば

$$[J_k:P_kI_1]=\{\prod_{\mathfrak{p}\in\mathfrak{S}_1}(n^2/w_\mathfrak{p}(n))\}[K_1:k]/n^s$$

となる．同じ公式を I_2 についてつくり，$[J_k:P_kI_1][J_k:P_kI_2]$ を考えれば，$\mathfrak{p}\notin\mathfrak{S}$ では $w_\mathfrak{p}(n)=1$ であるから $\prod_{\mathfrak{p}\in\mathfrak{S}}w_\mathfrak{p}(n)=1$，および $\prod_{\mathfrak{p}\in\mathfrak{S}}n^2=n^{2s}$ を用いて，最後に公式

$$[J_k:P_kI_1][J_k:P_kI_2]=[K_1:k][K_2:k]^{2)} \tag{9·14}$$

が説明された．

次に，n を素数とし，k が 1 の n ベキ根をすべて含むものとする．K/k を任意の n 次巡回拡大とすると，Kummer 体の理論によって

$$K=k(\sqrt[n]{\alpha}),\qquad \alpha\in k,\ \alpha\notin k^n$$

と表わされる．目標は

$$[J_k:P_kN_{K/k}J_K]\leqq n \tag{9·15}$$

の証明である．そのために k の素因子の有限集合 $\mathfrak{S}_1$ を，(i) すべての無限素因子を含み，(ii) $w_\mathfrak{p}(n)>1$ なる有限素因子 $\mathfrak{p}$ もすべて含み，(iii) $w(\alpha)$

1)　公式 $[A:B]=[A\cap C:B\cap C][AC:BC]$ による．

2)　高木 [15]，241 頁 5 行目の公式と比較せよ．

$\neq 1$ なる有限素因子 $\mathfrak{p}$ も含み，(iv) $J_k=P_kJ_k^{\mathfrak{S}_1}$ にとる．

$k^{\mathfrak{S}_1}/(k^{\mathfrak{S}_1})^n$ は，定理 5·26 によって位数 n^{s_1} の $(n,n,\cdots,n)$ 型の Abel 群である．とくに $\alpha\in k^{\mathfrak{S}_1}$ であるが，$\alpha\notin(k^{\mathfrak{S}_1})^n$ である．故に $\{\alpha_1,\cdots,\alpha_{S_1}\}\in k^{\mathfrak{S}_1}\bmod(k^{\mathfrak{S}_1})^n$ なる基底をとるときに $\alpha=\alpha_1$ とることができる．補題 9·5 (III)より，$\mathfrak{S}_1$ に属さない k の素因子 $\mathfrak{p}_i$ $(i=1,\cdots,s_1)$ で，$k(\sqrt[n]{\alpha_j})/k(j\neq i)$ では完全分解し，しかも $k(\sqrt[n]{\alpha_i})/k$ では分解しないように選ぶことができる．そうすれば，補題 9·6 (I) (II) により α_i は $k^{\mathfrak{p}_j}$ $(j\neq i)$ ではある元の n ベキであるが，$k^{\mathfrak{p}_i}$ においては ($\mathfrak{p}_i\notin\mathfrak{S}_1$ では $w_{\mathfrak{p}_i}(\alpha_i)=1$ を用いて) n ベキとはなっていない．そこで $\mathfrak{S}=\mathfrak{S}_1\cup\mathfrak{S}_2, \mathfrak{S}_2=\{\mathfrak{p}_2,\mathfrak{p}_3,\cdots,\mathfrak{p}_{s_1}\}$ とおいて，(9·14) を適用しよう．まず

$$J_k=P_kI_2 \tag{9·16}$$

を証明する．$J_k=P_kJ_k^{\mathfrak{S}_1}$ になるように $\mathfrak{S}_1$ をとってあるから，(9·16) をいうためには，$J_k^{\mathfrak{S}_1}\subset P_kI_2$ を示せばよい．いま任意に $\mathfrak{a}\in J_k^{\mathfrak{S}_1}$ をとる．$\mathfrak{p}_i\notin\mathfrak{S}_1(i=2,\cdots,s_1)$ より，定理 5·13 を用いて $[\mathfrak{u}_{\mathfrak{p}_i}:\mathfrak{u}_{\mathfrak{p}_i}^n]=n$，したがって $\mathfrak{u}_{\mathfrak{p}_i}/\mathfrak{u}_{\mathfrak{p}_i}^n$ は位数 n の巡回群となる．一方 $\alpha_i\in\mathfrak{u}_{\mathfrak{p}_i}, \alpha_i\notin\mathfrak{u}_{\mathfrak{p}_i}^n$ であったから，α_i は $\mathfrak{u}_{\mathfrak{p}_i}/\mathfrak{u}_{\mathfrak{p}_i}^n$ の生成類に属す．故に $\beta=\alpha_2^{\nu_2}\cdots\alpha_{S_1}^{\nu s_1}$ を適当にとることによって $(\beta)\mathfrak{a}\in I_2$ ならしめることができる．すなわち (9·16) が証明された．

(9·13), (9·14), (9·16) を合わせて $[J_k:P_kN_{K_2/k}J_{K_2}]\leqq[J_k:P_kI_1]=[K_1:k][K_2:k]$ を得る．他方 (9·13), (9·16) より $J_k=P_kN_{K_1/k}J_{K_1}$ となる．故に $K_1\neq k$ であれば Abel 拡大 K_1/k の部分体 $L(\neq k)$ で L/k が巡回体となるものをとれば，なおさら $J_k=P_kN_{L/k}J_L$ となる．故に第一基本不等式 (9·9) によって $L=k$ でなければならない．これは矛盾である．よって $K_1=k$ となる．以上より

$$[J_k:P_kN_{K_2/k}J_{K_2}[\leqq[K_2:k] \tag{9·17}$$

が証明された．次に

$$K_2=K=k(\sqrt[n]{\alpha}) \tag{9·18}$$

を証明しよう．$\Gamma_2=I_2\cap P_k$ とおくと，$\beta\in\Gamma_2$ は，$\mathfrak{p}\notin\mathfrak{S}$ では $w_{\mathfrak{p}}(\beta)=1$ であり，$\mathfrak{p}^i$ $(i=2,\cdots,s_1)$ に対しては $\beta\in k_{\mathfrak{p}_i}^n$ となっている．とくに $\alpha_1\in\Gamma_2$ であ

る．一般に $\beta\in\Gamma_2$ は，ある ν によって $\beta\alpha^{-\nu}\in k^{\times n}$ と表わされることを見よう．まず $\mathfrak{a}=\{\alpha_{\mathfrak{p}}\}\in J_k$ を，$\alpha_{\mathfrak{p}_i}^n=\beta_{\mathfrak{p}_i}$ $(i=2,\cdots,n)$ にとっておく．$J_k=P_kJ_k^{\mathfrak{S}_1}$ より $\mathfrak{a}=(\gamma)\mathfrak{b}, \mathfrak{b}\in J_k^{\mathfrak{S}_1}$ と表わし $\beta'=\beta\gamma^{-n}$ とおく．β' は $k_{\mathfrak{p}_i}$ $(i=2,\cdots,s_1)$ においては単数の n ベキとなり，$k_{\mathfrak{p}}$ $(\mathfrak{p}\notin\mathfrak{S})$ では単数である．$\beta'\in k^{\mathfrak{S}_1}$ より $\beta'\equiv\alpha_1^{\nu_1}\cdots\alpha_{s_1}^{\nu_{s_1}}$ $(\mathrm{mod}(k^{\mathfrak{S}_1})^n)$ と表わされるが，各 $k_{\mathfrak{p}_i}$ $(i=2,\cdots,s_1)$ で β' が n ベキとなっていることから，$\nu_2\equiv\cdots\equiv\nu_{s_1}\equiv 0$ $(\mathrm{mod}\, n)$ である．したがって $\beta=\beta'\gamma^n\in\alpha_1{}^{\nu_1}(k^\times)^n$ と表わされる．これは Γ_2 が $(k^\times)^n$ および α のベキから生成されることを示す．よって Kummer 拡大の理論により，$K^2=k(\sqrt[n]{\Gamma_2})=k(\sqrt[n]{\alpha})=K$ となり，(9·18) が証明された．

(9·17) と (9·18) を合わせて (9·15) が証明された．以上より，次の補題を導くことはもはや容易である．

補題 9·7 K/k を素数 n 次巡回拡大とすると

$$[J_k:P_kN_{K/k}J_K]\leqq n \tag{9·19}$$

（証明） ζ を1の n ベキ根とし $Z=k(\zeta)$ とおく．$[Z:k]$ は $(n-1)$ の約数，したがって n と互に素である．K と Z の合成体 KZ を考えると

$$\begin{aligned}[J_k:P_k N_{KZ/k}J_{KZ}]&=[J_k:P_kN_{K/k}J_K][P_kN_{K/k}J_K:P_kN_{KZ/k}J_{KZ}]\\&=[J_k:P_kN_{Z/k}J_Z][P_kN_{Z/k}J_Z:P_kN_{KZ/k}J_{KZ}]\end{aligned}$$

である．すでに述べたように $[K:k]=n$ より，任意の $\mathfrak{a}\in J_k$ に対して $\mathfrak{a}^n\in N_{K/k}J_K$ であった．故に $[J_k:P_kN_{K/k}J_K]$ は n のベキである．同様に $[J_k:P_kN_{Z/K}J_Z]$ は n と素である．したがって $[J_k:P_kN_{K/k}J_K]$ は $[P_kN_{Z/k}J_Z:P_kN_{KZ/k}J_{KZ}]$を割り切る．一方 $P_kN_{KZ/k}J_{KZ}=P_kN_{Z/k}(P_ZN_{KZ/Z}J_{KZ})$ であるから，$[J_Z:P_ZN_{KZ/Z}J_{KZ}]\geqq[N_{Z/k}J_Z:N_{Z/k}(P_ZN_{KZ/Z}J_{KZ})]\geqq[P_kN_{Z/k}J_Z:P_kN_{Z/k}(P_ZN_{KZ/Z}J_{KZ})]=[P_kN_{Z/k}J_Z:P_kN_{KZ/k}J_{KZ}]$である．よって Kummer 拡大 KZ/Z に対する前の公式 (9·15) と合わせて，$[J_k:P_kN_{K/k}J_K]\leqq[J_Z:P_ZN_{KZ/Z}J_{KZ}]\leqq n$ が証明された．（終）

この結果を用いれば

定理 9·8 任意の Galois 拡大 K/k とその Galois 群 $G=G(K/k)$ に対して

$$H^1(G, C_K)=\{1\} \tag{9·2}$$

である．

（証明） (i) 位数素数の巡回拡大 K/k に対しては第一基本不等式と，補題 9·7 と合わせて

$$[H^0(G, C_K)]=[H^2(G, C_K)]=[K:k] \tag{9·20}$$

である．一方，定理 9·3 によって $h_{0/1}(G, C_K)=[K:k]$ であった．故に $[H^1(G, C_K)]=1$ でなければならない．

(ii) 位数が素数であるような巡回群 G に対して (9·2) が成り立てば，一般の Galois 拡大に対しても (9·2) が成り立つことは，補題 2·6 の証明と平行に全くコホモロジー群の代数的性質から導かれる．すなわち

(イ) G が不変部分群 H をもつときに，完全系列

$$1 \longrightarrow H^1(G/H, C_K{}^H) \longrightarrow H^1(G, C_K) \longrightarrow H^1(H, C_K) \quad \text{(exact)}$$

(定理 3·3) を用いれば，G の位数に関する帰納法によって (9·2) が証明される．したがって，G の位数がある素数のベキであるとき，(9·2) が成り立つ．

(ロ) 一般の場合には $n=\Pi\, p^{\nu}$ とし p Sylow 群 H_p をとれば定理 3·1 を用いて $[H^1(G, C_K)]\leqq \Pi_p [H^1(H_p, C_K)]=1$ となる．(終)

また

定理 9·9 (I) 巡回拡大 K/k に対して，$G=G(K/k)$ とするとき

$$[H^2(G, C_K)]=[K:k] \tag{9·21}$$

(II) 一般の Galois 拡大 K/k に対しては

$$[H^2(G, C_K)]\leqq[K:k] \tag{9·22}$$

が成り立つ．[**第二基本不等式**]

（証明） (I) (9·21) は定理 9·3 と定理 9·8 より導かれる．(II) (9·21) より一般に (9·22) が導かれることは，補題 8·6 の証明と全く同様である．(終)

9·2 ノルム剰余記号

9·2·1 円体のノルム剰余記号 目標の式 (9·3) の証明にうつる．そのために円体の場合の考察よりはじめる．われわれは § 6·2·3 で円体についての記号

$\sigma(\mathfrak{a}) \in G(\Omega^a/\mathbf{Q})$（$\Omega^a$ は $\mathbf{Q}$ に1のベキ根全体を添加した体）を $\mathfrak{a} \in J_{\mathbf{Q}}$ に対して定義した．それについて

補題 9·10 $\mathbf{Q} \subset K \subset \Omega^a$, K/k を正規拡大とする．K に対応する $\mathfrak{G}^a = G(\Omega^a/\mathbf{Q})$ の部分群を $\mathfrak{H}$ とするとき，$\mathfrak{a} \in \mathbf{Q} N_{K/\mathbf{Q}} J_K$ ならば $\sigma(\mathfrak{a}) \in \mathfrak{H}$ である．

（証明） $K \subset \mathbf{Q}(\zeta_m)$, $(\zeta_m)^m = 1$ とし，m を割るすべての素数 p に対して，$\mathrm{ord}_p(\alpha_p - 1) \geqq \mathrm{ord}_p(m)$ となる $\mathbf{Q}$ のイデール $\mathfrak{a} = \{\alpha_p\}$ の全体を U_m とおく．(i) $\sigma(\mathfrak{a})$ の定義 (6·6) によって，$\mathfrak{a} \in U_m$ ならば ${\zeta_m}^{\sigma(\mathfrak{a})} = \zeta_m$ であるから $\sigma(U_m) \subset \mathfrak{H}_1 \subset \mathfrak{H}$ となる．ただし $\Omega^a/\mathbf{Q}(\zeta_m)$ に対する $\mathfrak{G}^a$ の部分群を $\mathfrak{H}_1$ とおく．(ii) 次に $p \nmid m, \alpha_p \in N_{K_{\mathfrak{P}}/Q_p} K_{\mathfrak{P}}^{\times}$ とする．p は $\mathbf{Q}(\zeta_m)/\mathbf{Q}$ で不分岐であるから，$K/\mathbf{Q}$ でも不分岐である．故に $\alpha_p \in N_{K_{\mathfrak{P}}/Q_p} K_{\mathfrak{P}}^{\times}$ より，$\mathrm{ord}_p(\alpha_p)$ は $[K_{\mathfrak{P}} : \mathbf{Q}_p]$ で割れる．$K_{\mathfrak{P}}/\mathbf{Q}_p$ の Frobenius 置換 ϕ_p の位数は $[K_{\mathfrak{P}} : \mathbf{Q}_p]$ であるから ${\phi_p}^{\mathrm{ord}_p(\alpha_p)} = 1$, 故に $\sigma_p(\alpha_p) \in \mathfrak{H}$ となる．(iii) $\mathfrak{a} = N_{K/\mathbf{Q}} \mathfrak{A}$, $\mathfrak{A} \in J_K$ とする．それに対して $A \in K^{\times}$ を選んで $N_{K/Q}(\mathfrak{A} A^{-1})$ が，p_∞ では正数となり，また $p|m$ なる有限素因子に対して，その p 成分が $\equiv 1 \bmod (p^{\nu})$, $\mathrm{ord}_p(m) = \nu$ にとり得る．$a \in k^{\times}$ に対して $\sigma(a) = 1$ であるから $\sigma(\mathfrak{a}) = \sigma(N_{K/Q}(\mathfrak{A}(A)^{-1}) \sigma(N_{K/Q} A)) = \sigma(N_{K/Q}(\mathfrak{A}(A)^{-1}) = \prod_p \sigma_p(N(\mathfrak{A}(A)^{-1}))_p$. ここに $p|m$ に対しては $\sigma_p(N(\mathfrak{A}(A)^{-1})_p) = 1$; $\sigma_{p_\infty}(N(\mathfrak{A}(A)^{-1}))_{p_\infty} = 1$; および $p \nmid m$ では $\sigma_p(N(\mathfrak{A}(A)^{-1}))_p \in \mathfrak{H}$ であったから，合わせて $\sigma(\mathfrak{a}) \in \mathfrak{H}$ となる．（終）

補題 9·11 (I) §6·2·2 の記号によって $\mathfrak{G}_p = G(\Omega_p/\mathbf{Q}_p)$ とし，$\mathbf{Q}_p \subset K_{\mathfrak{P}} \subset \Omega_p$, $[K_{\mathfrak{P}} : \mathbf{Q}_p] < +\infty$ に対応する $\mathfrak{G}_p$ の部分群を $\mathfrak{H}_p$ とする．$\alpha_p \in \mathbf{Q}_p^{\times}$ に対して $\sigma_p(\alpha_p) \in \mathfrak{H}_p$ であるためには，$\alpha_p \in N_{K_{\mathfrak{P}}/Q_p} K_{\mathfrak{P}}^{\times}$ であることが，必要かつ十分である．

（証明） $\alpha_p \in N_{K_{\mathfrak{P}}/Q_p} K_{\mathfrak{P}}^{\times}$ とする．$\mathfrak{G}_p \subset \mathfrak{G}^a = G(\Omega^a/\mathbf{Q})$ とみなすことができる．$K_{\mathfrak{P}} = \mathbf{Q}_p(\theta)$ かつ $K = \mathbf{Q}(\theta)$ にとると，Ω_p の中で考えて $K_{\mathfrak{P}} = K\mathbf{Q}_p$ である．$\mathfrak{a} = \{1, \cdot\cdot 1, \alpha_p, 1, \cdots, 1\} \in \mathbf{Q}_p$ を考えると，$\alpha_p \in N_{K_{\mathfrak{P}}/Q_p} K_{\mathfrak{P}}^{\times}$ によって $\mathfrak{a} \in N_{K/\mathbf{Q}} J_K$ である．故に補題 9·10 より，$\sigma(\mathfrak{a}) = \sigma_p(\alpha_p)$ は K の各元を動かさない．一方 $\sigma_p(\alpha_p) \in \mathfrak{G}_p$ であるから，$\sigma_p(\alpha_p)$ は $\mathbf{Q}_p$ の各元をも動かさない．故に $\sigma_p(\alpha_p)$ は $K_{\mathfrak{P}} = K\mathbf{Q}_p$ の各元を動かさない．すなわち $\sigma_p(\alpha_p) \in \mathfrak{H}_p$

である．よって $\sigma_p(N_{K_{\mathfrak{P}}/Q_p}K_{\mathfrak{P}}^\times)\subset\mathfrak{H}_p$ がわかった．しかるに局所類体論によって $[Q_p:N_{K_{\mathfrak{P}}/Q_p}K_{\mathfrak{P}}^\times]=[K_{\mathfrak{P}}:Q_p]=[\mathfrak{G}_p:\mathfrak{H}_p]$ であった．故に $\sigma_p(\alpha_p)\in\mathfrak{H}_p$ と $\alpha_p\in N_{K_{\mathfrak{P}}/Q_p}K_{\mathfrak{P}}^\times$ とは同値である．（終）

定理 9·12 §6·2·2 で定義した記号 $\sigma_p(\alpha_p)$ $(\alpha_p\in Q_p^\times)$ は任意の有限 Galois 拡大 $K_{\mathfrak{P}}(\subset\Omega_p)$ の上で考えると，ノルム剰余記号を用いて

$$(\alpha_p,\ K_{\mathfrak{P}}/Q_p)=\sigma_p(\alpha_p)^{-1} \tag{9·23}$$

と表わされる．したがって，$K_{\mathfrak{P}}$ を Ω_p の部分体をすべて動かせば

$$(\alpha_p, Q_p)=\sigma_p(\alpha_p)^{-1} \tag{9·23$'$}$$

である．

（証明） (i) $K_{\mathfrak{P}}/Q_p$ が不分岐ならば$\sigma_p(\alpha_p)^{-1}=\phi_p^{-\mathrm{ord}_p(\alpha_p)}=(\alpha_p,K_{\mathfrak{P}}/Q_p)$ となる． ただし ϕ_p は $K_{\mathfrak{P}}/Q_p$ の Frobenius 置換とする．(ii) 任意の $K_{\mathfrak{P}}$ の場合には，補題 9·11 によって $\sigma_p(\alpha_p)$ が $K_{\mathfrak{P}}/Q_p$ の恒等置換であることと $\alpha_p\in N_{K_{\mathfrak{P}}/Q_p}K_{\mathfrak{P}}^\times$ とは同値である．故にまた局所類体論により，$(\alpha_p, K_{\mathfrak{P}}/Q_p)=1$ とも同値である．(iii) 与えられた $K_{\mathfrak{P}}/Q_p$ に対して $G(K_{\mathfrak{P}}/Q_p)$ の exponent を m とし $K_{\mathfrak{P}}$ が Q_p の m 次不分岐拡大 Z_m を含んでいる場合を考える．まず $\pi\in Q_p, \mathrm{ord}_p\pi=1$ なる π を任意にとるとき，$K_{\mathfrak{P}}/Q_p$ において

$$\sigma_p(\pi)^{-1}=(\pi, K_{\mathfrak{P}}/Q_p) \tag{9·24}$$

を証明しよう．$\sigma_p(\pi)$ から生成される部分群に対応する $K_{\mathfrak{P}}/Q_p$ の中間体を L とする．(ii) によって，$\sigma_p(\pi)$ で各元が不動な元全体のつくる体 L は，$(\pi, K_{\mathfrak{P}}/Q_p)$ で各元が不動な元全体のつくる体と一致する．よって，ある r によって $\sigma_p(\pi)^{-1}=(\pi, K_{\mathfrak{P}}/Q_p)^r$ と表わされる．一方 $\sigma_p(\pi)^{-1}$ と $(\pi, Z_m/Q_p)$ を比べれば (i) によって $\sigma_p(\pi)^{-1}=(\pi, Z_m/Q_p)=(\pi, Z_m/Q_p)^r$ である．$G(Z_m/Q_p)$ は巡回群であるから，$r\equiv 1 \pmod m$ でなくてはならない．m は $G(K_{\mathfrak{P}}/Q_p)$ の exponent であるから，(9·24) である．さて任意の $\alpha_p\in Q_p$，$\alpha_p=p^\nu\varepsilon$ ($\mathrm{ord}_p(\varepsilon)=0$) は $\alpha_p=p^{\nu-1}(p\varepsilon)$，$\mathrm{ord}_p(p\varepsilon)=1$ と表わされる．故に $\sigma_p(\alpha_p)^{-1}=\sigma_p(p)^{1-\nu}\sigma_p(p\varepsilon)^{-1}=(p, K_{\mathfrak{P}}/Q_p)^{\nu-1}(p\varepsilon, K_{\mathfrak{P}}/Q_p)=(\alpha_p, K_{\mathfrak{P}}/Q_p)$ を得る．(iv) 最後に任意の $K_{\mathfrak{P}}/Q_p$ に対し $G(K_{\mathfrak{P}}/Q_p)$ の

exponent を m とすると，$L=K_{\mathfrak{P}}Z_m$ をつくれば，これは (iii) の条件を満足する．よって L/Q_p において $\sigma_p(\alpha_p)^{-1}=(\alpha_p, L/\mathrm{Q}_p)$，したがって $K_{\mathfrak{P}}/\mathrm{Q}_p$ においても $\sigma_p(\alpha_p)^{-1}=(\alpha_p, K_{\mathfrak{P}}/\mathrm{Q}_p)$ を得る．（終）

9・2・2 $H^2(G, C_K)$ の決定 一般の数体の場合にもどり，K/k を Galois 拡大 $G=G(K/k)$ を Galois 群とする．k の各素因子 $\mathfrak{p}$ に対して，$\mathfrak{p}$ の上にある K の素因子 $\mathfrak{P}$ を一つずつ定めておく．K のイデール $\mathfrak{A}=\{A_{\mathfrak{P}}\}$ に対して

$$\mathrm{proj}_{\mathfrak{p}}\mathfrak{A}=A_{\mathfrak{P}} \tag{9・25}$$

と定義する．$G(K_{\mathfrak{P}}/k_{\mathfrak{p}})=G_{\mathfrak{p}}$ とおく．$G_{\mathfrak{p}}$ は $\mathfrak{P}$ の分解群と同一視される．G の J_K の上の 2 双対輪体 $f[\sigma,\tau]$ に対して $\mathrm{proj}_{\mathfrak{p}}^{\#}(\mathrm{Res}_{G/G_{\mathfrak{p}}}f)$ は，$G_{\mathfrak{p}}$ の $K_{\mathfrak{P}}^{\times}$ の上の 2 双対輪体となる．局所類体論によってその $\mathrm{inv}_{K_{\mathfrak{P}}/k_{\mathfrak{p}}}$ が定義される．その値は $\Gamma=\mathrm{Q}/\mathrm{Z}$ に属する．よって，k のすべての（有限および無限の）素因子 $\mathfrak{p}$ についての和をつくり，$\mathrm{inv}_{K/k}(f)$ が定義される：

$$\mathrm{inv}_{K/k}(f)=\sum_{\mathfrak{p}\in\mathfrak{N}}\mathrm{inv}_{\mathfrak{p}}(f) \tag{9・26}$$

$$\mathrm{inv}_{\mathfrak{p}}(f)=\mathrm{inv}_{K_{\mathfrak{P}}/k_{\mathfrak{p}}}(\mathrm{proj}_{\mathfrak{p}}^{\#}(\mathrm{Res}_{G/G_{\mathfrak{p}}}f))\in\Gamma \tag{9・26$'$}$$

$\mathrm{inv}_{K/k}(f)$ の値は f の属するコホモロジー類に対して定まる．その値は $\mathfrak{P}$ $(\supset\mathfrak{p})$ の選び方によらない．ここに (9・26) の右辺で 0 でないものは高々有限個なことは，(i) イデールの $\mathfrak{P}$ 成分は有限個を除いて単数であること，(ii) K/k で分岐する $\mathfrak{p}$ は高々有限個なこと，(iii) 定理 8・3 より導かれる．

補題 9・13 (I) SI の場合に

$$\mathrm{inv}_{K/l}(\mathrm{Res}_{G/H}\eta_{K/k})\equiv[l:k]\mathrm{inv}_{K/k}(\eta_{K/k}) \pmod{\mathrm{Z}} \tag{9・27}$$

$$\mathrm{inv}_{K/k}(\mathrm{Inj}_{H/G}\eta_{K/l})\equiv\mathrm{inv}_{K/l}(\eta_{K/l}) \pmod{\mathrm{Z}} \tag{9・27$'$}$$

(II) SII の場合に

$$\mathrm{inv}_{L/k}(\mathrm{Inf}_{F/G}\eta_{K/k})\equiv\mathrm{inv}_{K/k}(\eta_{K/k}) \pmod{\mathrm{Z}} \tag{9・28}$$

が成り立つ．(SIII, SIV についても同様である)．

（証明） $\mathfrak{p}$ を k の一つの素因子とし，$\mathfrak{p}$ の上にある l の素因子 $\mathfrak{q}$ をとると $\mathrm{inv}_{\mathfrak{q}}(\mathrm{Res}\,\eta)\equiv[l_{\mathfrak{q}}:k_{\mathfrak{p}}]\mathrm{inv}_{\mathfrak{p}}(\eta)$ である．故に $\sum_{\mathfrak{q}\supset\mathfrak{p}}\mathrm{inv}_{\mathfrak{p}}(\mathrm{Res}\,\eta)=\sum_{\mathfrak{q}\supset\mathfrak{p}}[l_{\mathfrak{q}}:k_{\mathfrak{p}}]\mathrm{inv}_{\mathfrak{p}}(\eta)=[l:k]\mathrm{inv}_{\mathfrak{p}}(\eta)$ となる．これを k のすべての $\mathfrak{p}$ について加えれば，

(9·27) を得る．他の公式についても同様に，すべて局所数体の場合の公式に帰着される．(終)

定理 9·14 K/k を Galois 拡大，$G=G(K/k)$ を Galois 群とする．G の $K^{\times}$ の上の2双対輪体 f，すなわち $f[\sigma,\tau]\in P_K$ に対しては

$$\mathrm{inv}_{K/k}(f)=\sum_{\mathfrak{p}\in\mathfrak{N}}\mathrm{inv}_{\mathfrak{p}}(f)=0 \tag{9·29}$$

が成り立つ．

(証明) (I) $G=G(K/k)$ が巡回群の場合を考えよう．$\chi\in\mathrm{Hom}(G,\Gamma')$ で $G\to\Gamma'$ の単射となるものを一つとる．補題 7·11 によって $H^2(G,K^{\times})$ に属す任意のコホモロジー類は双対輪体 $\mathfrak{a}^{\delta\chi}$ ($\mathfrak{a}=\{\alpha_{\mathfrak{p}}\}\in J_k$) を含む．しかも

$$\mathrm{inv}_{\mathfrak{p}}(\mathfrak{a}^{\delta\chi})=\mathrm{inv}_{\mathfrak{p}}(\mathrm{proj}_{\mathfrak{p}}^{\#}\cdot\mathrm{Res}_{G/G_{\mathfrak{p}}}\mathfrak{a}^{\delta\chi})=\mathrm{inv}_{\mathfrak{p}}(\alpha_{\mathfrak{p}}^{\delta\chi_{\mathfrak{p}}})$$

(ただし $\chi_{\mathfrak{p}}=\mathrm{Res}_{G/G_{\mathfrak{p}}}\chi$ とおく) は，定理 7·13 によって $\chi(\alpha_{\mathfrak{p}},K_{\mathfrak{P}}/k_{\mathfrak{p}})$ に等しい．したがって

$$\mathrm{inv}_{K/k}(\mathfrak{a}^{\delta\chi})=\sum_{\mathfrak{p}}\chi(\alpha_{\mathfrak{p}},K_{\mathfrak{P}}/k_{\mathfrak{p}})=\chi(\Pi_{\mathfrak{p}}(\alpha_{\mathfrak{p}},K_{\mathfrak{P}}/k_{\mathfrak{p}}))$$

となる．よって (9·29) と

$$\prod_{\mathfrak{p}\in\mathfrak{N}}(\alpha_{\mathfrak{p}},K_{\mathfrak{P}}/k_{\mathfrak{p}})=1 \tag{9·30}$$

とは (巡回拡大 K/k に対しては) 同値である．

とくに $k=\mathrm{Q},K\subset\Omega^a$ (すなわち円体 K/Q) の場合には，定理 6·5 と定理 9·12 より，(9·29) が成立する．

(II) $k=\mathrm{Q},K/\mathrm{Q}$ が Galois 拡大の場合．次の補題を用いる．

補題 9·15 有限個の素数 $p_1,\cdots,p_m$ と $r_1,\cdots,r_m\in\mathrm{Z}$ が与えられているとき，Q の上の巡回的円体 Z/Q で

$$[\mathrm{Z}_{\mathfrak{p}_i}:\mathrm{Q}_{p_i}]\equiv 0\ (\mathrm{mod}\ r_i)\ (\mathfrak{p}_i\mid p_i)\ (i=1,\cdots,m) \tag{9·31}$$

が成り立つようなものが存在する．ただし $p_i\neq p_\infty (i=1,\cdots,m)$ とする．

証明は後まわしとして，いま $G=G(K/\mathrm{Q})$ の $K^{\times}$ の上の2コホモロジー類 $\eta_{K/\mathrm{Q}}$ を任意にとる．$\mathrm{inv}_p(\eta)\neq 0$ なる p は有限個である．それらを $p_1,\cdots,p_m$ とし $\mathrm{inv}_{p_i}(\eta)\cdot r_i\equiv 0\ (\mathrm{mod}\ Z)$ に $r_i\in\mathrm{Z}$ をとる．(i) $p_i\neq p_\infty$ ($i=1,\cdots,m$) の場合．ここで補題 9·15 の円体 Z/Q を一つとる．補題 9·13 より

$$\mathrm{inv}_{KZ/\mathrm{Q}}(\mathrm{Inf}\,\eta)=\mathrm{inv}_{K/\mathrm{Q}}(\eta)$$

である．同じく定理 7·8 より

$\mathrm{inv}_{(KZ)_{\mathfrak{P}}/Z_{\mathfrak{p}}}(\mathrm{Res}\cdot\mathrm{Inf}\,\eta)=[Z_{\mathfrak{p}}:\mathrm{Q}_p]\mathrm{inv}_{KZ_{\mathfrak{P}}\,\mathrm{Q}_{\mathfrak{p}}}(\mathrm{Inf}\,\eta)=[Z_{\mathfrak{p}}:\mathrm{Q}_p]\mathrm{inv}_{K_{\mathfrak{P}}/\mathrm{Q}_p}$ (η)が成り立つ．よって(9·31)より $\mathrm{inv}_{(KZ_{\mathfrak{P}})/Z_{\mathfrak{p}}}(\mathrm{Res}\cdot\mathrm{Inf}\,\eta)=0$ となる．したがって Z のすべての素因子 $\mathfrak{p}$ において $\mathrm{proj}_{\mathfrak{p}}^{\#}(\mathrm{Res}\cdot\mathrm{Inf}\,\eta)=0$ が成り立つ．これから，定理 9·2 より J_Z の上のコホモロジー類として $\mathrm{ResInf}\,\eta=0$ である．それ故 144 頁 (I)* によって $Z^{\times}$ の上のコホモロジー類として $\mathrm{Res}\cdot\mathrm{Inf}\,\eta=0$ となる．定理 5·1 において，完全系列 (3·46) を $n=2$ の場合にあてはめれば，KZ/Q のコホモロジー類 $\mathrm{Inf}\,\eta$ は，Z/Q のあるコホモロジー類 η_1 の KZ/Q への $\mathrm{Inf}\,\eta_1$ として表わされる．よって，補題 9·13 より

$$\mathrm{Inv}_{K/\mathrm{Q}}(\eta)=\mathrm{Inv}_{KZ/\mathrm{Q}}(\mathrm{Inf}\,\eta)=\mathrm{Inv}_{Z/\mathrm{Q}}(\eta_1)=0.$$

(ii) $\mathrm{inv}_{p\infty}(\eta)=1/2$ の場合．(α) $\sqrt{-1}\in K$ の場合は，χ を $G(Q(\sqrt{-1}/Q)$ の単位指標でない指標として $\eta_1=(-1)^{\delta\chi}$ とおくと $\mathrm{inv}_{p\infty}(\eta_1)=1/2$ である．したがって $\eta\eta_1^{-1}$ は $\mathrm{inv}_{p\infty}(\eta\eta_1^{-1})=0$ となって，(i) の場合が適用される．さらに η_1 に対しては (9·29) が成り立つから，η に対しても (9·29) が成り立つことがわかる．(β) $\sqrt{-1}\notin K$ の場合には，K の代りに $K(\sqrt{-1})$ をとれば，そこでは f の代りに $\mathrm{Inf}\,f$ に対して (9·29) が成り立つ．補題 9·13 (II) を用いれば，f に対しても (9·29) が成立する．

(III) 一般の Galois 拡大 K/k の場合．$\mathrm{Q}\subset k\subset K\subset L$, L/Q を Galois 拡大にとる．$G=G(L/\mathrm{Q})$, $H=G(L/k)$, $F=G(K/k)$ とする．補題 9·13 によって任意の $\eta\in H^2(F,K^{\times})$ に対して

$$\mathrm{inv}_{K/k}(\eta)=\mathrm{inv}_{L/k}(\mathrm{Inf}_{F/H}\eta)=\mathrm{inv}_{L/\mathrm{Q}}(\mathrm{Inj}_{H/G}\cdot\mathrm{Inf}_{F/H}\eta)=0$$

である．(終)

(補題 9·15 の証明) $r_i=\prod_j q_j^{\nu ij}(i=1,\cdots,m)$ (q_j は素数) と分解し，おのおのの j に対して $r_i=q_j^{\nu ij}$ の場合に (9·31) となる Z_j が求められるならばそれらの合成体 $Z=Z_1Z_2\cdots Z_m$ をつくればはじめの r_i に対する一つの答である．よって $r_i=q^{\nu i}$ $(i=1,\cdots,m)$ (q は素数) の場合を考える．そのためには十分大きい n に対して $Q(\zeta_{q_j}^n)$ に含まれる Q 上 q_j^{n-1} 次の巡回拡大をと

れば，(9·31) が成り立つことがわかる.

K/k を Galois 拡大とし，その Galois 群を $G=G(K/k)$ とする．G のイデール類群 C_K を係数とする2コホモロジー類 $\eta_{K/k}$ に対して，以下において順次に $\mathrm{inv}_{K/k}(\eta)$ を定義していく．まず，G の J_K を係数とする2コホモロジー類 $\eta^*_{K/k}$ より，$j: J_K \to C_K$ の像として得られる $\eta_{K/k}=j^\#(\eta^*_{K/k})$ に対しては，(9·26) を用いて

$$\mathrm{inv}_{K/k}(\eta_{K/k})=\mathrm{inv}_{K/k}(\eta^*_{K/k}) \in \Gamma \tag{9·32}$$

と定義しよう．定理 9·14 によって，この値は，$\eta_{K/k}$ の代表 $\eta^*_{K/k}$ のとりかたによらない一定の値である．また，この場合には，補題 9·13 と同じ公式がそのまま成り立つ．しかし一般の2コホモロジー類 $\eta_{K/k} \in H^2(G, C_K)$ は，必ずしも $j^\#(\eta^*_{K/k})$ ($\eta^*_{K/k} \in H^2(G, J_K)$) の形に表わされないので，一般の定義は §9·2·3 にゆずり，ここでは特別の場合だけをまず考察する.

定理 9·16 巡回拡大 $K/k, G=G(K/k)$ に対しては

$$H^2(G, K^\times) \xrightarrow{i^\#} H^2(G, J_K) \xrightarrow{j^\#} H^2(G, C_K) \longrightarrow \{1\} \quad \text{(exact)}$$

したがって，$\eta_{K/k} \in H^2(G, C_K)$ に対して (9·32) により inv を定義すれば，写像 $\eta_{K/k} \to \mathrm{inv}_{K/k}(\eta_{K/k})$ によって

$$H^2(G, C_K) \cong \mathrm{Z}/n\mathrm{Z} \text{ (加群)} \qquad (n=[K:k]) \tag{9·33}$$

が成り立つ.

(証明) $n=\prod_i p_i^{\nu_i}$ と素因子分解する．補題 9·5 (II) によって，$[K_{\mathfrak{P}_i}:k_{\mathfrak{p}_i}]$ が $p_i^{\nu_i}$ の倍数となるような素因子 $\mathfrak{p}_i$ が存在する．局所類体論によって，$\eta^* \in H^2(G, J_K)$ に対して，$\mathrm{inv}_{\mathfrak{p}_i}(\eta^*)$ の値は $\{\nu/[K_{\mathfrak{P}_i}:k_{\mathfrak{p}_i}] \bmod \mathrm{Z}\ ;\ (\nu=0,1,\cdots)\}$ の全体を動く．故に $\mathrm{inv}_{K/k}(\eta^*)$ の値は $\{\nu/n \bmod \mathrm{Z}\ ;\ \nu=0,1,2,\cdots,(n-1)\}$ の全体を動く． したがって $H^2(G, C_K) \ni j^\#(\eta^*) \to \mathrm{inv}_{K/k}(\eta^*) \in \{0, 1/n, \cdots, (n-1)/n\}$ は全射である．一方定理 9·9 (I) によって，$[H^2(G, C_K)]=n$ である．よって，上の対応は一対一となり $j^\#(H^2(G, J_K))=H^2(G, C_K)$，および $H^2(G, C_K) \cong \mathrm{Z}/n\mathrm{Z}$ で，この同形対応が $\eta \to \mathrm{inv}_{K/k}(\eta)$ によって与えられることがわかる．(終)

次に，われわれの目標とした（9·3）式の証明にうつる．

定理 9·17 任意の Galois 拡大 K/k とその Galois 群 $G=G(K/k)$ に対して

$$H^2(G,C_K)\cong \mathbf{Z}/n\mathbf{Z}\ (\text{加群}) \qquad (n=[K:k]) \tag{9·34}$$

が成り立つ．

（証明）（I）任意の自然数 n に対して，k の上に n 次巡回拡大 Z/k が存在することを注意する．これは $[k:\mathbf{Q}]=m$ とし，$\mathbf{Q}$ の上の円体を考えることによって，まず $\mathbf{Q}$ 上に mn 次の巡回拡大 Z が存在することがわかる．（補題 9·15 の証明参照）．よって Zk/k は巡回拡大で，その次数は n の倍数となる．したがってその部分体で k の n 次の巡回拡大が存在する．

（II） このように Z/k を一つとる．$\eta\in H^2(G(Z/k),C_Z)$ に対して $\eta_1=\mathrm{Inf}\,\eta\in H^2(G(ZK/k),C_{ZK})$ をつくる．次に K/k の上へ $\eta_2=\mathrm{Res}\,\eta\in H^2(G(ZK/K),C_{ZK})$ をつくる．Z/k は巡回拡大であるから，$\eta=j^{\#}\eta^*$, $\eta^*\in H^2(G(Z/k),J_Z)$, $\mathrm{inv}_{Z/k}(\eta)=\mathrm{inv}_{Z/K}(\eta^*)$ である．$\eta_1{}^*=\mathrm{Inf}\,\eta^*$, $\eta_2{}^*=\mathrm{Res}\,\eta_1{}^*$とすれば，$\mathrm{inv}_{ZK/K}(\eta_2)=\mathrm{inv}_{ZK/K}(\eta_2{}^*)$ である．故に補題 9·13 によって

$$\mathrm{inv}_{ZK/K}(\eta_2)=[K:k]\,\mathrm{inv}_{ZK/k}(\eta_1{}^*)=[K:k]\mathrm{inv}_{Z/k}(\eta)\equiv 0 \pmod{\mathbf{Z}}$$

となる．故に定理 9·16 によって $\eta_2=0$ となる．すでに $H^1(G,C_K)=\{1\}$ は一般に証明してあるから（定理 9·8），完全系列（3·46）（$n=1$ の場合）により

$$\mathrm{Inf}:H^2(G,C_K)\cong \mathrm{Kernel}(\mathrm{Res})\subset H^2(G(ZK/k),C_{ZK})$$

である．よって $\eta_1=\mathrm{Inf}\,\xi$ が成立するような $\xi\in H^2(G,C_K)$ が存在して，しかもただ一つに定まる．この対応 $\Phi:\eta\to\xi$ は明らかに準同型である．しかも

$$\Phi: H^2(G(Z/k),C_Z)\to H^2(G,C_K) \tag{9·35}$$

は単射である．なんとなれば $\xi=0$ とすれば $\eta_1=0$，したがって $\eta_1{}^*=i^{\#}(\tilde{\eta}_1)$, $\tilde{\eta}_1\in H^2(G(ZK/k),(ZK)^{\times})$ は $\mathrm{inv}_{ZK/k}(\eta_1{}^*)=0$ となる．これは $\mathrm{inv}_{Z/k}(\eta)=0$，すなわち $\eta=0$ にかぎる．(9·35)において，左辺は位数 $n=[Z:k]$ の巡回群であり(定理 9·16)，右辺は高々位数 $n=[K:k]$ の群である（定理 9·9 (II)）．よって Φ は同型対応となり

$$H^2(G, C_K) \overset{\Phi^{-1}}{\cong} H^2(G(Z/k), C_Z) \overset{\mathrm{inv}}{\cong} \mathbf{Z}/n\mathbf{Z} \tag{9·36}$$

が証明された．（終）

以上によって，目標とした (9·2) および (9·3) が証明されたので，基本定理 9·1 の証明が完結した．すなわち $E(K)=C_K$ とおくことによって，類構造の公理がすべて成り立ち，第7章の抽象的類体論の諸定理がすべて適用される．とくに Tate の定理によって

$$H^r(G, C_K) \cong H^{r-2}(G, \mathbf{Z}) \qquad (r \in \mathbf{Z}) \tag{9·37}$$

で，しかもこの同型対応は，標準的2コホモロジー類 $\xi_{K/k} \in H^2(G, C_K)$ を用いて得られることになる（定理 7·1）．とくに

$$H^1(G, C_K) = H^3(G, C_K) = \{1\}, \qquad H^2(G, C_K) \cong \mathbf{Z}/[K:k]\mathbf{Z} \tag{9·37)'$$

9·2·3 $H^2(G, C_K) \ni \eta$ の inv $\eta \in H^2(G, C_K)$ に対して $\mathrm{inv}_{K/k}(\eta)$ を定義する． まず $\eta = j^\#(\eta^*), \eta^* \in H^2(G, J_K)$ に対しては， $\mathrm{inv}_{K/k}(\eta)$ はすでに (9·32) によって定義した．一般の $\eta \in H^2(G, C_K)$ に対しては，定理 9·17 の証明におけると同じく，補助の巡回拡大 Z/k を用いて，写像 $\Phi^{-1}: H^2(G, C_K) \cong H^2(G(Z/k), C_Z)$ を用いて

$$\mathrm{inv}_{K/k}(\eta) = \mathrm{inv}_{Z/k}(\Phi^{-1}\eta) \tag{9·38}$$

によって定義される．

定理 9·18 上に与えられた定義に関して，$\mathrm{inv}_{K/k}(\eta) \in \Gamma$ $(\eta \in H^2(G, C_K))$ の値は一意に定まり，定理 7·8 の諸性質をもつ．

（証明） (i) まず (9·38) の定義は補助の巡回拡大 Z/k のとりかたによらないことを示そう．それは Z_1/k および Z_2/k の二つの m 次巡回拡大があれば $L=KZ_1Z_2$ をつくって $\eta \in H^2(G(Z_1/k), C_{Z_1})$ より $\eta = \mathrm{Inf}\,\eta_1 \in H^2(G(L/k), C_L)$ つくれば，ある $\eta_2 \in H^2(G(Z_2/k), C_{Z_2})$ の $\mathrm{Inf}\,\eta_2$ として表わされ，しかも $\mathrm{inv}_{Z_1/k}(\eta_1) = \mathrm{inv}_{L/k}(\mathrm{Inf}\eta) = \mathrm{inv}_{Z_2/k}(\eta_2)$ が成り立つことは，補題 9·13 および定理 9·16 よりわかる． (ii) 定理 7·8 の諸性質が成り立つことをいうには，SI, SII の場合をまず証明すれば，他の公式はこれから導かれる． SI, SII の場合には，補助の巡回拡大をつくり，補題 9·13 および定理 9·17 を用いれ

ば，定理 7·6 の証明と同様に証明される．詳細は読者に委ねることとする．

（終）

したがって $\mathrm{inv}_{K/k}(\xi_{K/k})\equiv 1/[K:k]\ (\mathrm{mod}\ \mathrm{Z})$ となる $\xi_{K/k}\in H^2(G,C_K)$ を，K/k の標準的 2 コホモロジー類にとることができる．

定理 9·19 Galois 拡大 K/k，Galois 群 $G=G(K/k)$ とする．

(I) $\eta^*\in H^2(G,J_K)$ が，ある $\eta_0\in H^2(G,K^\times)$ より，$\eta^*=i^\sharp\eta_0$（ただし i は $K^\times\to J_K$ なる標準的単射とする）と表わされるためには

$$\mathrm{inv}_{K/k}(\eta^*)=\sum_{\mathfrak{p}\in\mathfrak{N}}\mathrm{inv}_\mathfrak{p}(\eta^*)\equiv 0 \quad (\mathrm{mod}\ \mathrm{Z}) \tag{9·39}$$

であることが必要かつ十分である．**[Hasse の和定理]**

(II) k の素因子 $\mathfrak{p}$ に対して，$\mathfrak{p}\subset\mathfrak{P}$ なる K の素因子 $\mathfrak{P}$ を定め，$\mathfrak{P}/\mathfrak{p}$ の分解群を $G_\mathfrak{P}$，その位数を $n_\mathfrak{p}$ とする．($\mathfrak{p}=\mathfrak{p}_\infty$ に対しては $k_{\mathfrak{p}_\infty}=\mathrm{R}$，$K_{\mathfrak{P}_\infty}=\mathrm{C}$ の場合に $n_{\mathfrak{p}_\infty}=2$，その他の場合は $n_{\mathfrak{p}_\infty}=1$ とおく)．すべての $\mathfrak{p}$ に対する $n_\mathfrak{p}$ の最小公倍数を m とおく．そのとき $\eta_{K/k}\in H^2(G,C_K)$ がある $\eta^*_{K/k}\in H^2(G,J_K)$ によって $\eta_{K/k}=j^\sharp(\eta^*_{K/k})$（$j$ は $J_K\to C_K$ なる標準的全射）と表わされるためには，$\mathrm{inv}_{K/k}(\eta_{K/k})$ が分母 m の有理数となることが必要かつ十分である．すなわち $j^\sharp(H^2(G,J_K))$ は，$H^2(G,C_K)$ の位数 m の巡回的部分群となる．

（証明） (I) (9·39) が $\eta^*=i^\sharp\eta_0$ の必要条件であることは，定理 9·14 である．また十分条件であることは，定理 9·18 である．(II) $\eta=j^\sharp(\eta^*)$ の定義 (9·26), (9·32) より直ちにわかることである．（終）

9·2·4 ノルム剰余記号 $\mathrm{inv}_{K/k}$，したがって標準的コホモロジー類 $\xi_{K/k}$ が定まったから，これより，第7章の一般的考察によって数体に関してノルム剰余記号 $(\tilde{\mathfrak{a}},K/k)$ ($\tilde{\mathfrak{a}}\in C_K$) が定まる．われわれはさきに $\mathrm{inv}_{K/k}(\eta)$ の性質を，円体 K/Q におけるノルム剰余記号 $\sigma_p(\alpha_p)^{-1}=(\alpha_p,K/\mathrm{Q})$ の性質より導いた．今度は逆に，inv の性質から，ノルム剰余記号の性質を導くことができる．

$\mathfrak{a}=\{\alpha_\mathfrak{p}\}$ を k のイデールとし，Galois 拡大 K/k，$G=G(K/k)$ に対し $\chi\in\mathrm{Hom}(G,\Gamma)$ とする．$\mathfrak{a}^{\delta\chi}$ は，G の J_K の上の 2 双対輪体である．G の C_K を係数とする 2 双対輪体 $j^\sharp\mathfrak{a}^{\delta\chi}$ に対して

$$\mathrm{inv}_{K/k}(j^{\#}\mathfrak{a}^{\delta\chi})=\mathrm{inv}_{K/k}(\mathfrak{a}^{\delta\chi})=\sum_{\mathfrak{p}}\mathrm{inv}_{\mathfrak{p}}(\mathfrak{a}^{\delta\chi})=\sum_{\mathfrak{p}}\mathrm{inv}_{K_{\mathfrak{P}}/k_{\mathfrak{p}}}(\alpha_{\mathfrak{p}}{}^{\delta\chi_{\mathfrak{p}}}) \quad (9\cdot40)$$

である．ただし $\chi_{\mathfrak{p}}=\mathrm{Res}_{G/G_{\mathfrak{p}}}\chi$ $(G_{\mathfrak{p}}=G(K_{\mathfrak{P}}/k_{\mathfrak{p}}))$ とする．一方定理 7·13 は $H^2(G, C_K)$ および $H^2(G_{\mathfrak{p}}, K_{\mathfrak{P}}^{\times})$ の両者に適用される．よって $\mathfrak{a}$ の属すイデール類を $j(\mathfrak{a})$ とすると

$$\mathrm{inv}_{K/k}(j^{\#}\mathfrak{a}^{\delta\chi})=\chi(j(\mathfrak{a}), K/k), \quad \mathrm{inv}_{K_{\mathfrak{P}}/k_{\mathfrak{p}}}(\alpha_{\mathfrak{p}}{}^{\delta\chi_{\mathfrak{p}}})=\chi_{\mathfrak{p}}(\alpha_{\mathfrak{p}}, K_{\mathfrak{P}}/k_{\mathfrak{p}})$$

が成り立つ．これらを (9·40) に代入すれば

$$\chi(j(\mathfrak{a}), K/k)=\sum_{\mathfrak{p}\in\mathfrak{N}}\chi_{\mathfrak{p}}(\alpha_{\mathfrak{p}}, K_{\mathfrak{P}}/k_{\mathfrak{p}})=\sum_{\mathfrak{p}\in\mathfrak{N}}\chi(\alpha_{\mathfrak{p}}, K_{\mathfrak{P}}/k_{\mathfrak{p}})=\chi(\prod_{\mathfrak{p}\in\mathfrak{N}}(\alpha_{\mathfrak{p}}, K_{\mathfrak{P}}/k_{\mathfrak{p}}))$$

となる．ここに $\chi\in\mathrm{Hom}(G, \Gamma)$ は任意である．故に次の定理が証明された．

定理 9·20 任意の Galois 拡大 $K/k, G=G(K/k)$ に対し $\mathfrak{a}=\{\alpha_{\mathfrak{p}}\}\in J_k$ とし，$\mathfrak{a}$ の属すイデール類を $\tilde{\mathfrak{a}}=j(\mathfrak{a})\in C_K$ とする．数体および局所数体のノルム剰余記号に関して

$$(\tilde{\mathfrak{a}}, K/k)=\prod_{\mathfrak{p}\in\mathfrak{N}}(\alpha_{\mathfrak{p}}, K_{\mathfrak{P}}/k_{\mathfrak{p}}) \qquad (9\cdot41)$$

が成り立つ．ただし右辺の無限積の中で，1 とならない項は高々有限個である．とくに $\alpha\in k^{\times}$ に対して，

$$\prod_{\mathfrak{p}\in\mathfrak{N}}(\alpha, K_{\mathfrak{P}}/k_{\mathfrak{p}})=1 \qquad (9\cdot42)$$

が成り立つ．**[ノルム剰余記号の積公式]**

(9·42) は主イデール (α) に対して $j(\alpha)=1$ であることから導かれる．これの系として，$G(A(k)/k)$ の値をとる $(\tilde{\mathfrak{a}}, k)$ に関して

$$(\tilde{\mathfrak{a}}, k)=\prod_{\mathfrak{p}}(\alpha_{\mathfrak{p}}, k_{\mathfrak{p}}) \qquad (9\cdot43)$$

が導かれる．

定理 9·21 Abel 拡大 K/k において，$\mathfrak{p}$ を k の一つの有限素因子とし，$\mathfrak{p}$ 成分だけが $\alpha_{\mathfrak{p}}$ で，他の成分がすべて1であるイデールを $(\alpha_{\mathfrak{p}})$ とする．そのときノルム剰余記号 $(j(\alpha_{\mathfrak{p}}), K/k)$ の全体は，$\mathfrak{p}$ の分解群 $G_{\mathfrak{p}}$ となる．とくに $\mathfrak{p}$ が K/k で分岐しないならば，$G_{\mathfrak{p}}$ は Frobenius 置換 $(j(\pi_{\mathfrak{p}}{}^{-1}), K/k)$で生成される f 次の巡回群である．ただし $\pi_{\mathfrak{p}}$ は $\mathrm{ord}_{\mathfrak{p}}(\pi_{\mathfrak{p}})=1$ なる任意の $k_{\mathfrak{p}}$ の元とする．(無限素因子についても同様である)．

（証明） $G_p=G(K_\mathfrak{P}/k_\mathfrak{p})$ と公式（9·41）によって，既知の局所類体論の場合に帰着される．

定理 9·22 Abel 拡大 K/k において，K に対応する部分群を $A(K/k)=N_{K/k}C_K$（$\subset C_k$）とする．k の有限素因子 $\mathfrak{p}$ が K/k において分岐しないとき，$\mathfrak{p}$ の分解群 $G_\mathfrak{p}$ の位数 f は $j(\pi_\mathfrak{p}) \bmod A(K/k)$ の位数に等しい．

［分解定理］

（証明） $(j(\pi_\mathfrak{p}), K/k)^f=1$ と $j(\pi_\mathfrak{p})^f \in A(K/k)$ とは同値であるから，定理 9·21 の系として導かれる．（終）

ここで，基礎体が有理数体 $\mathbf{Q}$ の場合に戻って考えてみよう．

定理 9·23 円体 $K/\mathbf{Q}$ に対して，§6·3·3 で定義した記号 $\sigma(\mathfrak{a})$ $(\mathfrak{a} \in J_\mathbf{Q})$は，ノルム剰余記号 $(j(\mathfrak{a}), K/\mathbf{Q})$ $(j(\mathfrak{a}) \in C_\mathbf{Q})$ によって

$$(j(\mathfrak{a}), K/\mathbf{Q})=\sigma(\mathfrak{a})^{-1} \tag{9·44}$$

と表わされる．

（証明） (9·41)，定理 9·12 および定理 6·5 より導かれる．（終）

9·2·5 $H^r(G, K^\times)$ の構造 K/k を Galois 拡大，$G=G(K/k)$ を Galois 群とする．われわれは $H^r(G, C_K)$ と $H^r(G, J_K)$ の構造をすでに知っている（(9·37) および (9·6) 参照）．したがって，基本的な完全系列 (9·5) において，準同型 $\delta^\#$ および $i^\#$ を記述することによって，$H^r(G, K^\times)$ の構造について知ることができる．まず定理 5·1 より $H^1(G, K^\times)=\{1\}$ であった．

また $H^2(G, K^\times)$ の構造は，$H^2(G, J_K)$ の構造 (9·6) および Hasse の和定理 (9·19) により完全に定まる．

すなわち $\eta \in H^2(G, K^\times)$ に対して

$$\sum_{\mathfrak{p}\in N} \mathrm{inv}_\mathfrak{p}\ (i^\#\eta) \equiv 0 \qquad (\mathrm{mod}\ \mathbf{Z})$$

なる関係が存在し，逆に各 $\mathfrak{p} \in N$ に対して，$n_\mathfrak{p}=[K_\mathfrak{P} : k_\mathfrak{p}]$ を分母とする有理数 $m_\mathfrak{p}/n_\mathfrak{p}$ が与えられて，それらの間に

$$\sum_{\mathfrak{p}\in N} \frac{m_\mathfrak{p}}{n_\mathfrak{p}} \equiv 0 \qquad (\mathrm{mod}\ \mathbf{Z})$$

が成り立てば，

$$\mathrm{inv}_{\mathfrak{p}}\ (i^{\#}\eta) \equiv \frac{m_{\mathfrak{p}}}{n_{\mathfrak{p}}}\ \ (\mathrm{mod}\ \mathrm{Z}) \qquad (\mathfrak{p} \in N)$$

となる $\eta \in H^2(G, K^{\times})$ がただ一つ存在する．次に

定理 9·24 任意の n 次 Galois 拡大 K/k に対して，m をすべての $\mathfrak{p}$ に対する $n_{\mathfrak{p}}=[K_{\mathfrak{P}}:k_{\mathfrak{p}}]$ の最小公倍数とする．そのとき

$$H^3(G, K^{\times}) \cong Z \Big/ \frac{n}{m} Z \quad (\text{加群}) \tag{9·45}$$

である．$H^2(G, C_K)$ の生成元 $\xi_{K/k}$（標準的コホモロジー類）より $\delta^{\#}\xi_{K/k} \in H^3(G, K^{\times})$ をつくれば，$\delta_{\#}\xi_{K/k}$ が $H^3(G, K^{\times})$ の一つの生成元となっている．

（証明） $H^3(G, C_K)=\{1\}$ であるから，完全系列（9·5）より

$$H^2(G, J_K) \xrightarrow{j^{\#}} H^2(G, C_K) \xrightarrow{\delta^{\#}} H^3(G, K^{\times}) \longrightarrow 1 \quad (\text{exact})$$

となる．ここで $H^2(G, C_K) \cong Z/nZ$, $j^{\#}H^2(G, J_K) \cong Z/mZ$ であったから，(9·45）となる．（終）

K/k が巡回拡大であれば，$H^3(G, K^{\times}) \cong H^1(G, K^{\times})=\{1\}$ である．このことは $m=n$ と同値である．(巡回拡大に対して $m=n$ なることは，補題 9·5, (II) より導かれる).

また (9·5) の完全系列に，$H^r(G, C_K) \cong H^{r-2}(G, Z)$ が有限群であること，および定理 9·2 (II) を用いれば，直ちに次の結果がわかる．

定理 9·25 K/k を一般の Galois 拡大とする． $r \in \mathrm{Z}$ が，$r \equiv 1\ (\mathrm{mod}\ 2)$ であれば，$H^r(G, K^{\times})$ はすべて有限群であり，$r \equiv 0\ (\mathrm{mod}\ 2)$ ならば $H^r(G, K^{\times})$ はすべて無限群である．

次に，Galois 拡大 K/k, Galois 群 $G=G(K/k)$ に対して，準同型

$$\delta^{\#}: H^r(G, C_K) \to H^{r+1}(G, K^{\times})$$
$$j^{\#}: H^r(G, J_K) \to H^r(G, C_K)$$
$$i^{\#}: H^r(G, K^{\times}) \to H^r(G, J_K)$$

による像を定めよう．

定理 9·26 K/k の標準的2コホモロジー類を $\xi_{K/k} \in H^2(G, C_K)$ とする．$\zeta^{r-2} \in H^{r-2}(G, Z)$, $\xi_{K/k} \cup \zeta^{r-2} \in H^r(G, C_K)$ に対して，準同型 $\delta^{\#}$ は

$$\delta^{\#}(\xi_{K/k}\cup\zeta^{r-2})=(\delta^{\#}\xi_{K/k})\cup\zeta^{r-2}\in H^{r+1}(G, K^{\times})$$

によって与えられる．したがって $\delta^{\#}$ による像は

$$\delta^{\#}(H^r(G, C_K))=\{\delta^{\#}\xi_{K/k}\cup\zeta^{r-2}\ ;\ \zeta^{r-2}\in H^{r-2}(G, \mathrm{Z})\}$$

である．とくに $\delta^{\#}\xi_{K/k}=1$（例えば巡回拡大 K/k）の場合には，$\delta^{\#}H^r(G, C_K)=\{1\}$ である．

（証明は cup 積の公式（4·4）による）．

次に $j^{\#}$ を考えよう．Galois 拡大 K/k, Galois 群 $G=G(K/k)$ とし，k の各有限および無限素因子 $\mathfrak{p}$ に対して，$\mathfrak{p}$ の上にある K の素因子 $\mathfrak{P}$ を一つ定め $\mathfrak{P}/\mathfrak{p}$ の分解群を $G_{\mathfrak{p}}$ とする．定理 9·1 により $H^r(G, J_K)=\sum_{\mathfrak{p}\in\mathfrak{N}}H^r(G_{\mathfrak{p}}, K_{\mathfrak{P}}^{\times})$ である．この直和分解により，各 $\eta_{K/k}\in H^r(G, J_K)$ に対してその $\mathfrak{p}$ 成分を対応させる写像を

$$\mathrm{Proj}_{\mathfrak{p}}\eta_{K/k}=\mathrm{proj}_{\mathfrak{p}}^{\#}\cdot\mathrm{Res}_{G/G_{\mathfrak{p}}}(\eta_{K/k})\in H^r(G_{\mathfrak{p}}, K_{\mathfrak{P}}^{\times}) \tag{9·46}$$

とおく．逆に $\eta_{\mathfrak{p}}\in H^r(G_{\mathfrak{p}}, K_{\mathfrak{P}}^{\times})$ より $\mathrm{Inj}_{\mathfrak{p}}\eta_{\mathfrak{p}}=\mathrm{Inj}_{G_{\mathfrak{p}}/G}\cdot\mathrm{inj}_{\mathfrak{p}}^{\#}\eta_{\mathfrak{p}}\in H^r(G, J_K)$ が定まる．いま標準的コホモロジー類 $\xi_{K/k}\in H^2(G, C_K)$, $\xi_{\mathfrak{p}}\in H^2(G_{\mathfrak{p}}, K_{\mathfrak{P}}^{\times})$により

$$\Psi : H^{r-2}(G, \mathrm{Z})\ni\zeta_{K/k}\to\xi_{K/k}\cup\zeta_{K/k}\in H^r(G, C_K) \tag{9·47}$$

$$\Psi_{\mathfrak{p}} : H^{r-2}(G_{\mathfrak{p}}, \mathrm{Z})\ni\zeta_{\mathfrak{p}}\to\xi_{\mathfrak{p}}\cup\zeta_{\mathfrak{p}}\in H(G_{\mathfrak{p}}, K_{\mathfrak{P}}^{\times}) \tag{9·48}$$

なる同型対応を得る．さて可換な図式

$$\begin{array}{ccc}
H^r(G, J_K) & \xrightarrow{\ j^{\#}\ } & H^r(G, C_K) \\
\mathrm{Inj}_{\mathfrak{p}}\uparrow\ \downarrow\mathrm{Proj}_{\mathfrak{p}} & & \\
H^r(G_{\mathfrak{p}}, K_{\mathfrak{P}}^{\times}) & & \uparrow\Psi \\
\uparrow\Psi_{\mathfrak{p}} & & \\
H^{r-2}(G_{\mathfrak{p}}, \mathrm{Z}) & \xrightarrow{\ \Phi_{\mathfrak{p}}\ } & H^{r-2}(G, \mathrm{Z})
\end{array} \tag{9·49}$$

を考えるとき，次の定理が成り立つ．

定理 9·27 準同型 $j^{\#}: H^r(G, J_K)\to H^r(G, C_K)$ によって，(9·49) より定まる準同型 $\Phi_{\mathfrak{p}} : H^{r-2}(G_{\mathfrak{p}}, Z)\to H^{r-2}(G, Z)$ は

$$\Phi_{\mathfrak{p}}=\mathrm{Inj}_{G_{\mathfrak{p}}/G} \tag{9·50}$$

で与えられる．したがってすべての $\mathrm{Inj}_{G_{\mathfrak{p}}/G}H^{r-2}(G_{\mathfrak{p}}, \mathrm{Z})$ より生成される

$H^{r-2}(G, \mathrm{Z})$ の部分群を H とすると

$$j^{\#}(H^r(G, J_K)) = \Psi^{-1}(H) \tag{9·51}$$

である.

（証明） $\mathfrak{p}$ の上にある K の素因子の全体を $\mathfrak{P}_1, \cdots, \mathfrak{P}_g$ とすると，半局所理論（§ 3·1·1, VI）によって

$$\overline{\mathrm{Inj}}_{G_{\mathfrak{p}}/G} : H^r(G_{\mathfrak{p}}, K_{\mathfrak{P}}^{\times}) \to H^r\left(G, \prod_{i=1}^{g} K_{\mathfrak{P}_i}^{\times}\right)$$

は同型対応であった．（9·49）の $\Phi_{\mathfrak{p}}$ は $\mathrm{inj}_{\mathfrak{p}} : K_{\mathfrak{P}}^{\times} \to J_K$ より

$$\Psi \cdot \Phi_{\mathfrak{p}} \cdot \Psi_{\mathfrak{p}}^{-1} = j_{\#} \cdot \mathrm{Inj}_{G_{\mathfrak{p}}/G} \cdot \mathrm{inj}_{\mathfrak{p}}^{\#} : H^r(G_{\mathfrak{p}}, K_{\mathfrak{P}}^{\times}) \to H^r(G, C_K) \tag{9·52}$$

によって与えられる．いま

$$j^{\#} \cdot \mathrm{Inj}_{G_{\mathfrak{p}}/G} \cdot \mathrm{inj}_{\mathfrak{p}}^{\#}(\xi_{\mathfrak{p}} \cup \zeta_{\mathfrak{p}}) = \xi_{K/k} \cup \zeta_{K/k} \tag{9·53}$$

とおく．j は G 準同型，$\mathrm{inj}_{\mathfrak{p}}$ は $G_{\mathfrak{p}}$ 準同型であるから，36 頁（3·5）および 61 頁（4·21）によって，（9·53）の左辺は $\mathrm{Inj}(j^{\#} \cdot \mathrm{inj}_{\mathfrak{p}}^{\#}(\xi_{\mathfrak{p}} \cup \eta_{\mathfrak{p}})$ に等しい．一方 $\mathfrak{P}/\mathfrak{p}$ の分解体を $Z_{\mathfrak{p}}$ とすると，$G_{\mathfrak{p}} = G(K/Z_{\mathfrak{p}})$ に対して

$$\mathrm{Res}_{G/G_{\mathfrak{p}}}(\xi_{K/k}) = j^{\#} \cdot \mathrm{inj}_{\mathfrak{p}}^{\#}(\xi_{\mathfrak{p}}) \in H^r(G_{\mathfrak{p}}, C_K) \tag{9·54}$$

が成り立つ．なんとなれば，まず $\mathrm{Inv}_{K/Z_{\mathfrak{p}}}(\mathrm{Res}\, \xi_{K/k}) = [Z_{\mathfrak{p}} : k]\mathrm{inv}_{K/k}(\xi_{K/k}) = 1/[K : Z_{\mathfrak{p}}] = 1/[K_{\mathfrak{P}} : k_{\mathfrak{p}}]$ である．また $K/Z_{\mathfrak{p}}$ においては § 9·2·2,（9·26),（9·32）より $\mathrm{inv}_{K/Z_{\mathfrak{p}}}(j^{\#} \cdot \mathrm{inj}_{\mathfrak{p}}^{\#}(\xi_{\mathfrak{p}})) = \mathrm{inv}_{K_{\mathfrak{P}}/k_{\mathfrak{p}}}(\xi_{\mathfrak{p}}) = 1/[K_{\mathfrak{P}} : k_{\mathfrak{p}}]$ である．よって（9·54）である．したがって，（9·53）は

$$\mathrm{Inj}_{G_{\mathfrak{p}}/G}(\mathrm{Res}_{G/G_{\mathfrak{p}}} \xi_{K/k} \cup \zeta_{\mathfrak{p}}) = \xi_{K/k} \cup \zeta_{K/k}$$

と表わされる．64 頁（I),（i）によって，左辺は $\xi_{K/k} \cup \mathrm{Inj}\, \zeta_{\mathfrak{p}}$ に等しい．故に $\Psi_{\mathfrak{p}}$ が同型対応を与えることから，$\zeta_{K/k} = \mathrm{Inj}\, \zeta_{\mathfrak{p}}$ が導かれる．よって（9·50）が成り立つ．（9·51）は（9·50）よりわかる．（終）

次に $i^{\#}(H^r(G, K^{\times})) = \mathrm{Kernel}\, j^{\#} \subset H^r(G, J_K)$ を定めよう．$\eta_{K/k} \in H^r(G, J_K)$ に対して $\mathrm{Proj}_{\mathfrak{p}}(\eta_{K/k}) \in H^r(G_{\mathfrak{p}}, K_{\mathfrak{P}}^{\times})$ が定まる．これを用いて

$$\mathrm{inv}_{\mathfrak{p}}^{(r)}(\eta_{K/k}) = \mathrm{Inj}_{G_{\mathfrak{p}}/G} \cdot \Psi_{\mathfrak{p}}^{-1} \cdot \mathrm{Proj}_{\mathfrak{p}}(\eta_{K/k}) \in H^{r-2}(G, \mathrm{Z}) \tag{9·55}$$

と定義する．ただし $\Psi_{\mathfrak{p}}$ は（9·48）の同型写像とする．（$r=2$ の場合には

$H^0(G, Z) \cong Z/nZ$ より，これまでの $\mathrm{inv}_{\mathfrak{p}}(\eta)$ と同一のものである）.

定理 9·28 各 $\mathfrak{p} \in \mathfrak{N}$ に対して $\alpha_{\mathfrak{p}} \in \mathrm{Inj}_{G_{\mathfrak{p}}/G} H^{r-2}(G_{\mathfrak{p}}, Z)$ を与えるとき，ある $\eta^*_{K/k} \in H^r(G, K^\times)$ によって

$$\alpha_{\mathfrak{p}} = \mathrm{inv}_{\mathfrak{p}}^{(r)}(i\#\eta^*_{K/k}) \tag{9·56}$$

と表わされるためには

$$\sum_{\mathfrak{p} \in \mathfrak{N}} \alpha_{\mathfrak{p}} = 0 \tag{9·57}$$

となることが必要かつ十分である.

（証明） 定理 9·27 によって $\eta_{K/k} \in H^r(G, J_K)$ に対して $\Psi^{-1}(i\#\eta_{K/k}) = \sum_{\mathfrak{p} \in \mathfrak{N}} \mathrm{inv}_{\mathfrak{p}}(\eta_{K/k})$ であった．よって $\eta_{K/k} \in i\# H^r(G, K^\times)$ なるための必要十分条件は $\Psi^{-1}(i\#\eta_{K/k}) = 0$ である.（終）

以上二つの定理は $r=2$ の場合の拡張である．とくに $r=-1$ の場合を考えよう．まず特別の場合より始める.

定理 9·29 K/k を巡回拡大とする．$\alpha \in k^\times$ が k の各素因子 $\mathfrak{p}$（および $\mathfrak{p}$ の上にある一つの K の素因子 $\mathfrak{P}$）に対して $\alpha \in N_{K_{\mathfrak{P}}/k_{\mathfrak{p}}} K_{\mathfrak{P}}^\times$ であるならば，$\alpha \in N_{K/k} K^\times$ である．**[Hasse のノルム定理]**

（証明） $H^{-1}(G, C_K) = H^1(G, C_K) = \{1\}$ であるから，完全系列（9·5）によって

$$\{1\} \longrightarrow H^0(G, K^\times) \xrightarrow{i\#} H^0(G, J_K) \quad (\text{exact})$$

である．故に $\alpha \bmod^\times N_{K/k} K^\times$ $(\alpha \in k^\times)$ に対して $i\#\alpha \in N_{K/k} J_K$ となるのは $\alpha \in N_{K/k} K^\times$ の場合に限る．これより定理が導かれる.（終）

K/k が巡回拡大でない場合には，この定理は必ずしも成立しない.

定理 9·30 K/k を Galois 拡大とする．$\alpha \in k^\times$ で，k のすべての素因子 $\mathfrak{p}$（および $\mathfrak{p}$ の上のある一つの K の素因子 $\mathfrak{P}$）に対して $\alpha \in N_{K_{\mathfrak{P}}/k_{\mathfrak{p}}} K_{\mathfrak{P}}^\times$ となるものの全体を H とおく．そのとき

$$H/N_{K/k} K^\times \cong H^{-3}(G, Z)/F \tag{9·58}$$

ここに F は，（$\mathfrak{P}/\mathfrak{p}$ の分解群を $G_{\mathfrak{p}}$ とするとき）すべての $\mathfrak{p}$ に対する $\mathrm{Inj}_{G_{\mathfrak{p}}/G} H^{-3}(G_{\mathfrak{p}}, Z)$ より生成される $H^{-3}(G, Z)$ の部分群とする.

（証明）（9·5）の完全系列

$$\cdots\longrightarrow H^{-1}(G,J_K)\xrightarrow{j^{\#}_{-1}}H^{-1}(G,C_K)\xrightarrow{\delta^{\#}_{-1}}H^0(G,K^\times)\xrightarrow{i^{\#}_0}H^0(G,J_K)\longrightarrow\cdots$$

より

$$H/N_{K/k}K^\times=\text{Kernel}\ i^{\#}_0\overset{\delta^{\#}}{\cong}H^{-1}(G,C_K)/\text{Kernel}\ \delta^{\#}$$

$$=H^{-1}(G,C_K)/j^{\#}_{-1}H^{-1}(G,J_K)\xrightarrow{\Psi^{-1}}H^{-3}(G,\mathrm{Z})/F$$

である．定理 9·27 によって $j^{\#}_{-1}H^{-1}(G,J_K)\cong F$ であるから，(9·58) を得る．(終)

この定理より，Hasse のノルム定理が成り立つ条件は $F=H^{-3}(G,\mathrm{Z})$ で与えられることがわかる．これは分解群 $\{G_{\mathfrak{P}}\}$ さえ与えればわかることで群論的な性質である．しかし $H^{-3}(G,\mathrm{Z})$ を明らさまに求めることは，一般の群 G に対して必ずしも容易でない．(例えば Lyndon, The cohomology theory of group extensions, Duke Math. J., 15 (1948), 271–292, 淡中・国吉・寺田・高橋 [41] 参照)．しかし定理 9·30 はコホモロジー論の具体的応用として得られた著しい成果の一つといえるであろう．

9·3 存 在 定 理

補題 9·31 $E(k)=C_k$ に対して，補題 8·10 の仮定 (i), (ii), (iii), (iv), (v) が成立する．したがって $\mathfrak{a}^*\in C_k$ が普遍ノルムであれば，任意の自然数 m に対して，$\mathfrak{a}^*=\mathfrak{b}^{*m}$, $\mathfrak{b}^*\in C_k$ で，$\mathfrak{b}^*$ も普遍ノルムであるように表わされる．

(証明) はじめに K/k が任意の有限拡大であるとき，$\mathfrak{A}\in J_K$ に対して，V の定義 (5·28) より直ちに

$$V_k(N_{K/k}\mathfrak{A})=V_K(\mathfrak{A}) \tag{9·59}$$

が成り立つことを注意しておく．(ii) $\mathfrak{a}^*\in C_k$ に対して $\overset{-1}{N}_{K/k}\mathfrak{a}^*\in\mathfrak{A}^*$ はすべて $V_K(\mathfrak{A}^*)=V_k(\mathfrak{a}^*)$ である．したがって $\overset{-1}{N}_{K/k}\mathfrak{a}^*\subset V^{-1}(V(\mathfrak{a}^*))$ となり右辺はコンパクトである．かつ $N_{K/k}$ は連続写像であるから，$\overset{-1}{N}_{K/k}\mathfrak{a}^*$ は閉集合，したがってまたコンパクトである．(iii) $\{1^{1/q}\}\subset V^{-1}(0)=C_K^0$ で C_K^0 はコンパクト，かつ $\mathfrak{a}^*\to\mathfrak{a}^{*q}$ は連続であるから，$\{1^{1/q}\}$ は閉集合，したがってコンパクトである．(iv) $N_{K/k}$ によって $\overset{-1}{V}_K([\alpha,\beta])$ $(\subset C_K)$ は $\overset{-1}{V}_k([\alpha,\beta])(\subset C_k)$ の中に写される．$V^{-1}([\alpha,\beta])$ はコンパクトであるから $N_{K/k}(\overset{-1}{V}_K([\alpha,\beta]))$ は

コンパクト，したがって閉集合である．定理 5·23 より，これから $N_{K/k}C_K$ が C_k の閉じた部分集合であることがわかる．

次に (v) k が1の q ベキ根 (q は素数) を含むとき，C_k の普遍ノルム $\mathfrak{a}^*$ は，ある $\mathfrak{b}^* \in C_k$ によって $\mathfrak{a}^*=\mathfrak{b}^{*q}$ と表わされることを見よう．§9·1·3 の第二基本不等式の証明にまでさかのぼる．k の有限個の素因子の集合 $\mathfrak{S}=\mathfrak{S}_1, \mathfrak{S}_2=\emptyset$ にとる．$I_2=J_k^{\mathfrak{S}}$ となり，したがって $\Gamma_2=k^{\mathfrak{S}}, K_2=k(k^{\mathfrak{S}\,1/q})$ となる．$J_k=P_kJ_k^{\mathfrak{S}}$ より，$[J_k:P_kI_2]=1$，したがって (9·13) より $[J_k:P_kN_{K_1/k}J_{K_1}]=1$ となる．これから $K_1=k(\sqrt[q]{\Gamma_1})=k$ となり，$\Gamma_1\subset(k^\times)^q$ である．ここに I_1 は $J_k^{\mathfrak{S}}$ に属し，しかも $\mathfrak{p}\,(\in\mathfrak{S})$ 成分が q ベキであるものの全体，したがって $\Gamma_1\subset(k^\times)^q$ より $\Gamma_1=I_1\cap P_k=(k^{\mathfrak{S}})^q$ となる．また (9·14) より $[J_k:P_kI_1]=[K_2:k]$ を得る．一方，すでに Abel 拡大 K/k に対して $[J_k:P_kN_{K/k}J_K]=[K:k]$ が成り立つのであるから，$P_kI_1\subset P_kN_{K_2/k}J_{K_2}$ と合わせて，$P_kI_1=P_kN_{K_2/k}J_{K_2}$ が証明された．

いま $\mathfrak{a}^*$ を C_k の普遍ノルムとする．$\mathfrak{a}^*\in P_kN_{K_2/k}J_{K_2}=P_kI_1$ である．故に $\mathfrak{a}^*$ の代表 $\mathfrak{a}\in I_1$ をとることができる．このような二つの代表 $\mathfrak{a}, \mathfrak{a}_1$ に対して，$\mathfrak{a}\mathfrak{a}_1^{-1}\in P_k\cap I_1=(k^{\mathfrak{S}})^q$ である．次に $\mathfrak{S}$ を含む k の素因子の任意の有限集合 $\mathfrak{S}'$ をとる．同じく $\mathfrak{a}^*$ の代表 $\mathfrak{b}$ として，$\mathfrak{p}\notin\mathfrak{S}'$ の成分はすべて単数，$\mathfrak{p}\in\mathfrak{S}'$ の成分は q ベキであるようにとれる．$\mathfrak{b}=\mathfrak{c}^q\mathfrak{b}_1$ ($\mathfrak{b}_1$ の $\mathfrak{p}\,(\in\mathfrak{S}')$ 成分はすべて 1，$\mathfrak{c}$ の $\mathfrak{p}\,(\notin\mathfrak{S}')$ 成分はすべて 1) と表わす．さらに $J_k=P_kJ_k^{\mathfrak{S}}$ によって，$\mathfrak{c}=(\beta)\mathfrak{d}, \mathfrak{d}\in J_k^{\mathfrak{S}}$ と表わすことができる．$(\beta)\in J_k^{\mathfrak{S}}\cap P_k$ より $\beta\in k^{\mathfrak{S}}$ である．そこで $\mathfrak{b}'=(\beta)^{-q}\mathfrak{b}$ とおくと $\mathfrak{b}'=\mathfrak{d}^q\mathfrak{b}_1$ である．よって $\mathfrak{b}'$ の $\mathfrak{p}$ 成分は，(i) $\mathfrak{p}\in\mathfrak{S}$ では q ベキ，(ii) $\mathfrak{p}\in\mathfrak{S}'-\mathfrak{S}$ では単数の q ベキ，(iii) $\mathfrak{p}\notin\mathfrak{S}'$ では単数となっている．$\mathfrak{a}$ も $\mathfrak{b}'$ も $\mathfrak{a}^*$ の代表 ($\in I_1$) であるから $\mathfrak{b}'=(\gamma)^q\mathfrak{a}, \gamma\in k^{\mathfrak{S}}$ である．これから $\mathfrak{p}\in\mathfrak{S}'-\mathfrak{S}$ に対して $\mathfrak{a}$ の $\mathfrak{p}$ 成分も q ベキであることがわかった．$\mathfrak{S}'(\supset\mathfrak{S})$ は任意であるから，$\mathfrak{a}=(\mathfrak{a}')^q$ と表わされることになる．(終)

以上の補題を用いると

定理 9·32 (I) $\mathfrak{a}^*\in C_k$ に対して，ノルム剰余記号 $(\mathfrak{a}^*, k)$ を対応させる．

$$\Phi:\mathfrak{a}^*\to(\mathfrak{a}^*, k)\in\mathfrak{G}^a(k)=G(A(k)/k) \tag{9·60}$$

そのとき，Φ の像 $\mathfrak{J}(k)$ は $\mathfrak{G}^a(k)$ 全体と一致する．

$$\mathfrak{J}(k)=\Phi(C_k)=\mathfrak{G}^a(k) \tag{9·61}$$

(II) C_k 中で，単位元の連結成分を D_k とするとき，写像 Φ の核 $\mathfrak{K}(k)=\Phi^{-1}(1)$ は D_k と一致する：

$$\mathfrak{K}(k)=\Phi^{-1}(1)=D_k \tag{9·62}$$

(I), (II) を合わせて（代数的かつ位相的に）

$$C_k/D_k\cong\mathfrak{G}^a(k) \tag{9·63}$$

が成り立つ．

（証明） (I) (i) 写像 Φ は連続である．これは任意の有限拡大 K/k に対して $(\mathfrak{a}^*, K/k)=1$ となる $\mathfrak{a}^*$ の全体，すなわち $N_{K/k}C_K$ が C_k の開集合であることをいえばよい．補題 9·31 において，$N_{K/k}C_K$ が閉集合となることを注意した．しかるに $[C_k : N_{K/k}C_K]$ は有限であるので，$N_{K/k}C_K$ は同時に開集合である．(ii) k の無限素因子 $\mathfrak{p}_\infty$ を一つ定める．任意の $c\in \mathrm{R}^+$ に対して，$\mathfrak{p}_\infty$ が実ならば $\mathfrak{p}_\infty$ 成分が c，他の $\mathfrak{p}$ 成分はすべて1となるイデール $\mathfrak{c}$ をとる．$\mathfrak{p}_\infty$ が虚ならば $\mathfrak{p}_\infty$ 成分が $c^{1/2}$，他の $\mathfrak{p}$ 成分はすべて1のイデール $\mathfrak{c}$ をとる．いずれも $V(\mathfrak{c})=c$ である．この $\mathfrak{c}$ を含むイデール類 $\mathfrak{c}^*$ の全体を R^+ とおくと，定理 5·24 によって，$C_k=C_k^0\times \mathrm{R}^+$ となる．明らかに $\mathfrak{c}^*\in \mathrm{R}^+$ はすべて普遍ノルムで，$(\mathfrak{c}^*, k)=1$ である．$\mathrm{R}^+\subset\mathfrak{K}(k)=\Phi^{-1}(1)$．故に写像 Φ によって $\Phi(C_k)=\Phi(C_k^0)$ となる．さて $\Phi(C_k)=\mathfrak{J}(k)$ は $\mathfrak{G}^a(k)$ の中で至る所稠密であったが（§ 7·4·1），他方 C_k^0 がコンパクトであるので，$\Phi(C_k^0)$ は閉集合である．よって $\mathfrak{J}(k)=\mathfrak{G}^a(k)$ が成り立つ．(II) の証明には，次の存在定理を用いる．

定理 9·33 任意の C_k の閉じた有限指数の部分群 A に対して，k の Abel 拡大 K で

$$A=A(K/k)=N_{K/k}C_K$$

となるものが存在する．**[存在定理]**[1)]

（証明） $\Phi : \mathfrak{a}^*\to(\mathfrak{a}^*, k)$ $(\mathfrak{a}^*\in C_k)$ の核は C_k の普遍ノルムである．それは

1) 高木 [15]，第十五章参照

任意の n（したがって $n=[C_k:A]$）に対して $\mathfrak{a}^*=\mathfrak{b}^{*n}$ と表わされる．よって $\mathfrak{K}(k)=\Phi^{-1}(1)$ は A に属す．$A_1=A\cap C_k^0$ とおくと，$C_k^0A\supset C_k^0\cdot\Phi^{-1}(1)=C_k$ であるから $[C_k:A]=[C_k^0:A_1]$ が成り立つ．

A_1 はコンパクトであるから，$\mathfrak{H}=\{(\mathfrak{a}^*,k)\,;\,\mathfrak{a}^*\in A_1\}=\Phi(A_1)$ は $\mathfrak{G}^a(k)$ の閉じた部分群である．かつ $[\mathfrak{G}^a:\mathfrak{H}]=[C_k^0:A_1]<+\infty$ である．いま $\mathfrak{H}$ に対応する $A(k)/k$ の部分体を K とすると $[K:k]=[\mathfrak{G}^a:\mathfrak{H}]$ である．$\mathfrak{a}^*\in C_k^0$ に対して，$\mathfrak{a}^*\in N_{K/k}C_K$ と $(\mathfrak{a}^*,K/k)=1$，すなわち $(\mathfrak{a}^*,K/k)\in\mathfrak{H}$，したがって $\mathfrak{a}^*\in A_1$ とは同値である．故に $N_{K/k}C_K\cap C_k^0=A\cap C_k^0$ を得た．しかるに $C_k=C_k^0\times\mathrm{R}^+$ と直積に分解すると，$\mathrm{R}^+\subset\Phi^{-1}(1)\subset A$ である．よって $N_{K/k}C_k=(N_{K/k}C_k\cap C_k^0)\times\mathrm{R}^+=(A\cap C_k^0)\times\mathrm{R}^+=A$ を得る．（終）

（定理 9·32,（II）の証明）D_k の像 $\Phi(D_k)$ は連結であるが，一方 $\mathfrak{G}^a(k)$ は完全不連結であるので，$\Phi(D_k)=\{1\}$，すなわち $D_k\subset\mathfrak{K}(k)$ となる．また，定理 5·24 の分解 $C_k=C_k\times\mathrm{R}^+$ において，$\mathrm{R}^+\subset D_k$ であるから，$D_k=D_k^0\times\mathrm{R}^+$，$D_k^0=D_k\cap C_k^0$ である．よって $C_k/D_k\cong C_k^0/D_k^0$ はコンパクト，かつ単位元の連結成分は単位元ただ一つである．一方 J_k の位相の定義より，C_k/D_k の単位元の近傍系の基底として，その部分群の集まり $\{A_\lambda\}$ をとることができる．したがって，各 A_λ は指数有限の開かつ閉じた部分群となる．存在定理 9·33 より $A_\lambda=A(K_\lambda/k)$ となる Abel 拡大 K_λ/k が存在する．よって D_k はすべての Abel 拡大 K_λ/k に対して $(\mathfrak{a}^*,K_\lambda/k)=1$ となる $\mathfrak{a}^*\in C_k$ の全体，すなわち $\mathfrak{K}(k)$ と一致する．（終）

以上によって，類体論の基本定理は一通り証明された．最後に古典的な次の定理を述べて，本講座を終ることにする．

定理 9·34 （I） 有理数体 Q の上の最大 Abel 拡大 $A(\mathrm{Q})$ は，Q に 1 のベキ根を全部添加した体 Ω^a と一致する．[**Weber の定理**]

（II） p 進数体 Q_p の上の最大 Abel 拡大 $A(\mathrm{Q}_p)$ も，Q_p に 1 のベキ根をすべて添加して得られる体 Ω_p と一致する．

（証明） (I) $\Omega^a\subset A(\mathrm{Q})$ は明らかである．定理 6·4 および定理 9·12 を用いれば，

$\Phi : \mathfrak{a} \to (\mathfrak{a}, Q) = \sigma(\mathfrak{a})^{-1}$ $(\mathfrak{a} \in C_Q)$ によって $G(\Omega^{\mathfrak{a}}/Q) = G(A(Q)/Q)$ となる．すなわち $\Omega^{\mathfrak{a}}$ に対応する $G(A(Q)/Q)$ の部分群は $\{1\}$ となる．よって $\Omega^{\mathfrak{a}} = A(Q)$ となる．(II) も同様である．(終)

補　足

○ p. 53, (v) の後に次を追加

(VI) G を有限群，H を G の部分群，N を G の不変部分群，$G = NH$, $H \cap N = \{1\}$ とする．G 加群 A に対して，$\eta \in H^r(H, A)$ $(r \geqq 1)$ を任意にとるとき

$$\mathrm{Inj}_{H/G}\eta = \mathrm{Inf}_{(G/N)/G} \circ \mathrm{N}^*{}_N \eta \qquad (3\cdot 57)$$

が成り立つ．ただし N_N^* は $a \in A$ に対して $\mathrm{N}_N a \in A^N$ を対応させる H 準同型 N_N よりひきおこされる準同型とし，かつ $H \cong G/N$ により，$\mathrm{N}^*{}_N \eta$ は $H^r(G/N, A^N)$ の元を表わす．

(証明) たとえば標準鎖を用いれば験証される．$r=2$ としよう．$G = HN = \cup_j H\tau_j$ $(\tau_j \in N)$ とする．$\sigma_i \in G$ を $\sigma_i = \tau_i \rho_i (\rho_i \in H)$ と表わすと，$t[\rho_1, \rho_2] \in \eta$ に対して $(\mathrm{Inj}\, t)[\sigma_1, \sigma_2] = \sum_j \tau_j{}^{-1}[\tau_j \sigma_1 \overline{\tau_j \sigma_1}^{-1}, \overline{\tau_j \sigma_1} \sigma_2 \overline{\tau_j \sigma_1 \sigma_2}^{-1}] = \sum \tau_j{}^{-1}[\rho_1, \rho_2]$, $(\mathrm{Inf} \circ \mathrm{N}^* t)[\sigma_1, \sigma_2] = (\mathrm{N}^* t)$ $[N\sigma_1, N\sigma_2] = \sum_j \tau_j t[\rho_1, \rho_2]$ となって，両者一致する．(終)

○ p. 115, 定理 7·8, (vii) に次を補足

$L = Kl$, $k = K \cap l$ の場合，$\eta_{L/l} \in H^2, (H, E(L))$ に対して

$$\mathrm{inv}_{K/k}(\mathrm{N}^*_{L/K} \eta_{L/l}) = \mathrm{inv}_{L/l}(\eta_{L/l}) \pmod{\mathrm{Z}} \qquad (7\cdot 28)'$$

特に，L/l の標準的コホモロジー類 $\xi_{L/l}$ に対して

$$\mathrm{N}^*_{L/K} \cdot \xi_{L/l} = \xi_{K/k} \qquad (7\cdot 22)'$$

が成り立つ．

(証明) $(3\cdot 35), (7\cdot 25)', (7\cdot 26)$ を用いて $\mathrm{inv}_{L/l}(\eta_{L/l}) = \mathrm{inv}_{L/k}(\mathrm{Inj}_{H/G} \eta_{L/l}) = \mathrm{inv}_{L/k}(\mathrm{Inf}_{(G/N)/G} \circ \mathrm{N}^*_{L/K} \eta_{L/l}) = \mathrm{inv}_{K/k}(\mathrm{N}^*_{L/K} \eta_{L/l})$ より，$(7\cdot 28)'$ が成り立つ．特に $n = [H:1] = [K:k] = [L:l]$ に対して，$\mathrm{inv}_{L/l}(\xi_{L/l}) = 1/n$ より $\mathrm{inv}_{K/k}(\mathrm{N}^*_{L/K} \xi_{L/l}) = 1/n$, すなわち $(7\cdot 22)'$ が成り立つことがわかる．(終)

あ と が き

類体論を学ばれる方々には，まず高木 [15] を読むことをおすすめしたい．原論文[42]の方法を [6]，[22] などによって補ったものである．類体論の結果はまことに簡明であるが，その証明はまことに複雑である．第一の簡易化として，それまで用いられた解析的方法をさけた算術的証明が Chevalley [24] によって組立てられた．その方法は，河田 [29]，淡中 [16] に紹介されている．イデールの概念は元来無限次拡大の理論への応用のために Chevalley によって導入され，[24] はそれを用いているが，イデール概念の類体論における必然性はまだ十分に解明されてはいなかった．淡中 [16] では従来のイデアル論とイデール論とが並用されている．第二の簡易化は，主として Artin によって組立てられたもので，類体論の証明の代数的部分と算術的部分の分離である．すなわち複雑な証明の中から，純粋に代数的方法によって組立てられる部分をとり出して，幾つかの公理系に基くいわゆる抽象的類体論を構成した．これが第 7 章の内容である．文献にあげた多くの論文 [19]，[23]，[25]，[26]，[34]—[37]，[43] の結果がここの方法と関連してくる．その際有限群のコホモロジー理論が非常に役に立つ．とくに Tate の定理 4·8 が基本的である．また第 9 章の基本的な完全系列 (9·5) は，局所類体論と数体の固有な類体論を結びつける重要な諸定理 (Hasse の和定理，ノルム剰余記号の積公式，Hasse のノルム定理，それらの拡張) に対してコホモロジー論的な説明を与えてくれる．このただ一つの完全系列をとり出しても，イデールの概念がいかに基本的なものであるかが判然とする．また抽象的類体論は，単に類体論の証明中の代数的部分をぬき出したにとどまらず，他の幾つかの Abel 拡大の理論にも適用される (河田 [30]—[33])．その意味で，類体論の単なる形式化という以上に Abel 拡大の一般理論と深く結びついたものといえよう．第三の簡易化は，将来本書第 9 章の内容をより本質的に見とおす方法を発見した場合になされるであろう．

序に述べたように本書の構成は Artin 教授の講義 (1950—52) の方法に基くものであるが，その内容は [2] として近刊の予定であって，いまだ公けにされていない．筆者は，当時親しく Artin 教授の講義に出席された岩沢健吉氏のノートによりその内容の大体を知り得たのであるが，近刊 [2] においては，さらにその後の改良が加えられるものと予想される．とくに有限群のコホモロジー論については，Tate [43] の基本的な結果をとり入れて，全面的な改訂がなされるものと期待される．事実 Artin 教授の 1954 年春の一般的な講義の中で，改良された有限群のコホモロジー論がとり上げられたが，本書第 I 部の構成はそれに負うところが多い．

なお先年来朝された Chevalley 教授の名古屋大学における類体論講義 [3] は，同じくコホモロジー論を利用するものであるが，とくに有限群の固有の性質を十分に用いて新しい立場のコホモロジー論が展開されている．説明はまことに簡潔であって一読して近づきがたいものを感じるが，もしも本書と併読されれば，対応した命題を一つ一つ辿ることができて，その構成の妙に感歎せざるを得ないであろう．

参考文献として，本書中で引用された単行書 [1]—[18] をあげた．ついで参考論文 [19]—[45] をあげたが，その中で＊印のものは類体論の発展の各段階における重要な文献であり，その他のものは，主にコホモロジー論と関係したものを選んだ．それとても多くの省略があるが，代数的整数論一般の文献はその数が多くてあげきれるものではない．[5], [10], [16] 等の巻末の文献を参照されたい．

参考文献

（単行書）

[1] E. Artin, Algebraic numbers and algebraic functions I, (Princeton Univ. & New York Univ.)（講義録，謄写版）(1950—51).

[2] E. Artin & J. Tate, Algebraic numbers and algebraic functions II,（近刊の予定）. (→[47])

[3] C. Chevalley, Class field theory,（名古屋大学），(1953—54).

[4] M. Deuring, Algebren, (Ergebnisse der Math. 4) (1934).

[5] H. Hasse, Bericht über neuere Untersuchungen und Probleme aus der Theorie der algebraischen Zahlkörper I (1926), Ia (1927), II (1930). (Jahresberichte der D. M. V. 別冊).

[6] H. Hasse, Klassenkörpertheorie (Marburg 大学)，講義録，謄写版 (1932).

[7] H. Hasse, Zahlentheorie, (Berlin) (1949).

[8] H. Hasse, Vorlesungen über Zahlentheorie, (Berlin–Göttingen–Heidelberg) (1950).

[9] E. Hecke, Vorlesungen über die Theorie der algebraischen Zahlen, (Leipzig) (1923).

[10] D. Hilbert, Die Theorie der algebraischen Zahlkörpern, (Zahlbericht), (1897) (全集第I巻, pp. 63—539 に再録).

[11] 岩沢健吉, 代数函数論 (岩波書店) (1952).

[12] 中山 正, 局所類体論 (岩波数学講座) (1935).

[13] O. Schilling, The theory of valuations, (New York), (1950)

[14] 高木貞治, 初等整数論講義 (共立出版) (1931)

[15] 高木貞治, 代数的整数論 (岩波書店) (1948)

[16] 淡中忠郎, 代数的整数論 (共立出版) (1949)

[17] B. L. van der Waerden, Algebra I (Berlin) (1955)

[18] H. Weyl, Algebraic theory of numbers, (Princeton) (1940)

(論 文)

[19] 秋月康夫, Eine homomorphe Zuordnung der Elemente der Galoisschen Gruppe zu den Elementen einer Untergruppe der Normklassengruppe, Mathematische Annalen, 112 (1936), 566—571.

* [20] E. Artin, Beweis des allgemeinen Reziprozitätsgesetzes, Abhand. Math. Sem. Hamburg, 5 (1927), 353—

[21] E. Artin, Representatives of the connected component of the idèle class group, Proc. International Symposium on Algebraic Number Theory, Tokyo-Nikko, 1955, 51—54.

* [22] C. Chevalley, Sur la théorie du corps de classes dans les corps finis et les corps locaux, 東京帝大理学部紀要, 2 (1933), 365—476.

[23] C. Chevalley, La théorie du symbole de restes normiques, Journal Reine Angew. Math., 169(1933), 140—157.

* [24] C. Chevalley, La théorie du corps de classes, Annals of Mathematics, 41 (1940), 394—418

[25] G. Hochschild, Local class field theory, Annals of Mathematics, 51 (1950) 331—347.

[26] G. Hochschild, Note on Artin's reciprocity law, Annals of Mathematics,

52 (1950), 694—701.

[27] 弥永昌吉, 王河恒夫, Sur la théorie du corps de classes sur le corps des nombres rationnels, 日本数学会誌, 3 (1951), 220—227.

[28] 岩沢健吉, On the rings of valuation vectors, Annals of Mathematics, 57 (1953), 331—356.

[29] 河田敬義, 類体論の算術的証明 数学 1 (1948), 65—76.

[30] 河田敬義, 種々のアーベル拡大の理論と類体論との関係について, 数学 6 (1954), 129—150.

[31] 河田敬義, Class formations, Duke Mathematical Journal, 22 (1955), 165—178.

[32] 河田敬義, 佐武一郎, Class formations II, 東京大学理学部紀要, 7 (1955), 353—389.

[33] 河田敬義, Class formations III. 日本数学会誌, 7 (1955), 453—490.

[34] 中山 正, Über die Beziehungen zwischen den Faktorensystemen und der Normklassengruppe eines galoisschen Erweiterungskörpers, Mathematische Annalen, 112 (1936), 85—91.

[35] 中山 正, G. Hochschild, Cohomology in class field theory, Annals of Mathematics, 55 (1952), 48—66.

[36] 中山 正, Idèle-class factor sets and class field theory, Annals of Mathematics, 55 (1952), 73—84.

[37] 中山 正, Factor system approach to the isomorphism and reciprocity theorems, 日本数学会誌 3 (1951), 52—57.

[38] 中山 正, 代数数体のコホモロジーについて, 数学 4 (1952), 129—137.

[39] 中山 正, A theorem on modules of trivial cohomology over a finite group, 学士院記事, 32 (1956), 373—376.

[40] 中山 正 A remark on fundamental exact sequences in cohomology of finite groups, 学士院記事 32 (1956), 731—735.

[41] 淡中忠郎, 国吉秀夫, 寺田文行, 高橋秀一, Cohomology 群の整数論的性質, 数学 6 (1954), 30—42.

*[42] 高木貞治, Über eine Theorie des relativ-abel'schen Zahlkörpers, 東京帝

大理科大学紀要, 41 (9) (1920), 1—133

[43] J. Tate, The higher dimensional cohomology groups of class field theory, Annals of Mathematics, 56 (1952), 294—297.

* [44] A. Weil, Sur la théorie du corps de classes, 日本数学会誌, 3 (1951), 1—35.

[45] E. Witt, Verlagerung von Gruppen und Hauptidealsatz, Proc. International Congress, 1954, Amsterdam, II 71—73.

第 I 部に関しては, 次の単行書一冊だけを挙げておく：

[46] H. Cartan, S. Eilenberg, Homological Algebra, Princeton Univ. Press, (1956)

[47] E. Artin and J. Tate, Class field theory, Harvard University, 1961.

[48] A. Brumer, Pseudocompact algebras, profinite groups and class formations, Bull. Amer. Math. Soc. 72 (1966), 321—324.

[49] A. Douady, Cohomologie des groupes compacts totalement discontinus, Séminaire Bourbaki, 1959—60, Exposé 189.

[50] K. Grant and G. Whaples, Abstract class formations, 東大紀要 9 (1965), 187—194.

[51] 弥永昌吉, Class field theory, (Lecture Notes, Chicago University), 1961

[52] 河田敬義, Class formations, IV 日本数学会誌 9 (1957), 395—405; V 同上 12 (1960), 34—64; VI 東大紀要 8 (1960), 229—262.

[53] 河田敬義, Cohomology of group extensions, 東大紀要 9 (1963), 417—431.

[54] 河田敬義, Abstract class formations, Bol. Soc. Mat. S. Paulo, 15 (1963), 7—21.

[55] J. P. Serre, Group algébriques et corps de classes, Hermann, Paris, 1959.

[56] J. P. Serre, Sur les corps locaux à corps résiduel algébriquement clos. Bull. Soc. Math. France, 89 (1961), 105—154.

[57] J. P. Serre, Corps locaux, Hermann, Paris, 1962.

[58] J. P. Serre, Cohomologie galoisiennes, Lecture Notes. Collège de France, 1963.

索　　引

ユ

有限素因子……82
有限体……73

リ

離散的付値……75

ル

類構造……107

記 号 索 引

		（備　考）
A_G	7	
${}_N A$	14	
$\mathfrak{a}$	91	イデール
(α)	91	主イデール
$(\alpha, K/k)$	118	ノルム剰余記号
(α, k)	126	拡張された意味でのノルム剰余記号
$\alpha^{\delta\chi[\sigma,\tau]}$	120	
$\mathbf{C}$	1	複素数全体のつくる加群
C_k	92	イデール類
$\mathrm{Def}_{G/G'}$	40	
D_k	170	イデール類の連結成分
e	77	分岐指数
$E(K)$	107	類構造
$\exp(x)$	80	
exact	3	$0 \to A \xrightarrow{f} B \xrightarrow{g} C \to 0$ (exact)
f	77	拡大次数
$G(K/k)$	72	ガロア群
$H^r(G, A)$	25	コホモロジー群
$h_{0/1}(A)$	27	Herbrand の商
$\mathrm{Hom}(A, B)$	3	準同型加群
$\mathrm{Hom}^G(A, B)$	8	G 準同型加群
$I(A)$	7	
I_τ	39	
$\mathrm{Image}\, f$	2	
$\mathrm{Inf}_{G/G'}$	40	
$\mathrm{Inj}_{H/G}$	35	
$\overline{\mathrm{Inj}}_{G/H}$	38	
$\mathrm{inv}_{K/k}$	115	不変数
$\mathfrak{I}(k)$	126	
J_k	91	イデール群
$\mathrm{Kernel}\, f$	2	
$\left(\frac{K/k}{\sigma}\right)$	115	
$k_{\mathfrak{p}}$	82	$\mathfrak{p}$ 進数体
$\mathfrak{K}(k)$	126	
$\log(x)$	80	
$\mathfrak{M}$	82	有限素因子全体の集合

$N_G a$	13	ノルム
$N_{K/k}$	109	
$\mathfrak{N}$	82	素因子全体の集合
$\mathrm{ord}(\alpha)$	76	位数
$\mathfrak{o}$	76	付値環
P_k	91	主イデール群
$\mathfrak{p}$	76	素イデアル
$\mathfrak{p}$	82	素因子
$\mathfrak{p}_\infty$	32	無限素因子
$\Pi_\lambda A_\lambda$	2	直積
$\Pi(\mathfrak{a})$	92	平行体
$\mathbf{Q}$	1	有理数全体のつくる加群
Q_p	75	p 進数体
R	1	実数全体のつくる加群
$\mathrm{Res}_{G/H}$	35	
$\overline{\mathrm{Res}}_{G/H}$	38	
$\mathfrak{R}(k)$	76	剰余類体
split	3	$0 \to A \xrightarrow{f} B \xrightarrow{g} C \to 0$ (split)
$\sum_\lambda A_\lambda$	2	直和加群
$\mathfrak{u}$	76	単数群
$V(\mathfrak{a})$	92	体積
$w(\alpha)$	92	付値
Z	1	有理数全体のつくる加群
$\mathrm{Z}[G]$	7	群環
$\otimes$	5	テンソル積
$\otimes_G$	8	
$[\cdot]$	31	
$[\sigma_1, \sigma_2, \cdots, \sigma_p]$ $(p \geqq 1)$	31	
$[\cdot]^\wedge$	31	
$[\sigma_1, \sigma_2, \cdots, \sigma_q]^\wedge (q \geqq 1)$	31	
$\cup$	54	cup 積
$(\sigma_0, \sigma_1, \cdots, \sigma_p)$	28	
$(\sigma_0, \sigma_1, \cdots, \sigma_p)^\wedge$	29	

Memorandum

Memorandum

—著者紹介—

河田敬義（かわだゆきよし）

1938年　東京大学理学部数学科卒業

元 東京大学名誉教授・理学博士

検印廃止

復刊　代数的整数論

1957年6月20日　初版1刷発行
1969年4月5日　初版4刷発行
2009年9月10日　復刊1刷発行

著者　河田敬義

発行者　南條光章

東京都文京区小日向4丁目6番19号

NDC 412.2

発行所　東京都文京区小日向4丁目6番19号
電話　東京（03）3947-2511番（代表）
郵便番号 112-8700
振替口座 00110-2-57035番
URL　http://www.kyoritsu-pub.co.jp/

共立出版株式会社

印刷・藤原印刷株式会社　　製本・中條製本

Printed in Japan

社団法人
自然科学書協会
会員

ISBN 978-4-320-01898-3